Good Classroom
寻找中国好课堂

中国教育报刊社人民教育家研究院
明远未来教育研究院 组编

任勇品玩数学108例

玩出来的数学思维

任勇 著

开明出版社

图书在版编目（CIP）数据

玩出来的数学思维：任勇品玩数学108例 / 任勇著. —北京：开明出版社，2021.9

ISBN 978-7-5131-7174-8

Ⅰ.①玩… Ⅱ.①任… Ⅲ.①数学－青少年读物 Ⅳ.①O1-49

中国版本图书馆CIP数据核字（2021）第184053号

责任编辑：张慧明

WANCHULAIDESHUXUESIWEI RENYONGPINWANSHUXUE108LI

玩出来的数学思维：任勇品玩数学108例

作　者： 任　勇

出　版： 开明出版社

（北京市海淀区西三环北路25号　邮编100089）

印　刷： 北京飞达印刷有限责任公司

开　本： 787mm × 1092mm　1/16

印　张： 16

字　数： 230千字

版　次： 2021年9月第1版

印　次： 2023年3月第2次印刷

定　价： 50.00元

寻找中国好课堂

顾明远题

丛书编委会

中国教育报刊社人民教育家研究院
明远未来教育研究院
组编

总序

寻找中国好课堂

《中共中央　国务院关于深化教育教学改革全面提高义务教育质量的意见》(以下简称《意见》)指出:“强化课堂主阵地作用，切实提高课堂教学质量。”那么，为什么要强化课堂主阵地作用呢?

第一，课堂是实施教育教学的主要场所，课堂教学是完成国家课程标准的主要形式，而国家课程标准规定的内容是落实国家教育方针，为培养德、智、体、美、劳全面发展的社会主义建设者和接班人而制定的具体的教育内容，体现了国家意志。只有达到了课程标准的要求，才能完成育人的任务。课程标准的实施，关键在教师的课堂教学。教师必须认真学习研究国家课程标准和各学科的标准要求，认真上好每一节课，教好每一个学生。课堂教学做不好，国家课程标准就会落空。

第二，课堂教学是培养发展学生思维的主渠道。《意见》要求:“教师课前要指导学生做好预习，课上要讲清重点难点、知识体系，引导学生主动思考、积极提问、自主探究。”就是说，课堂教学不只是简单地传授现有的知识，还要在教学过程中发挥学生学习的主体性，引导学生探索和思考，通过对课文的辨析，培养学生的思维能力。传统的课堂教学，往往只是教师提问，学生回答，很少让学生自己提出问题，自己探索寻求答案。有的教师把课文分析得很透彻，但学生接受多少却是一个未知数。只有会思考并能提出问题，才能培养学生的批判性思维、创新性思维。面对当前社会和经济的变革，科技的日新月异，许多研究表明，当今社会展开竞争的并不单纯是机器人，而是人类的头脑。只有不断突破思维定式，才能适应时代的变化。因此，课堂是帮助学生发展思维的主要场所。

第三，学习需要在集体中进行。当前有一种误解，认为个性化学习就是个别学习、孤立的自我学习。其实，学习需要在集体环境中进行。课堂是集体学习最好的场所，学生在课堂上与教师、同伴互相讨论、互相启发，甚至互相争论，能够促进思维的发展，以及对知识的深刻理解。同时，在与同伴共同学习中能培养学生的交流能力与合作精神。这是当今社会最重要的能力和品质。

第四，学习要靠教师引领和熏陶。教师不仅仅是知识的传授者、学习的组织者，教师的一言一行都在影响着学生。教师自身的知识魅力和人格魅力都会在课堂教学过程中展现出来，影响着学生。所以，立德树人的任务也主要通过课堂教学来实现。

课堂教学需要改革。《意见》指出：“融合运用传统与现代技术手段，重视情境教学；探索基于学科的课程综合化教学；开展研究性、项目化、合作式学习。精准分析学情，重视差异化教学和个别化指导。”在当今信息化、数字化、人工智能时代，传统的课堂教学已经不能适应形势的要求。课堂教学改革的核心是把教师的教转变为学生的学。要充分估计学生的潜力，发挥他们的潜能。教师要充分认识信息技术的差异性、开放性、互动性等特点，融合运用传统与现代技术手段，改变课堂教学的模式和方法。

因此，寻找中国好课堂，是新时代教育发展的需要，是全面提高教育质量的需要，是服务于“立德树人”目标的需要，是深化教育教学改革的需要。

中国基础教育从来就有许多好教师，从来就有许多好课堂。我们有一千四百多万名中小学教师，他们大多数人有教育情怀，深爱教育事业，真诚为孩子成长着想，探索创造了许多有效的教学方式和策略，有的甚至形成了自己的课堂风格，并提炼出自己的教学思想，影响、引领了众多教师超越自我，走向卓越。

好课堂扎根中华优秀传统文化土壤、遍布中国大地，需要我们用心去挖掘、去提炼。但是多年来，能够充分体现教师综合素质的精彩课堂常常被忽略。有的人习惯从国外引进一些时髦的教育理念，而忽略了总结我们本土一线的教书育人的成功经验。然而，有效的教育教学思想和方法往往是从本民族的传统文化中生长出来的，生搬硬套别国的做法是不可取的，结果都不理想。只有祛除“文化自卑”心态，我们才会真正地发现李吉林、王崧舟、窦桂梅、唐江澎等教师精彩的语文教学课堂，吴正宪、华应龙、唐彩斌等教师生动的数学教学课堂……这样的课堂我们还可以举出一大串，就如“寻找中国好课堂”丛书收入的课例，每一个都闪耀着教育教学智慧。我们应该认真总结中国课堂的经验，讲好中国教育故事。

中国教育报刊社人民教育家研究院组织编写“寻找中国好课堂”丛书，正是基于新时代、新课标、新课程改革，积极探寻符合学生成长需求和时代要求的教育教学规律，服务于全国的课堂教学改革。

“寻找中国好课堂”丛书，从“教学设计”“课堂实录”“课后反思”等方面（具体设计栏目每本有所差异），全景展示出优秀教师上好每一堂课的风采和他们的“工匠精神”。“寻找中国好课堂”丛书的一个可贵之处，就在于其呈现的课例都是经受深化教育教学改革的风雨，在我们中国这块广袤的土地上吸吮中华优秀传统文化的养料并与广大同行互动交流结出的硕果，因此它们不仅属于中国，也属于世界。

让我们走进课堂，走进教育的深处，走向中华民族伟大复兴的美好未来！

中国教育学会名誉会长

顾明远

2020年元月

前言

想说的几句话

1. 数学是思维的科学，因为数学在培养人的思维的深度、广度、系统性等方面，是其他学科无法相比的。数学教师要“为思维而教”，数学教师要教学生“为思维而学”。我在学习、研究众多教育和数学文献后，悟出“思维是可以玩出来的”，于是我就在我的班级开始和学生“玩”起来了，这一“玩”就玩了一辈子。

2. 当然，后来的数学之“玩”，不仅和学生玩，还和各类小朋友玩，和老师们玩，和成人玩。这本书就把这些“玩”的过程、片段或延伸，写了下来。虽说是“课例”，有的是一节课的课例，有的是一节课中的一个片段，有的是某个活动的精彩瞬间，有的是一个问题的持续探索，有的是网上交流的记录……课例，是广义的。

3. 全书共六章：“数学之玩——玩出新境”，写了好玩、玩好、玩转、玩味的课例；“数学好玩——玩出趣味”，写了玩之有趣、乐趣、志趣的课例；“玩好数学——玩出深刻”，写了玩中深思、创新、读史的课例；“玩转数学——玩出情智”，写了玩中育情、启智、促美的课例；“玩味数学——玩出价值”，写了玩出文化、素养、未来的课例；“数学之玩——玩无止境”，写了亲子玩、忘年玩、与师玩的课例。

4. 许多和学生玩的数学游戏，表面看上去学生是在“动手”，教师的价值就在于引导学生在“动手”的过程中，更多地学会“动脑”。“思维的科学”也就是“动脑的科学”，数学更多的是在培养智慧。“游戏题”是“硬件”，广大数学教师要积极“开发”，但“游戏题”还要更多地“软”操作——发掘游戏背后的数学价值。

5. 我的教学主张——品玩数学，不是一次就成型的。初为人师时，就是和学生玩趣题、玩游戏，算是初识“好玩”；后来所教学生数学成绩“不漂亮”，看来仅仅“好玩”是不够的，还要“玩好”——动手更要动脑；“玩好”是有层次的，“玩”到深处，“玩”到高处，就可谓“玩转”了；跳出数学“玩”数学，玩出文化，玩出素养，也就有“玩味”之韵了。

6. 教师与学生的数学之“玩”，既要“身在其中”又要“心在其外”。“身在其中”就是与学生共情之玩，就是和学生一起体验、一起探索、一起感受，一起“喜怒哀乐”；“心在其外”，就是教师要有一双犀利的眼睛，看出学生“玩”中显露出来的问题，看出学生“玩”中的创新思路，再用“玩”来修正问题或精彩持续。

7. 数学之“玩”，可以在课堂中进行，可以在数学作业中进行，可以在活动中进行，可以在假期进行，只要合适、和谐就行。许多数学游戏，是基本不分年龄的；也有的游戏，不同年龄有不同玩法，教师就要灵活地“玩”。有些游戏，玩一次知道奥秘了，再玩就意义不大了；有些游戏，可以长期“玩”，可以增加难度“玩”。

8. 总体说来，数学之“玩”，玩出一个数学脑，“玩出思维来”的学生看课本上的内容，就很容易理解。这并不是说教师可以淡化课本中数学知识的教学，而应在可能的情况下，巧妙地结合课本内容来玩，这种“玩”能让学生加深对课本内容的理解，增强对数学知识学习的兴趣和热情。寓“玩”于数学教学之中，有着广阔的空间。

9. 期盼数学教师能做一个“玩味十足”的教师，因为数学之“玩”，让学生玩出兴趣来，玩出思维来，玩出灵性来，玩出智慧来，这样我们的数学教学就有了一个坚实的基础，这样我们的数学教师就能更好地幸福地追求卓越。怎一个“玩”字了得，翻开这本书去感受我这40多年的数学之“玩”吧。

10. 感谢开明出版社，感谢“寻找中国好课堂丛书”编委会，感谢张新洲、赖配根主编，你们让我这40年的 “品玩数学”分享给大家，你们让更多的教师悟出“数学思维是可以玩出来的”，将引导更多的数学教师步入“品玩数学”之境。怎样“让天下的孩子爱上数学”，理当让孩子们从玩数学开始。

任 勇

ren.yong@163.com

2020年7月15日

顾明远先生题字

与顾明远、张新洲老师在一起

数学大师走进校园

绪论

数学思维是可以玩出来的

我国数学教学，总的说来比较沉闷。这固然与现行的考试制度有关，但也和数学教师的教学观念、知识积累、能力水平、文化素养有关。即便是为了升学，我们的数学课也是完全可以上得有滋有味的。

“沉闷”的表现是多方面的。如，教师一脸严肃地讲着“纯数学”，多数不重视“玩”，很多教师自己也不会“玩”；数学概念教学的“掐头去尾烧（鱼）中段”的干焦面孔，而忽略了对数学知识探索的思维过程；把学生的头脑当成是知识的容器，不断地灌输知识，而不是把学生的头脑当成是一个待点燃的火把；钻数学解题教学的“特技特法”，而忽略了数学解题教学的“通性通法”；不断地刷题，而不是教学生“做一题，懂一类，悟百题”，“题海无边，题根是岸”。

这就是当今数学教育的危机——塑造“知识人”，而不是培育“思维人”。让数学教育充满智慧活动，教师就要为思维而教。教会学生思维，是数学教师的使命。

《中国学生发展核心素养》公布后引发学术界思考一个问题：“核心素养的核心是什么？”林崇德教授在演讲《从核心素养到学生智能的培养》中

提到，教学的着重点在于发展学生的智能（智力与能力的总称），而思维是智能的核心。林崇德教授在另一论坛上，明确指出："在核心素养的文化基础方面有两个问题，一个是人文底蕴，一个是科学精神。人文底蕴与科学精神是核心素养中的两大素养。它的关键是思维教学。"钟启泉教授认为："核心素养是指学生借助学校教育所形成的解决问题的素养与能力，是学生适应终身发展与社会发展需要的必备品格和关键能力。培养学生的思维素养是核心素养的核心。"

马丁·加德纳在其《数学游艺场》一书中这样说："唤醒学生的最好办法是向他们提供有吸引力的数学游戏、智力题、魔术、笑话、悖论、打油诗或那些呆板的教师认为无意义而避开的其他东西。"事实上，有经验的数学家开始对任何问题做研究时，总带着与小孩子玩新玩具一样的兴致，带有好奇心，在秘密被揭开后产生了喜悦。

几位专家的观点，更加证实了我坚持"品玩数学"的信念：数学好玩→玩好数学→玩转数学→玩味数学。好玩是"引趣"，烧脑游戏，激发兴趣；玩好是"引深"，趣中领悟，透视问题；玩转是"类化"，玩个游戏，洞见一类；玩味是"融化"，研题之史，品题之源。

我认为，数学不仅是一门科学，也是一种真正的艺术和游戏。数学史上经常出现这种情况，思考一个像游戏似的有趣问题，往往会产生新的思维模式。有许多游戏的例子能够说明探索数学、游戏或智力问题所需要的思维过程的相似性。一本很好的数学游戏选辑能使任何水平的学生都能从最佳的观察点面对每一个问题，这样的好处很多：有益、直观、动力、兴趣、热情、乐趣……另一方面，数学与游戏的结构相似性允许我们在开始进行游戏时，可以使用在数学情境中十分有用的同样的工具和同样的思维。

如何发展学生的数学思维？有多种路径，但我觉得，中小学最宜在"玩中学，趣中悟"。苏霍姆林斯基有句名言："儿童的智慧在他们的手指尖上。"我们随便找一本类似《全世界优等生都在做的思维游戏》的书，这些游戏包括算术类、几何类、组合类、推理类、创造类、观察类、想象类等各种形式，能帮助游戏者提高观察力、判断力、推理力、想象力、创造力、分析力、计算力、反应力等多种思维能力。我们不难发现，思维游戏几乎是数学游戏，数学游戏发展学生思维。精彩纷呈的游戏，让学生在享受乐趣的同时，彻底带动了学生的思维高速运转起来，让学生越玩越聪明。

在“数学好玩”方面，我们数学教师做得好吗？

我们去调查中小学生，数学好玩吗？多数回答“数学不好玩”。我在社交活动时，许多人听说我是数学教师后，脱口就说“我最怕数学”。我给他们玩几个动手玩的数学游戏，他们兴趣盎然、乐此不疲，纷纷对我说：“我们当年有你这样的数学老师就好了，就不怕数学了。”我绝不是想说我有多厉害，其实我就是先从“数学好玩”入手，激发学生对数学学习的兴趣而已。这就告诉我们，在“数学好玩”方面还有很大的提升空间。

在“玩好数学”方面，我们数学教师做得好吗？

我们不仅要会玩动手玩的数学游戏，更要悟出和解释游戏背后的数学思想和数学意蕴。当数学教师很不容易，“数学好玩”要求我们“深入浅出”，而“玩好数学”要求我们“浅入深出”。从“数学好玩”到“玩好数学”，需要数学教师坚持研修，把握好数学的横向联系和纵向深入，把握好数学的趣味性和拓展性，结合学生实际，将数学的“好玩”和“玩好”像知时节的“好雨”适时润入学生的心田。

“好玩”是不易的！中小学的课是可以上得很有趣的，是可以很“好玩”的，但现今的课能够达到充分“引趣”境界的还不多。“引趣”是要有智慧和艺术的，“引趣”贵在用心挖掘，贵在浑然天成。当然，我们绝不能“为引趣而引趣”。

“玩好”也是不容易的！“引深”，是一种探索问题的方法，也是一种值得提倡的学习方法。在课改背景下，“引深”之路怎么走？我以为，合作学习、自主学习、探究学习都可以和“引深”挂上钩。教师要善于引导，让你所教的班级具有“引深文化”，也就是要有“玩好意识”。

值得注意的是，“好玩”是要让所有学生都能感受到的，“玩好”就不能要求所有学生一定都达到，这里有一个“度”的把握。“好玩”是一种境界，“玩好”是略高一层的境界，而在“好玩”与“玩好”之间把握好“度”

就是一种理想的状态，需要灵活运用“引趣”和“引深”。

每位教师都要自己先会玩，感受“好玩”，自己都不会玩，怎么让学生会玩？再学会“玩好”，再努力“玩转”，再修炼“玩味”。教一届学生，至少玩100个课例，你的教育就有点意境了。

数学思维是可以玩出来的！做一个“玩味十足”的教师，做一个从骨子里帅出来的教师，数学教师要玩出数学味！

亦师亦友

数学影响两代人

目录

第一章

数学之玩——玩出新境

数学之探

教育情怀

回眸教学往事，一路“玩”着过来。

我先是让学生感受“数学好玩”——玩出趣味。数学是有趣的，但有趣是短暂的；乐趣具有专一性、自发性和坚持性；当乐趣与成长目标结合时，人的乐趣便发展为志趣。

没有“好玩”是不行的，仅有“好玩”是不够的，还要“玩好数学”——玩出深刻，让学生的思考步入“深水区”，让学生在玩中创新，在玩中读点数学史。

我发现这“玩”还能“玩转”——玩出情智，师生共情之玩，玩出对数学的“如痴着魔”，玩出对数学的“流连忘返”，让学生在玩中启智，在玩中领悟数学之美。

再玩下去，就算得上是“玩味”了——玩出价值，学生玩着玩着，就走向了数学文化；玩着玩着，就玩出了素养；玩着玩着，就步入了数学探索的“诗和远方”。

我先前把我的教学主张凝练成“品玩数学：数学好玩→玩好数学→玩转数学→玩味数学”，后来我觉得凝练成等式“品玩数学 = 数学好玩 × 玩好数学 × 玩转数学 × 玩味数学”更好。这一变化意味着这“玩”并非都是递进的，而是“水乳交融”的。

“玩”的初心没忘，“玩”的初心一直被超越。这是“玩之初”始料不及的，玩着玩着就“玩”入新境了。

偶然乎？必然乎？

第一节　好玩玩好

“好玩”是引趣，“玩好”是引深；“好玩”多融入情感，“玩好”多融入智慧；“好玩”可以将一个很深层的问题浅层次、趣味化地呈现，“玩好”可以将一个很浅显的问题深层次、一般化地探索。

“好玩”诚可贵，“玩好”价亦高。

课例 1　消失的线

众所周知，初二是学生学习分化阶段，因素之一是抽象的平面几何的学习开始了。为了让学生感受到“迷人的几何”，我在初一下学期和学生“玩”了一个小游戏——消失的线。

我拿出事先准备好的画有线条的沿斜线切割的两块长方形纸板，如图 1-1、图 1-2。

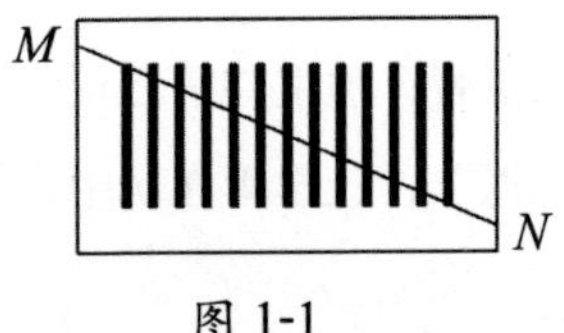

图 1-1

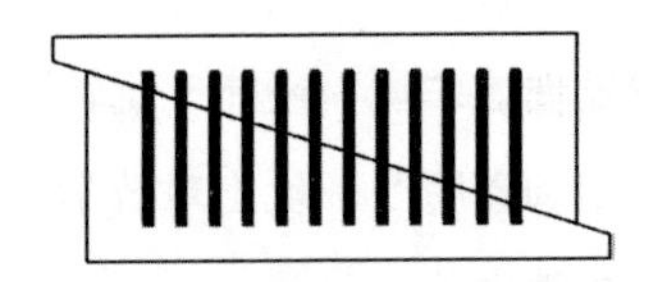

图 1-2

我让学生观察：如图 1-1 所示的长方形纸上，画出 13 条等长的线段，接着顺沿由左端线的上方至右端线的下方的连线 MN，把长方形割成两部分，然后把那两部分如图 1-2 所示移动就会产生有趣的情形，13 条线变成 12 条线了！其中 1 条线忽然消失得无影无踪。

同学们猜猜看，它究竟躲到哪儿去了？

其实，把这两个图所画的线段长度加以比较，就会发现图 1-2 的线段比图 1-1 的线段长$\frac{1}{12}$。换句话说，第 13 条线并没有凭空消失，而是平分给 12

条线，每条线平分到罢了。至于几何学的理由，也很容易了解，研究直线 MN 和所连接的平行线上端所形成的角，平行线横断角的内部，和角的两边形成相交的状态。由于三角形相似，直线 MN 从第 2 条线切掉$\frac{1}{12}$，第 3 条线切$\frac{2}{12}$，第 4 条线切$\frac{3}{12}$……直到第 13 条线为止，各依序增加$\frac{1}{12}$，然后将 2 张纸片移动，如此每条线（从第 2 条以后）所切掉的部分，会加在前面那条线下部分的上方，每条被切掉的线都比原来长$\frac{1}{12}$。但由于增加的部分极为渺小，一般不易察觉，因此第 13 条线就好像莫名其妙地消失一般。

玩这个小游戏，意在引发学生的好奇心，激发学习几何的兴趣，培养学生细心观察能力和计算能力。我乘势和学生说："当我们学习了更多的几何知识时，还会有更多好玩的游戏。"

课例 2　多出一块

帕斯卡说过："数学研究的对象是这样的严肃，最好不要失去能使它变得稍微有趣些的机会"。其实，这种"机会"很多。

数学课前，我在黑板上故意用大字体写了：64=65。课还没上，全班学生已经等待看任老师的"好戏了"。

一上课，我就拿出切割好的带有 8×8 格子的正方形色板，问学生：有多少个小方格？学生答：8×8=64。

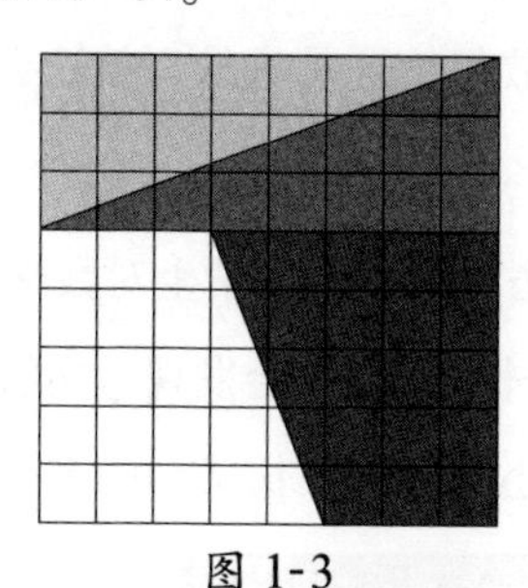

图 1-3

我把图 1-3 四块不同色的木块，重新拼成图 1-4，可以组成一个长方形，问学生：现在有多少个小方格？学生答：5×13=65。我指着黑板上的等式说：这不就证明了 64=65。

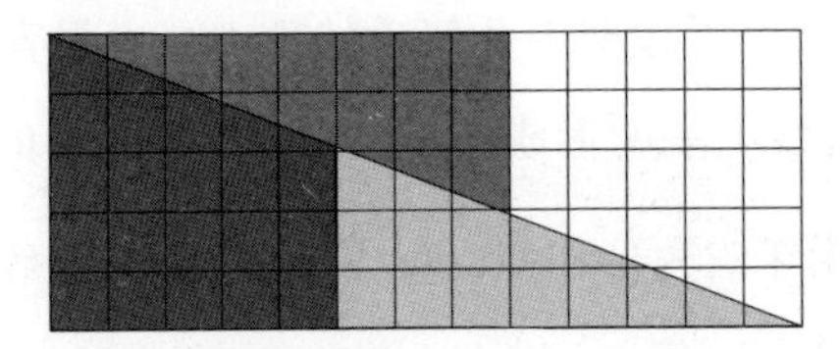

图 1-4

学生惊愕，怎么多出一个小方格了呢？

接着，我又把黑板上的等式改为：65=63。全班学生又是一脸疑惑：任老师又要变什么把戏？

我又把图 1-4 四块不同色的木块，重新拼成图，可以组成图 1-5，问学生：现在有多少个小方格？学生答：$5\times6+5\times6+3=63$。我又指着黑板上的等式说：这不就证明了 65=63。

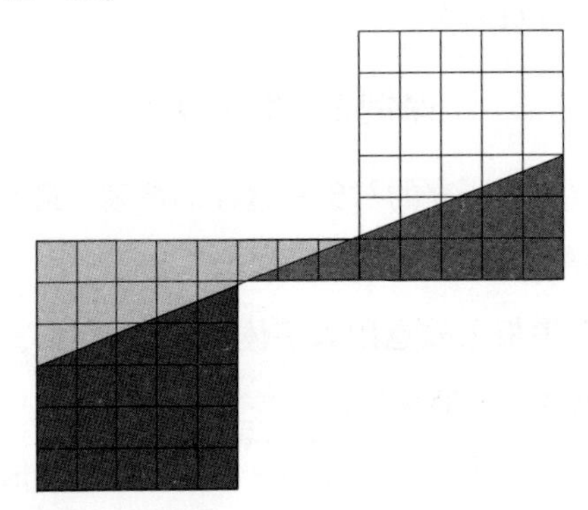

图 1-5

全班沸腾了！学生不敢相信这是真的！就这么四块纸板，就引发出如此重大的“数学事件”！怎么回事？

让学生认识悖论是一方面，而引发学生对数学的兴趣，是我永恒的追求。

事实上，若是放大这个长方形，就会发现对角线并不是一条线（如图 1-6），而是面积为一个小方格大小的一个又长又细的平行四边形。

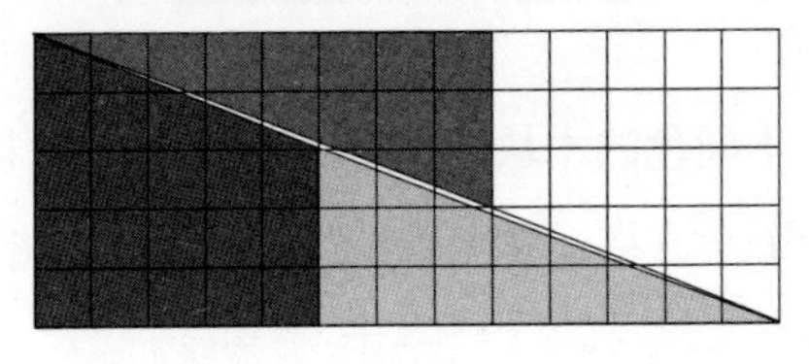

图 1-6

课例 3 “六一”礼物

初为人师

我的书房，我的学生

初为人师的我，住在龙岩一中校园内的新华楼。新华楼的小朋友，也多爱和我纠缠在一起。主要是我时不时地会出几条灯谜让他们猜，时不时地出一两道智力题让他们“玩”。

1985 年“六一”节前夕，小朋友们又来到新华楼，要我出谜让他们猜。我出了一条又一条，小朋友们猜了一条又一条，不让停下来。他们常常以“再出一条”哀求，当我出完一条之后，他们很快就猜出来了，就又叫嚷“再出一条”，硬是把我围住不让走。

我脱不了身，只好改一策略，说：“明天是‘六一’儿童节，送你们六个 1，你们设法将六个 1，组成一个最大的数和最小的数。”

这一招还真有效，小朋友们立刻安静下来，埋头“组成”，我趁机溜走。

“六一”节傍晚，我还没吃完饭，小朋友们就来找我啦，有的说 111111 最大，有的说 1111^{11} 最大，有的说 111^{111} 最大，有的说 11^{1111} 最大，我一边吃饭，一边说你们先讨论一下，从四个数中先比出一个最大的，再来找我。

我刚吃完饭，小朋友们就来了，说 11^{1111} 最大。我装傻，故意说“不对”。小朋友们又回去比较了一番，回来说肯定是 11^{1111} 最大。

我深知，就小朋友们说的那四个数，确实是 11^{1111} 最大，但还有更大的数，只是他们没有“组成”。我微笑着说：“还有更大的，你们没‘组成’。”

小朋友们组了许久，还是没“组成”，就拉着我的手说：“不可能还能组成更大的。”我想让他们再多想一天，就说：“有，明天再说吧。”他们不依，非要我马上说，否则就扰我，不让我备课。

我只好“就范”，在纸上写下$11^{11^{11}}$，并笑着说：“此数最大，三层楼，没想到吧？”

小朋友们先是惊愕不已，继而不服气地问：“你能证明它是最大的吗？”

我继续写道：

$$11^{1111} < 11^{10^{5}} < 11^{10^{11}} < 11^{11^{11}}$$

小朋友们“哇”的一声，若有所思且兴奋地回家了。

用六个 1 组成最小的数是什么？

开始时，小朋友们都说是1^{11111}。当我证明最大数是$11^{11^{11}}$后，小朋友们便说，最小的数的表达形式“不唯一”，如$1^{1^{1111}}$、$1^{11^{111}}$、$1^{1^{1^{1^{1}}}}$等，当小朋友们说出“不唯一”时，我的眼睛就放光，嘿！他们已经会用很标准的数学语言来回答问题了，已经开始从“数学好玩”走向“玩好数学”的境界了。

究竟有多少种不同的表达形式呢？蔡红云、何晓慧两位小朋友进行了研究，她们先退到 2 个 1 研究：1^{1}，有 1 种形式；3 个 1：1^{11}，$1^{1^{1}}$，有 2 种形式；4 个 1：1^{111}，$1^{11^{1}}$，$1^{1^{11}}$，$1^{1^{1^{1}}}$，有 4 种形式……6 个 1：有 16 种形式。有规律吗？她们发现，2 个 1 对应 2^{0}，3 个 1 对应 2^{1}，4 个 1 对应 2^{2}……6 个 1 对应 2^{4}。她们猜想：n 个 1 对应 2^{n-2}（n 为整数，且 $n \geqslant 2$）。

我鼓励她们把研究成果写成小论文，于是，她们的《一个猜想及其推证》写好了，我做了一些修改，并把题目改为《一个猜想及其“推证”》，我帮她们投稿，后来发表在《课堂内外》1986 年第 2 期上。

两个初一学生，提出猜想，并予以“推证”，精神可嘉！“推证”之所以加上引号，表明它还不是严格意义上的证明。可喜的是，文章的发表给学生以激励，她们继续探索，在高二时，给出了下面严格的证明。

问题：求 n 个 1 不用任何符号取得最小值的种数。

证明：显然最小数为 1。因不用任何符号，其构造必为 $\rho^{\alpha_1^{\alpha_2^{\cdot^{\cdot^{\cdot^{\alpha_n}}}}}}$，其中 α_k 为形如$\underbrace{11\cdots1}_{\alpha_k 个 1}$的数，满足 $\overline{\alpha_k} \in N^{*}, \sum\limits_{i}^{n} \overline{\alpha_i} = n-1$，把 $n-1$ 个 1（扣除作底的一个 1）排成一行，相邻两个 1 之间各有一个空位，共有 $n-2$ 个空位，今在空位

处插进记号∧，定义：

$$x \wedge y=\begin{cases} x^{y}，空位存在 \\ \overline{xy}，空位不存在 \end{cases}$$

这里 x、y 均为形如“11…1”型的数，$\overline{xy}$ 表示连写。

显然，每个空位都有存在与不存在两种选择，故其构成总数为 2^{n-2}（n 为整数，且 $n\geqslant 2$），即构成 $\rho^{\alpha_1^{\alpha_2^{\cdot^{\cdot^{\cdot^{\alpha_n}}}}}}$ 所有可能性的数。

我的确没有想到，当年的一个想逃脱的“借口”，竟然引发出如此生动的数学“篇章”。

精彩的篇章还不仅如此，记得在两位女生写完第一篇小论文后，我请其他小朋友来“欣赏”，有个六年级的小朋友对我说：“老师，你真傻！我如果当老师，不给六个 1，而给六根火柴棍。”

小朋友敢说老师傻，我乐啊，至少说明小朋友们不迷信权威。我一时对六根火柴棍没反应，小朋友立刻一边贼溜溜地看我一眼，一边在纸张上写下：

$$\frac{1}{1111}$$

小朋友得意地说：“六根吧，是不是比 1 小？”正当我刚刚反应过来，另一位上初一的小朋友“奸诈”一笑，说：“老师，他才傻，六根火柴棍可以这样摆。”边说边写下：

$$-11^{111}$$

这位小朋友，还模仿前面那位小朋友的语调说：“六根吧，是不是比 1 更小？”

我再次惊愕了！前面那位小朋友心里钦佩，但嘴上辩解：“我还没学过负数！”

“弟子不必不如师”啊！当小朋友们说“老师真傻”时，我这个大朋友老师的“数学之玩”，就进入了一个新的境界了。

课例 4　两根铁条

对称思想是很重要的数学思想，学生学过轴对称、中心对称等。对称不光有艺术的美，也有思维的美。

我曾经到学校物理实验室找了两根铁条，如图 1-7，A，B 是两根形状和质量都一样的铁条，其中有一根两端带有磁性。

图 1-7

我逗学生：如果不用这两根铁条以外的东西，你只能“摆弄一次”，怎样才能辨别出哪根是磁铁?

这题不难，学生很快就给出思路：两根铁条放成“T”字形（如图 1-8）。这种对称的放置，实际上已经给出了问题的解答。若横向放置的铁条带有磁性，那么在这种对称的位置上，它们不表现磁性；若竖向放置的铁条带有磁性，那么它们会表现出磁性。

对称的启示，常常产生意想不到的效果。

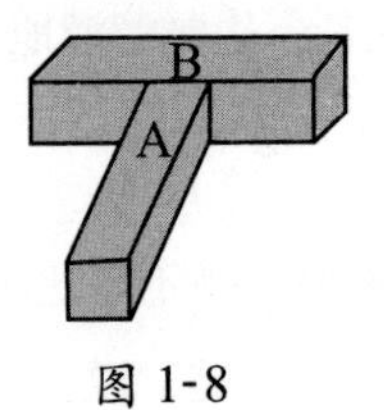

图 1-8

课例 5　智放木棒

让孩子灵性生长，有多种路径，渗透于生活中的自然而简单的游戏，往往使孩子在不经意中受到启迪。孩子如此，学生亦然。

请亲朋好友吃饭，常有小朋友来，等餐的时间，我会找张纸，随手画个 2×3 正方形空格的棋盘，拿 4 根牙签，和小朋友玩“摆棒游戏”（如图 1-9）。顺便说一下，幼儿园大班以上的小朋友都可以玩。

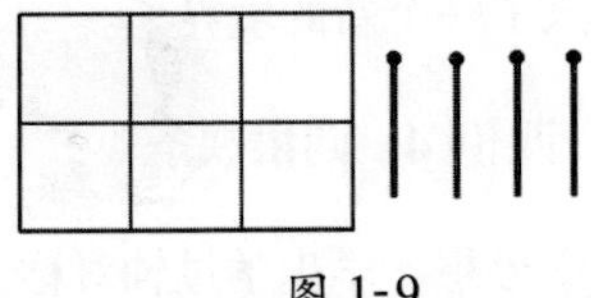

图 1-9

两人轮流在上面放木棒，一根木棒压两格，木棒横放、竖放不限，位置不限，但要求木棒必须放在两相邻空格内。规定：某方放完后对方无法再放时算胜。你要先放还是后放？你怎么取胜？

你要先竖放，就能胜（如图 1-10 中②、③）；你若横放，就可能输（如图 1-10 中①、④）。

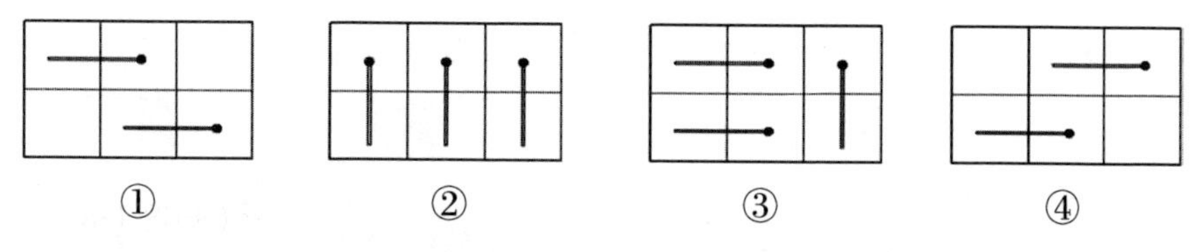

图 1-10

吃一顿饭，玩个小游戏，小朋友要观察、要思考，小朋友也开始有了“对策”意识。

后来，我把这个游戏带到我教的初中班上，我改变了空格情况，增加小木棍，让学生游戏：在一张 $m\times n$ 矩形残棋盘上（图 1-11 为 4×7 盘），两人轮流在上面放木棒（如火柴棒），木棒横放、竖放不限，位置不限，但要求木棒必须放在两相邻空格内。规定：某方放完后对方无法再放时算胜。如图 1-12 左所示的布局中，后手无法再放木棒，已输；再如图 1-12 右所示的布局中，先手定输。

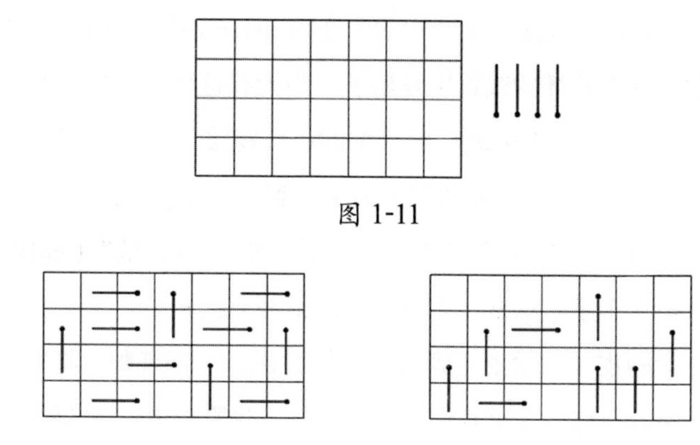

图 1-11

图 1-12

关键在于改变可放木棒的奇偶性（可放木棒数为奇数时先手胜，为偶数时后手胜）。这种改变通常在 2×3 的空格内进行（如图 1-10），当然还要顾及它们的邻格。

初中生玩得不亦乐乎，原理竟然和幼儿园小朋友玩的思路一样！

课例 6　译密语

有一次上课，我把事先在 7×7 方格上写好字的纸板展现给学生看（如图 1-13），学生一头雾水，不知我“葫芦里卖的是什么药”。

数	《	刻	数	学	学	，
的	都	乐	游	园	数	戏
》	学	全	道	，	每	是
理	些	隐	※	有	含	一
着	，	倍	个	一	数	个
受	学	或	欢	几	趣	游
的	个	迎	很	戏	深	。

图 1-13

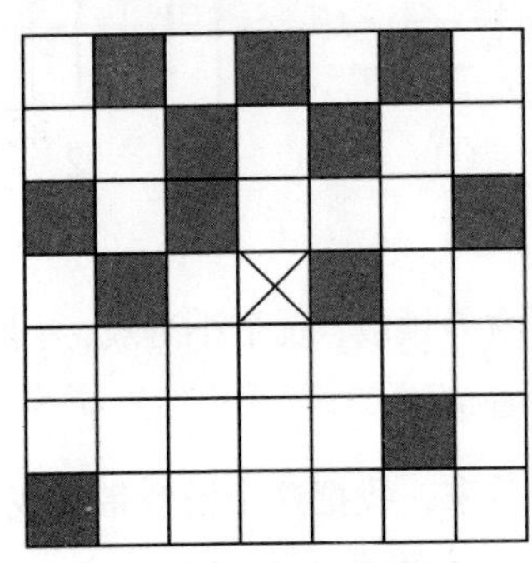

图 1-14

我接着拿出剪出空格（如图 1-14 中阴影部分）的纸板，把挖去 12 个小方格的那一张硬纸板盖在另一张方格纸板上，“译”出 12 个字，再按顺时针方向旋转 90°，“译”出另外 12 个字，就这样，直到把 48 个字全部“译”完。

学生眼睛看得都放光了！我大声说，这叫“译密语”。我的初二数学“中心对称”教学，就在这样的气氛中开始了。当天有这样一道作业题：

请制两张 6×6 的小方格纸，把其中的一张挖去 $6\times6\div4=9$（个）小方格，放在另一张上面，把要译制的那段话从头到尾在挖去小方格里从左到右、从上到下分别写上 9 个字（含标点）。然后，把上面的纸沿顺时针方向转 90°，接着再写 9 个字。这样，直到把全段话写完为止。

课后，有“顽皮”的学生走到讲台前对我说：“任老师，将来我们同学之间请您递纸条，您都不知道我们写了什么？”我笑着说：“你们的悄悄话，我干吗要知道？”

第二节　玩好玩转

“玩好”不容易，需要“玩家”玩出游戏或问题背后的数学原理；“玩转”更不容易，需要“玩家”玩出游戏或问题背后的数学情感。“玩好”可能需要更多的技巧，“玩转”可能需要更多的智慧。“玩好”玩出数学之奇，“玩转”玩出数学之美。

课例7　巧放九块

我曾经拿出8个2×2×1的木块和1个3×3×3的正方体木盒，在班上“刺激”学生：谁能把8个木块放进正方体盒里，谁就能获得诺贝尔奖——国际科学最高奖；谁能把7个木块放进正方体盒里，谁就能获得菲尔茨奖——国际数学最高奖；谁能把6个木块放进正方体盒里，谁就能获得任勇数学奖——奖励一本数学课外读物。

真有“傻”学生想获得诺贝尔奖，把8个木块放进去；也有“傻”学生想获得菲尔茨奖，把7个木块放进去。平时学习一般的易峰同学站起来说：“7个以上不可能放进去，老师在考我们。”我反问：“为什么？”易峰说：“7个木块的体积是28个体积单位，而正方体木盒的体积是27个体积单位，‘28’是放不进‘27’里的。”优秀生都上当了，反倒是中等生发现了不可能的情况。我乐啊，至少把班上的高手“放倒了”，当即建议增加一个任勇数学奖给易峰，全班掌声通过。

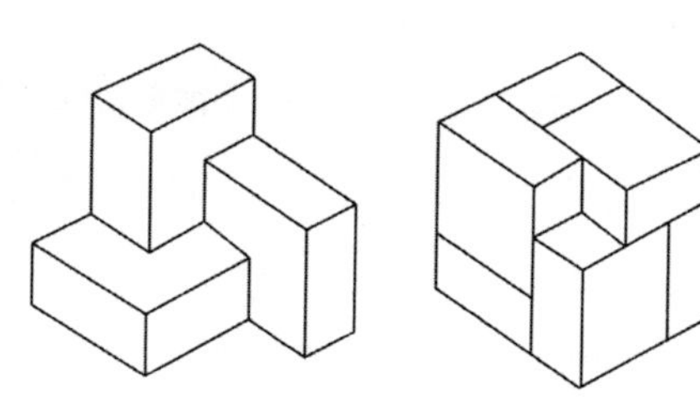

图 1-15

放6个木块也非易事，当有的学生利用“错位”把6块放进去时（如图1-15），我又大声宣布：谁能放进9块的，谁就能获得……我还没讲完，全班学生哄堂大笑了起来。我严肃地说：“真的是9块，只不过是这样的9块——

在 6 块基础上加了 3 个 $1 \times 1 \times 1$ 的小木块。”

全班静了下来，“原来如此，任老师啊，你还真能逗！”

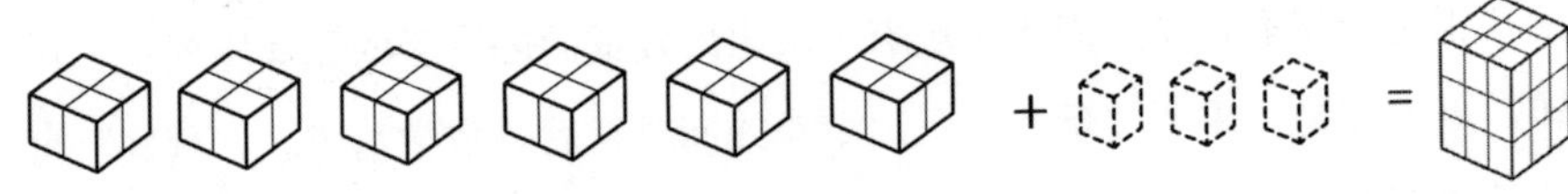

图 1-16

其实 6 块会放了，放 9 块也就问题不大了。

当然，也可以这样分析：扁平块在水平方向置放的每一层上只能占据偶数个单元。由于 9 为奇数，所以每一水平层必须有一个空洞，而正好有三个空洞够用。另外，这些空洞也应安排得能满足两个垂直方向的各层的同样要求——你不能在任意一层上出现两个空洞，如果那样的话在别的层面上就会没有空洞了。

课例 8　剪绳子

为了培养学生的观察能力、想象能力和归纳能力，我让学生剪绳子：学生回家后，找来剪刀和绳子，按要求剪绳子。

一根绳子对折，然后用剪刀拦腰剪断，变成几截？能找出规律吗？

一根绳子先对折，再把它折成相等三折（如图 1-17）或五折或七折……然后再用剪刀从中间剪一刀，变成几截？能找出规律吗？

图 1-17

学生不难得出，不论哪种情况，一根绳子被剪断 n 处，变成 $n+1$ 截。

拓展到剪乱绳，也是看绳子被剪断几处。若一根绳子被剪断 n 处，变成 $n+1$ 截。

如图 1-18，算一下被剪断 15 处，所以这根绳子将被剪成 16 截。

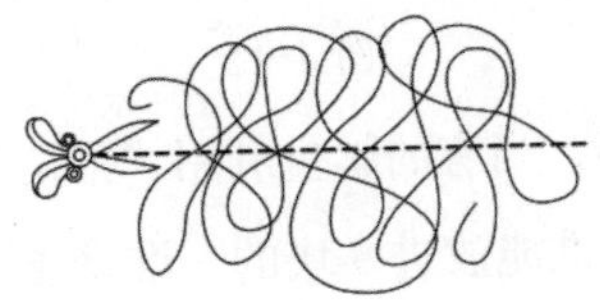

图 1-18

有了上面的“铺垫”，第二天上课，我和学生共同探究下面的问题：把一根绳子先对折1次，然后从当中剪断（如图1-19所示），可得2短1长的3根（如下表所记），请将下表填写完整。

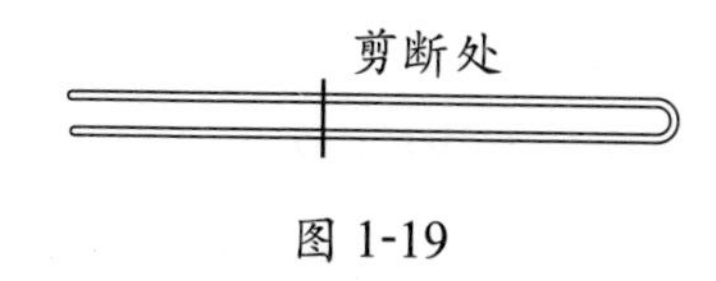

图1-19

把绳对折的次数	1	2	3	…	6	…	n
剪后得绳的根数	3						
其中短绳的根数	2						
其中长绳的根数	1						

课例9　撕纸问题

长期以来，人们有一种误解，认为理化生需要实验，而数学不需要实验，凭一张纸、一支笔就能进行数学研究。但事实上，动手操作和亲身参与的数学活动就是一种数学实验。

数学需要实验，数学教师要学会设计数学实验。

我曾经和学生一起玩“撕纸问题”：一张纸，将其撕成5片，以后每一片都可再撕成5片，这样下去能否撕成2001片？

玩“撕纸问题”，意在让学生动手实验，培养学生实验意识和归纳能力。

真正去撕一下是不可思议的，撕到2001片所用的时间肯定比经过思考得到答案所用的时间多得多。我们只关注实验结果是没有意义的，真要动手去撕纸片，我们的大脑也会在我们撕纸片的过程中关注是否可能找到出现的规律，而这一规律是容易被发现的。

原来有一片，每撕一次，将增加4片，撕第n次，会得到（$4n+1$）片。

令$4n+1=2001$，得$n=500$，即撕第500次可撕成2001片。

变化一下，问：撕成2020片，可以吗？（不可以）

数学实验的过程，有时是提出猜想结论的过程，要确信猜想的真实性，还须做出理论上的证明。探索“撕纸问题”后，我顺便给出个“倒水问题”：

有 A、B 两个容量相同的桶，A 桶盛满水，B 桶空着。先把 A 桶里的水的$\frac{1}{2}$倒入 B 桶，然后把 B 桶里的水的$\frac{1}{3}$倒入 A 桶，又把 A 桶里的水的$\frac{1}{4}$倒入 B 桶，再把 B 桶的水的$\frac{1}{5}$倒入 A 桶……如此继续下去，倒了 2020 次以后，每个桶里各有多少水？倒了 2021 次以后呢？

我引导学生做实验，从前几次倒水的结果中寻找规律：

倒水次数	1	2	3	4	5	6	7	…
A 桶里的水	$\frac{1}{2}$	$\frac{2}{3}$	$\frac{1}{2}$	$\frac{3}{5}$	$\frac{1}{2}$	$\frac{4}{7}$	$\frac{1}{2}$	…
B 桶里的水	$\frac{1}{2}$	$\frac{1}{3}$	$\frac{1}{2}$	$\frac{2}{5}$	$\frac{1}{2}$	$\frac{3}{7}$	$\frac{1}{2}$	…

从这个表里，我们已经能看出一些端倪，提出如下猜想：（1）倒 $2k-1$ 次后，则两桶里的水各有$\frac{1}{2}$；（2）倒 $2k$ 次后，A 桶里的水为$\frac{k+1}{2k+1}$，B 桶里的水为$\frac{k}{2k+1}$。之后，让学生“严格证明”。

课例 10　四块木板

曾有初中数学教师让我到他所教的实验班给学生讲题，说这个班的学生太傲，讲难一点的题“放倒”他们一下，让他们“长长记性”，虚心学习。我开玩笑地说：“不用出难题，就能把他们放倒。”

上课时，我带去如图 1-20 所示的 4 块长方形纸板，说把四块纸板平铺在地上，围出一块空地，空地的最大面积是________。

我还说：“这样的中考题，你们应该都没问题吧？”

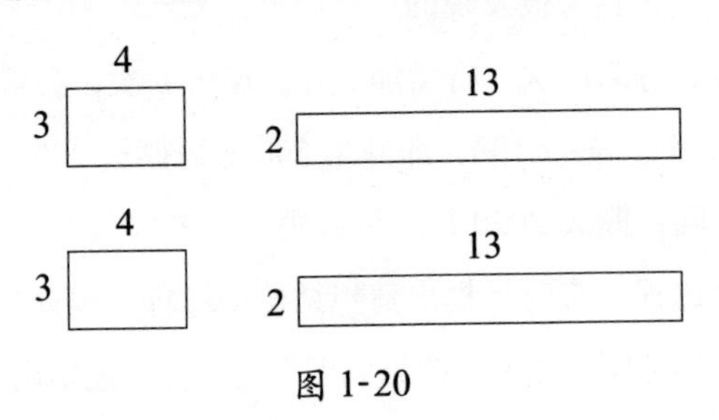

图 1-20

学生笑了，心想，请这样的“大师”来，就讲这样的题？

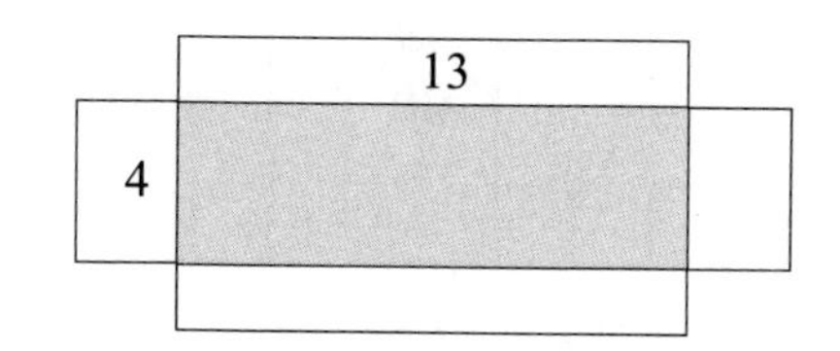

图 1-21

很快，多数学生给出了答案 52（平方单位）。我说还有更大的面积，学生说：“不可能。”我说：“有可能。”

“放倒”学生，不一定都要用难题，尤其是“放倒”应试教育训练下的学生，编几道“素养”题就能轻松把他们“放倒”。像这道题，原本就不应该有那么多的学生做错。

按照图 1-21 的围法面积是 $4\times13=52$，不如图 1-22 的围法面积大。其他围法也不如图 1-22 围法面积大，不信大家可以试一试。

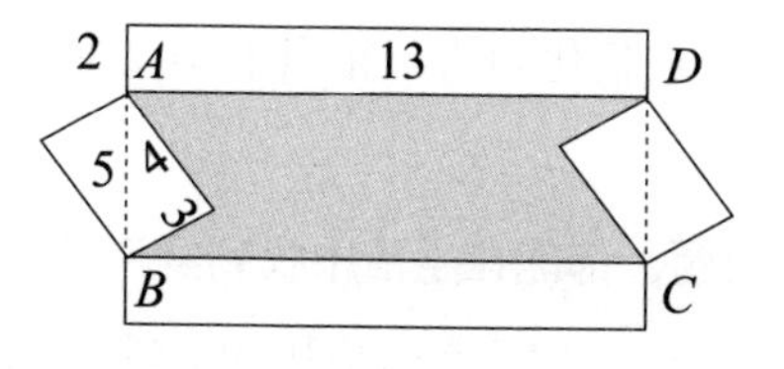

图 1-22

根据勾股定理，小长方形的对角线长度是 5，因此长方形 $ABCD$ 的面积是 $5\times13=65$，然后扣除二个直角三角形面积（即小长方形面积）$3\times4=12$，因此围成面积是 $65-12=53$。

课例 11　一局闷宫棋

给出如图 1-23 所示的象棋残局，如果你先走，要怎样才能取胜呢？

这个象棋残局挺有意思，从象棋走法看，就是前进或后退。我跟学生说：“我和象棋大师下这个残局，我一般会赢，除非象棋大师也具有一定的数学素养。”

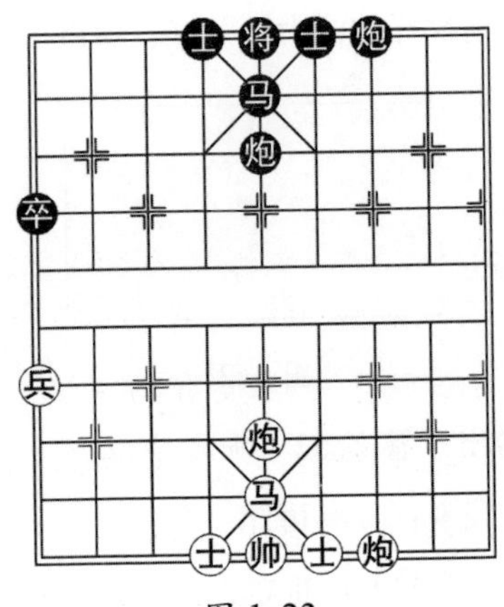

图 1-23

我和学生在棋盘上走了几步，学生突然“悟道”——原来这是“三堆棋子”问题。

这局棋先走的人第一步走“炮七进三”，可操胜券。

事实上，当先走的人走了“炮七进三”之后，场面上形成双方可动间隔为（1，4，5）的局势。这就化归为：相当于 $n=2$ 时“三堆棋子”游戏，从而先走的人必胜。

许多深刻的数学问题，都能在生活中找到鲜活的情景，“一局闷宫棋”就是一个生动的案例。让学生感受数学应用的广泛性，培养学生的化归能力，也是可以从一局象棋残局开始的。

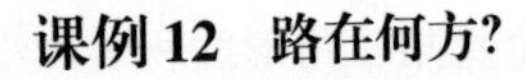

课例 12　路在何方?

牵着孩子向何方

当代美国数学家哈尔莫斯说过：“数学真正的组成部分应该是问题和解，问题才是数学的心脏。”仔细琢磨，这话很有道理。的确，在数学教育中，解题活动是最基本的活动形式。

数学题目是一个系统：{Y，O，P，Z}，其中系统的各个要求分别是：Y 表示解题的条件，O 表示解题的依据 ，P 表示解题的方法，Z 表示题目的结论。这四个要素中，至少应有一个要素是解题者已经知道的，其余要素可能不知道，要通过解题活动加以明确。完全具备四个因素的问题叫作全封闭性问题；仅仅缺少一个因素的问题叫作开放性问题；缺少三个因素的问题叫作全开放性问题。开放性问题和全开放性问题就是我们所说的“探索性”问题。

美国心理学家布鲁纳就说过：“探索是数学的生命线。”

我还想强调，探索并不神秘，又非高不可攀。教学中，可以从最基本的问题开始。

虚拟问题：爱国华侨 H 先生准备在 X 市捐建一座圆形公园，公园里要建六个颇具特色的凉亭，在圆形公园的六个角（即正六边形的六个顶点）上各建一个美丽的凉亭。H 先生准备通过招标形式在 X 市几家建筑公司中选定一家来承建。几家公司都做好了充分的准备，大家都想承建这别具一格的公园。

招标会上，H 先生风趣地说：“圆形公园的建造既不考虑技术问题，也不考虑资金问题，相信这两点，双方都没问题，待中标后再具体协商。我想提的问题是，要在六个凉亭间修道路，从每个亭子出来都能走到另外任何一个亭子，哪个公司能把道路设计得最短，就由谁承建。”

师：我们班共 48 人，分成 12 个“四人小组”分别代表 12 个“公司”，现在开始竞标。

（生画图探索）

师：可以“胡思乱想”，但需严格计算。

话音刚落，A，B，C 三个“公司”几乎同时画出图 1-24。

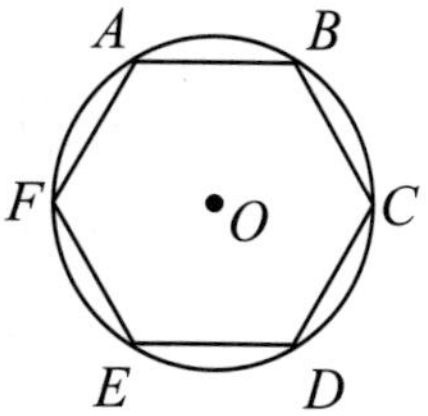

A B F O C E D

图 1-24

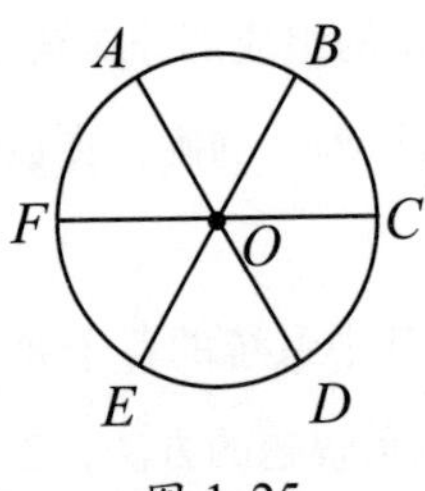

图 1-25

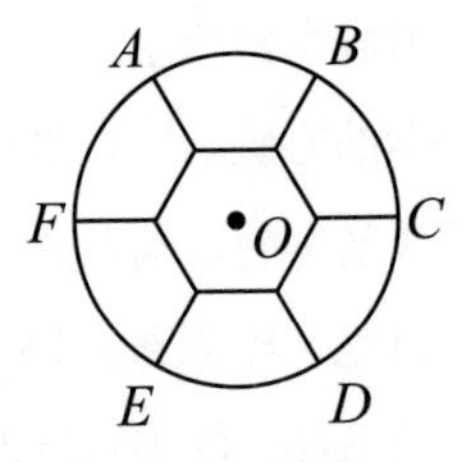

图 1-26

经计算全长为 $6a$ 。D，E，F“公司”不甘落后，随即画出图 1-25，一算还是 $6a$。

刚才火爆的场面平静了下来，静得出奇。

师：（小声地）科学需要默默地探索。

学生们一边微笑，一边画个不停。

G“公司”经过冷静分析，画出了图 1-26。

教室里顿时活跃起来。“有新意”“真妙”……大家一阵称赞。众人一计算，叹气起来：“仍是 $6a$。”

师：能不能突破 $6a$ 的大关？科学有险阻，苦战能过关！

“请看我们的设计”，H“公司”激动地展开了图 1-27。

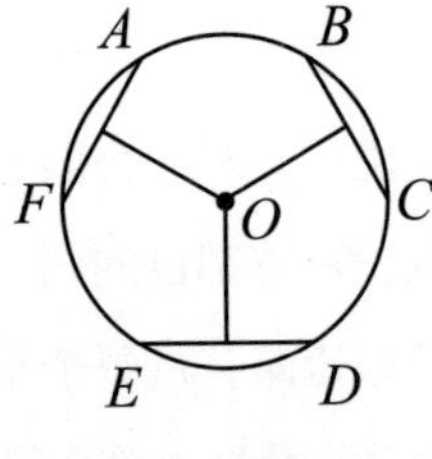

图 1-27

师：很好，大家再算算看。

一经计算，全长为$3a+\frac{3\sqrt{3}}{2}a\approx5.598a$。

“好”“妙极了”……众“公司”赞不绝口。

师：有了突破性进展。

H“公司”十分得意。

“且慢！不必弄得那么复杂。”I“公司”轻松地画出了图 1-28。

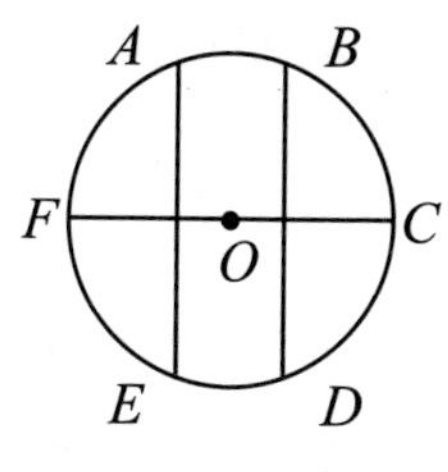

图 1-28

师：这难道会更短？计算是检验真理的唯一标准。

众“公司”将信将疑，不以为奇。可一计算，大家吃了一惊，全长为：$2a+2\sqrt{3}a\approx5.464a$，竟然比 H“公司”设计的还短。

真是斗智斗勇，“招标”进入了白热化。各“公司”在紧张地寻找新的突破。

教室里静得出奇，时间在一分一秒地过去，眼看时限就要到了。

师：条条道路通罗马，哪条道路是捷径？真的“山穷水尽”了吗？

“我们有新的设计，道路最短。”一个响亮的声音从 J“公司”传出，同时展现了图 1-29。还列了算式：全长为$9\cdot\frac{a}{\sqrt{3}}=3\sqrt{3}a\approx5.196a$。

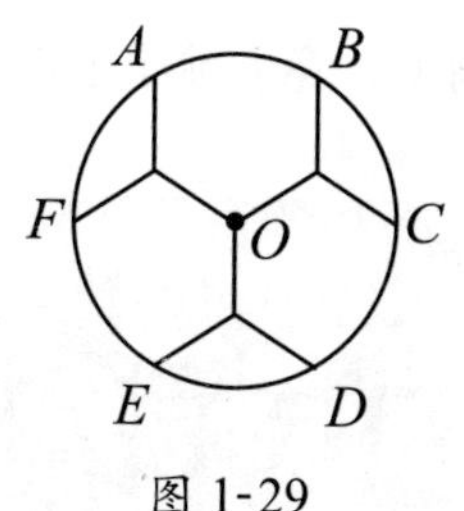

图 1-29

比 I“公司”设计的短了约 $0.268a$！众人惊愕，继而爆出热烈的掌声。

真是拍案叫绝，没有“公司”能设计出更短的道路了。J“公司”中标。

班上一片欢呼，祝贺 J“公司”取得成功。

师：路短且美，曲径通幽。这是科学的力量，这是智慧的结晶。数学本来就是美的嘛。当然，这个问题的探索还没有结束，同学们还能设计出全长更短的道路来吗？或者证明 J“公司”所设计的道路是最短的。

众所周知，初三课时紧张，我在教学时常“挤”一些课时出来，上一些探索课，学生兴趣盎然，爱学数学，觉得学数学不是一种负担、一种苦役，而是一种需要、一种乐趣，这是求知的需要，这是探索的乐趣。学生在探索中，创新精神和创新能力也不断得到提高。

我想，这就是素质教育。

这节课后的第二天，班上的一个学生说他有更短的设计方案，即图 1-24 中去掉线段 AF，全长为 $5a$。我惊愕了！我虚拟的问题有一个严重的漏洞，有可能被钻“空子”。我向这位同学表示祝贺并给予极大的鼓励，同时修补了原问题，要求在公园中心再建一个亭子。

第三节 玩转玩味

玩转，就是在某个领域或方面有很大的兴趣，并非常了解，知道如何操作，玩得很好；玩味，就是细心体会其中意味。玩转，就是玩得起，转得快，操作起来游刃有余，想怎么玩，就怎么玩；玩味，就是细细地品，品出深刻内涵，品出“与众不同”。

课例 13 落在哪个手指头?

儿童的智慧在指尖上

小时候，要记住一年当中十二个月的“大月”和“小月”问题，一位民间老人教了我一招：左手握拳背朝上，拳头（除大拇指外）的关节呈凹凸状，从右往左数，凸为“大月”，凹为“小月”，就有一月大、二月小……七月大，此时已数至最左端小拇指关节，八月大开始从最左端往右数起，就有八月大、九月小……十二月大。注意，左手最左端的小拇指凸起的关节数了两次。

用此法，让我从小至今不忘“大月”“小月”，从无差错。

一日出差乘车无聊，就在那拨弄手指，数来数去，看看能否数出什么名堂来。若把左手张开，从大拇指沿右到左数起，数到小拇指，不停顿，再往右数，数到大拇指，仍不停顿，再往左数……如此下去，发现可成为一道很有意思的数学题。比如，那年是1999年，就问数到1999，落到哪个手指头？

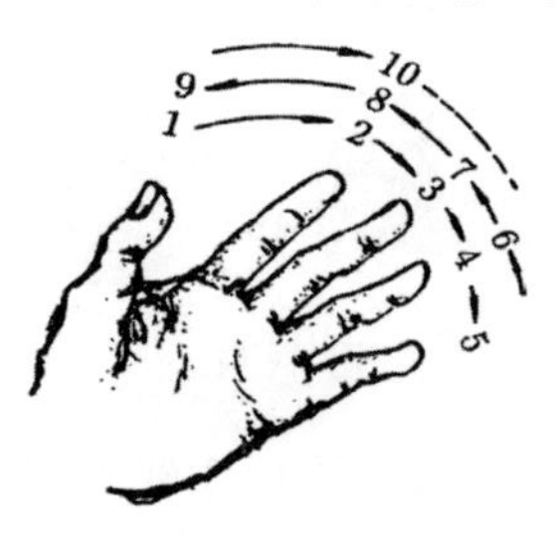

图 1-30

2009年4月厦门外国语学校附属小学想请我去给学生开个讲座，曾建胜校长发短信问我讲什么好？我不假思索地迅速回复“数学好玩”。

讲座中，与学生玩“数手指头”游戏，问数到2009时，落到哪个手指头？我要求学生不要硬算，要找规律。学生一边算一边找规律，很快学生找到了规律，说“数到8后，又回到了大拇指”，我激动不已，心想这就是规律啊，这批小学生已经意识到这是一个周期问题，周期为8。只不过他们说“又回到大拇指”而没有说“周期”两字，说“数到8后”而没有说“周期为8”。

我问学生：2000能被8整除吗？学生答：能。我又问：2008呢？学生答：能。我再问：那数到2009落在哪个手指头？学生异口同声答道：“大拇指！”

我开心地笑了，我在内心深处品悟着学生的数学智慧所带来的快乐。

两周之后，我又应邀到厦门一所中学，为高三即将参加高考的学生做讲座，为了活跃气氛，我给出了曾给小学生玩过的“数手指头问题”，问“数到2009落到哪个手指头？”并故作严肃状说：“若让我出高考题，我就出这题。”学生“哇”的一声认真地数了起来。

我原以为学生会很快找到规律，很快得到答案。

5分钟过去了，没有学生找到规律。8分钟过去了，仍没有学生找到规律。

绝大多数学生还在那里一个劲地数。

我笑着说："完了。"学生以为我问"完了吗"，答："还没有。"我心想，这种状态参加高考，岂不真"完了"！

我的脸上虽然还挂着笑容，内心却陷入沉思。

其实，我们的双手，就可以玩出许多数学问题。

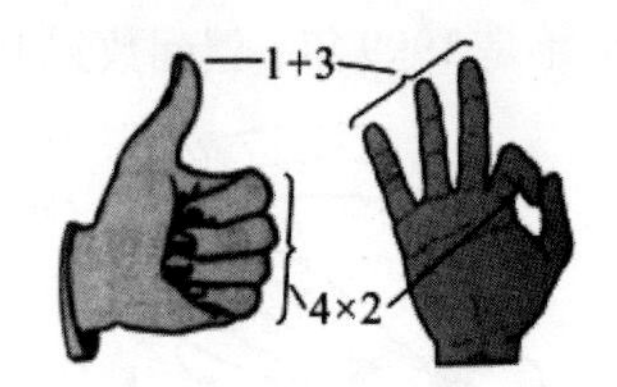

图 1-31

对于 5 以上的乘法口诀，我们可以用双手进行：如 6×8，就用左手伸出 1（$6-5=1$）个手指，右手伸出 3（$8-5=3$）个手指，那么两手伸出的手指相加得 4，两手弯曲的手指相乘得 8，于是可得 $6\times8=48$。你试玩其他 5 以上的乘法口诀看看，你能说明上述"手算方法"的道理吗?

我们证明一下：设 $5+a$ 和 $5+b$ 分别表示两个大于 5 的一位数，则 $(5+a)(5+b)=25+5a+5b+ab$，$10(a+b)+(5-a)(5-b)=10a+10b+25-5a-5b+ab=25+5a+5b+ab$。

所以 $(5+a)(5+b)=10(a+b)+(5-a)(5-b)$。

其实，双手还能算"九九表"。

一次学校组织老师去郊游，钟老师把她上一年级的小孩强强也带上了。在车上，我问强强："最近数学学什么啦？"强强说："乘法口诀。"我说："能全部记下来吗？"我没有说"会背下来"而说"会记下来"，还特地把"记"说得大声些，是想体现乘法口诀不宜"背"而宜"记"。

强强背了"1"的乘法口诀，"2"的乘法口诀……背到"9"的乘法口诀时，就背乱了。

钟老师着急了，在一边帮着背：一九得九，二九一十八……

强强复述了一遍，重背时还是出了差错。

我对强强说："要找规律，比如积的个位与十位数字的和等于 9，积的个位与乘数的和等于 10……”

强强对这个“发现”有些惊奇，我顺势说：“其实你的双手就是计算器，完全可以轻松‘算’出来。”

我张开双手，手背朝向自己，从一九得九……逐一“计算”起来。强强也学着用双手“计算”，算着算着就惊叫了起来：“没错，没错，是这样的！”

钟老师更是惊愕，连声说：“是啊，是啊，怎么这么巧。”

“强强，你们老师教了吗？”钟老师问。

强强摇了摇头。

这里用图说明一下：如“四九三十六”，乘数是 4，就把左手第四指（从小拇指数起）弯下，看第四指左右两边的指头数，左边指头个数表示积的十位数位，右边（连同右手）指头个数表示积的个位数。如图 1-32：

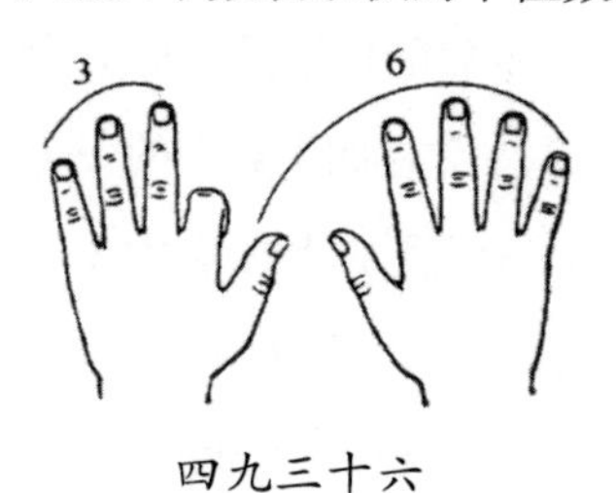

四九三十六

图 1-32

咦，怎么这么灵？这是什么道理呢？

我们设 a 为 1，2，…，9 中的一个数，则

$$a\times 9=a\times(10-1)=a\times 10-a=(a-1)\times 10+(10-a)$$

可见 $a\times 9$ 的十位数字是 $a-1$，即第 a 个手指曲下后其左边部分的手指数；$a\times 9$ 的个位数字是 $10-a$，即第 a 个手指曲下后其右边部分的手指数。

课例 14　马能跳回原位吗？

“马跳 9 步能跳回原位吗？”很多人下了一辈子象棋，都没有想过这个问题。

我曾经给小学生讲过这个问题，是利用“染色原理”讲的；我也曾经给初中生讲过这个问题，既可以用“染色原理”讲，也可以利用奇偶分析讲；

高中生学《解析几何》时，我再次讲了这个问题。

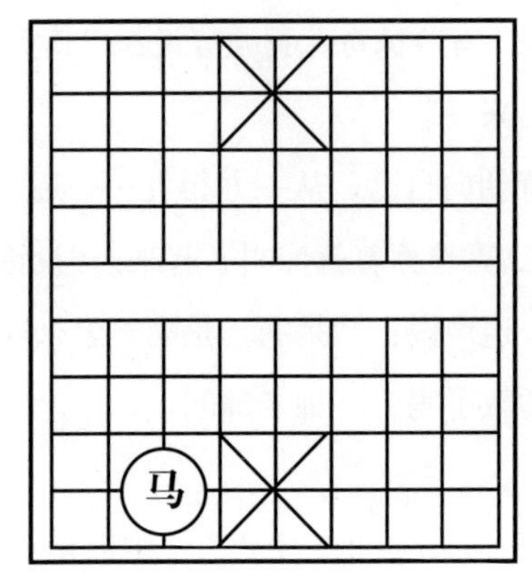

图 1-33

我们可以在棋盘上建立直角坐标系，并设这只马所在的位置 P 的坐标为（x_0，y_0），那么，马跳一步后的位置的坐标应为（x_0+x_1，y_0+y_1），这里的 x_1 和 y_1 只可能是 1，−1，2，−2 这四个数中的一个（想一想，为什么）。

同样，跳第二步后，马位置的坐标应为（$x_0+x_1+x_2$，$y_0+y_1+y_2$），这里的 x_2 和 y_2 也只可能是 1，−1，2，−2 这四个数中的一个……马跳九步后，马位置的坐标为（$x_0+x_1+\cdots+x_9$，$y_0+y_1+\cdots+y_9$）。如果这时马又回到原位置（x_0，y_0），那么有

$x_0+x_1+\cdots+x_9=x_0$，$y_0+y_1+\cdots+y_9=y_0$。

也即 $x_1+x_2+\cdots+x_9=0$，$y_1+y_2+\cdots+y_9=0$。

两式相加，有 $(x_1+y_1)+(x_2+y_2)+\cdots+(x_9+y_9)=0$。

由于上式子中 18 个数都只能取 1、−1、2、−2，而且每一次跳的两个坐标之和不能为 2 和 −2，因此，x_1+y_1，x_2+y_2，…，x_9+y_9，这 9 个数只能取 1、−1、3、−3。

但是不论怎样取法，由于奇数个奇数相加为奇数，所以这样取出的 9 个数之和等于 0 是不可能的。所以马跳 9 步不可能回到原位。

通过上面的分析，我们还可以知道：不仅马跳 9 步不可能回到原位，只要是这只马跳奇数步，都不可能回到原位。如果这只马跳了几步后回到了原位，那么它跳的步数必定是偶数。

课例 15　十点十分

我喜欢到书店淘书。一次，我看到一本医学专家写的《损害健康的 100 种办公室习惯》，就翻书看看第一个损害健康的习惯——伏案工作颈椎累。就我而言，经常伏案写作，颈椎肯定异常的累。医学专家给出四种颈部操：抬头望，隔墙张望，耸耸肩，举举手。请看“举举手”：

将双手举到钟表 10：10 的位置，一边行走一边将双手移动到颈后。

看到这，我忽然间叫了一声：“哎呀，有问题！”

我忘记了这是在书店里，静静的书店被我这一叫，引来了读者疑惑的目光。店员探问：“有什么问题？”我也不知怎么才能说清楚，就说：“这书我买，这书我买。”一位老者嘀咕了一句：“有毛病，有问题，你买啥？神……”我付了款，拿着新书，飞似的逃离书店，老者最后说什么也没听清。

我择一静处，坐在台阶上计算了起来。

问题：此时 10 点，经过 t 分钟后，12 点的位置第一次成为时针和分针的角平分线？

解：设时针的速度为 v，则分针的速度为 $12v$，

$\because$ 12 点的位置是时针和分针的角平分线，

$\therefore vt = 12v \cdot 10 - 12v \cdot t$，

解得 $t = \dfrac{120}{13} = 9\dfrac{3}{13}$（分钟）。

“有问题，就是有问题嘛！”我自鸣得意。心想：教授啊，你应该说“将双手举到钟表 10：$9\dfrac{3}{13}$ 的位置”才对，否则举起的双手就不对称啦，或说成“将双手举到钟表**大约** 10：10 的位置”，否则被我的学生知道了，又要说你“没数学文化”！

无独有偶，前些年央视体育频道早间节目，有个“十点十分操”，也犯了同样的毛病。我让学校电教人员帮我录下央视体育频道那个节目，在课堂上播放，让学生分析错误所在，学生兴趣盎然。

让学生学会用数学眼光看生活，感受到数学之用，学生就会更加喜爱数学！

课例 16 铺砌问题

这里给出我的一节数学活动课课例——铺砌问题。

通过对二维铺砌问题（亦称地板革上的数学问题、花砖铺设问题或镶嵌图案问题）的深入探索，引导学生初步掌握数学问题的研究方法，学会将数学问题特殊化和一般化，学会提出和探索新的数学问题。

创新说明：引导学生通过活动，探索一种原始砌块的多种铺砌法；引导学生通过活动，探索多种原始砌块的各种铺砌法；学会用数学方法，研究新的数学现实问题；从“直砌块”到“曲砌块”的创新探索；由“二维铺砌”类比研究“三维铺砌”；铺砌的“艺术化”探索、构建。

探索点的处理意见：按类型由浅入深、由易到难、由简到繁、由特殊到一般深化探索；下一个探索点尽量由学生提出，每个探索点尽量由学生先给出实例，师生共同探索、归纳；在许多探索点处均可“留有空白”，留给学生继续探索；在探索中适时地有机地恰如其分地渗透探索方法。

教学过程实录：

引言：随着人们生活水平的提高，许多人喜欢用各种装饰用的花砖来铺地贴墙，这在数学里也是一门学问，叫作平面花砖铺设问题，也叫作镶嵌图案问题。即采用单一闭合图形拼合在一起来覆盖一个平面，而图形间没有空隙，也没有重叠。换言之，重叠或空隙部分面积为 0 。什么样的图形能够满足这样的条件呢?

这个问题我们已布置同学事先去探索了，要求同学们去设计图案，现在请各组（4 人一组，共 12 组）代表展示你们的图案。

（让学生展示图案）

怎么来研究这些图案呢?

我想，我们可以先从简单的问题入手，先看能否铺砌，再看有几种铺砌方案。

不少同学的图案是三角形、四边形和正多边形的，我们就先来研究这几种情况。

（1）探索1：以三角形为基础的图案展铺。

三角形是多边形中最简单的图形，如果用三角形为基本图形来展铺平面图案，那么就要考虑三角形的特点。由于三角形的三个内角和为180°，所以要在平面上一个点的周围集中三角形的角，那么必须使这些角的和为两个平角。因此，若把三角形的三个内角集中在一起，并进行轴对称变换或中心对称变换的话，就可以得到集中于一点的六个角，它们的和为360°，刚好覆盖上这一点周围的平面。变换的方法如图1-34。

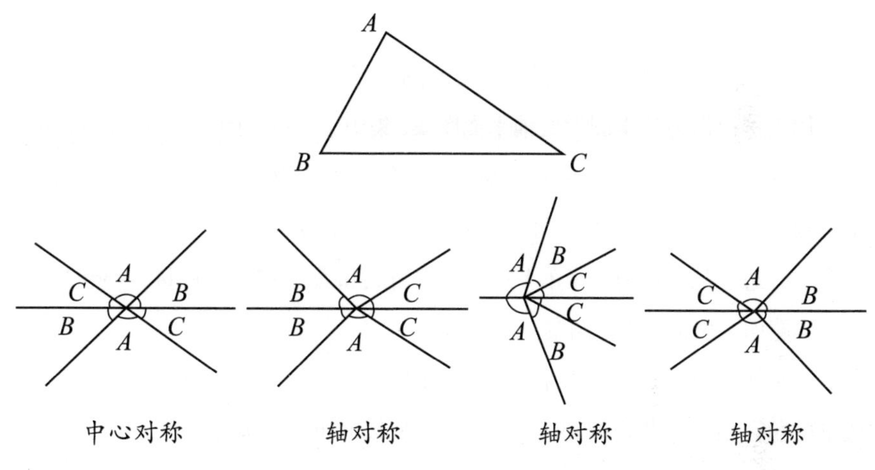

图1-34

在中心对称的情况下，三角形不翻折，在轴对称的情况下，三角形要翻折。如果把三角形纸片按正、反两面涂上颜色，那么通过对称变换，正、反面就会明显地反映出来了。

用三角形为基本图形展铺平面图案，共有以下四种情况，如图1-35。

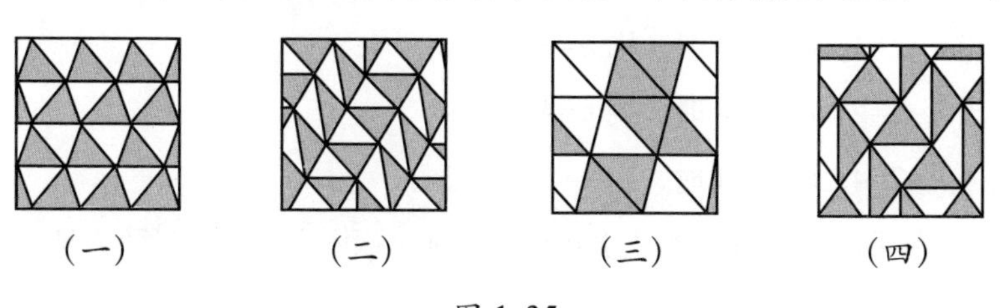

图1-35

（2）探索2：以四边形为基础的图案展铺。

由于四边形各内角和为360°，所以，任何四边形都可以作为基本图形来展铺平面图案。图1-36中的（一）、（二）、（三）、（四）分别是以矩形、菱形、梯形、一般四边形为基本图形的平面展铺图案。

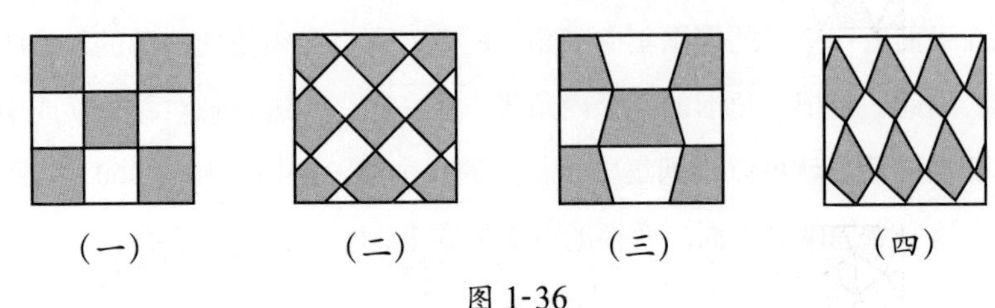

（一）　（二）　（三）　（四）

图1-36

（3）探索3：以正多边形为基础的图案展铺。

用正多边形为基本图形展铺平面图案，集中于一点周围的正多边形的角的和应是360°。但是这个条件只是必要条件而不充分。例如，正五边形的一个内角是$(5-2)\times180°\div5=108°$，正十边形的一个内角为$(10-2)\times180°\div10=144°$。两个正五边形的内角和一个正十边形的内角之和为：$2\times108°+144°=360°$，但是并不能用来展铺成平面图案。

如果用同种的正n边形来展铺平面图案，在一个顶点周围用了m个正n边形的角。由于这些角的和应为360°，所以以下等式成立：

即$m\times\dfrac{(n-2)\times180°}{n}=360°$，

即$m\times\left(2-\dfrac{4}{n}\right)=4$。

因为m、n是正整数，并且$m>2$，$n>2$所以$m-2$，$n-2$也都必定是正整数。

当$n-2=1$，$m-2=4$时，则$n=3$，$m=6$；

当$n-2=2$，$m-2=4$时，则$n=4$，$m=4$；

当$n-2=4$，$m-2=1$时，则$n=6$，$m=3$。

这就证明了：只用一种正多边形来展铺平面图案，存在三种情况：

①由6个正三角形拼展，我们用符号（3，3，3，3，3，3）来表示［如图1-37（一）］。

②由4个正方形来拼展，我们用符号（4，4，4，4）来表示［如图1-37（二）］。

③由3个正六边形来拼展，我们用符号（6，6，6）来表示［如图1-37（三）］。

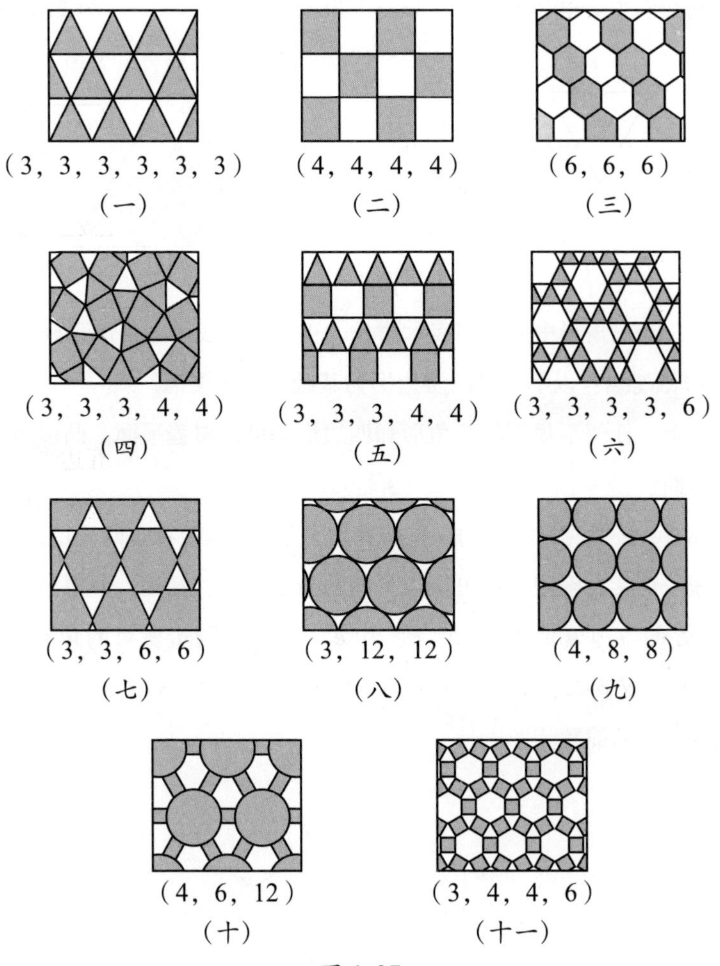

图1-37

如果用两种正多边形来拼展平面图案，那么应有以下五种情况：

（3，3，3，4，4）（3，3，3，3，6）（3，3，6，6）（3，12，12）（4，8，8）。

这五种情况的图形如图1-37（四）至（九）。

用三种正多边形拼展平面图案，就比较难考虑了，例如（4，6，12）及（3，4，4，6），如图1-37（十）和（十一）。

用三种以上的正多边形拼展平面图案，就更复杂了，但也更有趣。对此有兴趣的同学，可以继续探索，构思出几个图案来。

下面我们先给出 2 个图案（如图 1-38）。

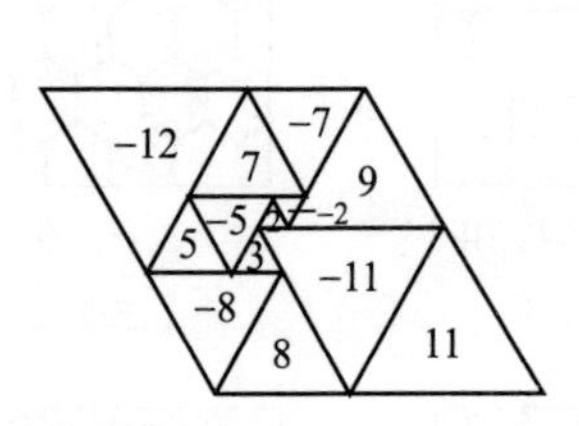

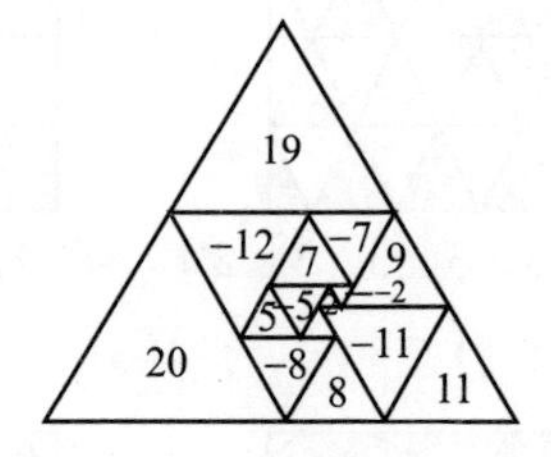

图 1-38

说明：正三角形中的数字表示边长，正、负号表示三角形正放和倒放。

（4）探索 4：以不规则凸多边形为基础的图案展铺。

事实上，任何不规则的三角形和四边形都可以覆盖平面。凸多边形能不能覆盖平面?

1918 年，法兰克福大学的一位研究生卡尔·莱因哈特曾研究过这个问题，后来发表了论文，确定五种可拼成平面的凸多边形。例如，他得出如果五边形 $ABCDE$ 的各边分别为 a、b、c、d、e、且 c、e 两边所对的角 C、E 满足 $C+E=180°$ ，又 $a=c$，那么这个五边形就能覆盖平面（如图 1-39）。同学们不妨复制几个铺铺看。

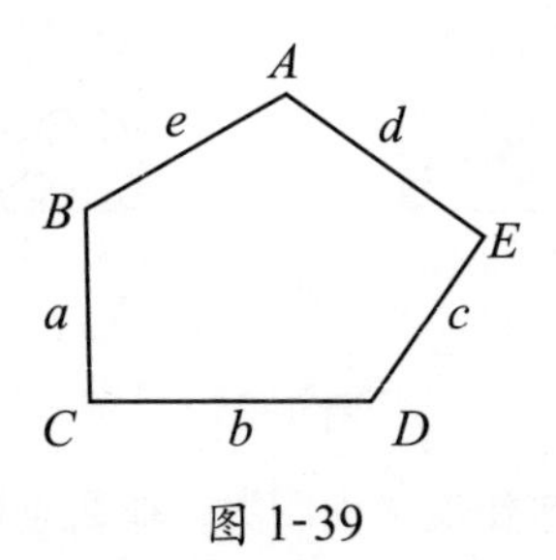

图 1-39

1975 年，美国人马丁·加德纳在《科学美国人》这本杂志上开辟了关于镶嵌图案的数学游戏专栏，许多数学家和业余数学爱好者都参加了讨论。其中有一位名叫玛乔里·赖斯的家庭妇女是最热情的参与者之一。赖斯有五个孩子，1939 年中学毕业前只学过一点简单的数学，没有受过正规的数学专业教育。她除了研究正多边形的拼镶问题以外，还研究了一般五边形。她独立地发现了一种五边形，并且向加德纳报告了这一发现：“我认为两个边长为黄金分割的一种封闭五边形可以构成令人满意的布局。”加德纳充分肯定了赖斯的研究成果，并把她介绍给一位对数学与艺术的和谐具有职业兴趣的数学家多里斯·沙特斯奈德。在沙特斯奈德的鼓励下，赖斯又发现了解决拼镶问题的另外几种五边形，从而使这样的五边形达到了 13 种。

赖斯的家务很忙，但这没有影响她研究的热情。她对人说：“在繁忙的圣诞节，家务占去了我大量的时间，但只要一有空，我便去研究拼镶问题。没人时，我就在厨房灶台上画起图案来。一有人来，我就急忙把图案盖住。因为我不愿意让别人知道我在研究什么。”

下面我们看几个玛乔里·赖斯发现的展铺图案。

说明：图 1-40 是 1976 年 2 月玛乔里·赖斯发现的五边形展铺图案的一种新类型。图中给出了五边形所能取的形状的范围以及由此种类型中的一个代表图形所做出的展铺图案。由边长成黄金分割比的五边形所拼成的铺砌图案。

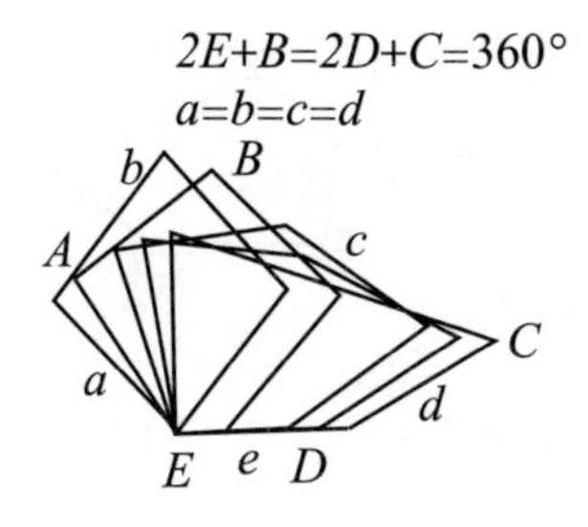

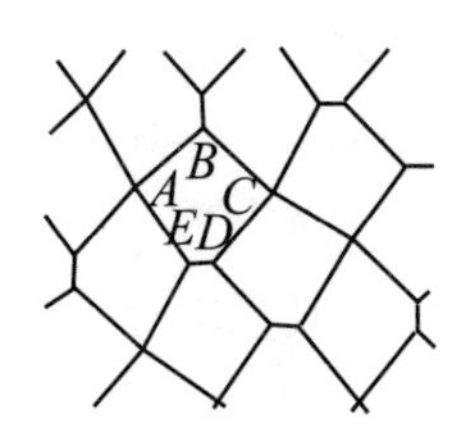

图 1-40

说明：图 1-41 与图 1-42 是玛乔里·赖斯在 1976 年 12 月所发现的第 11 型与第 12 型五边形，用它们可以铺满平面。

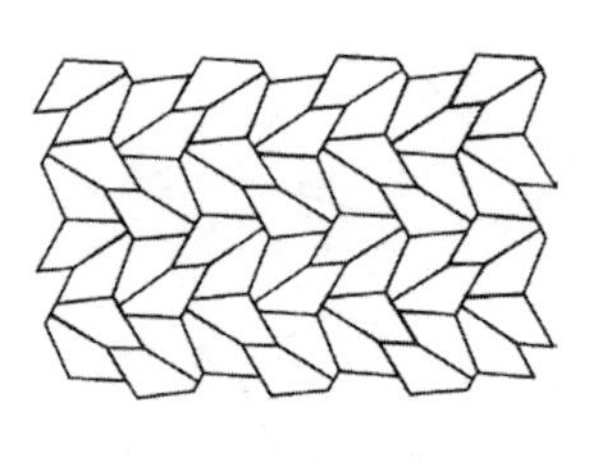

图 1-41

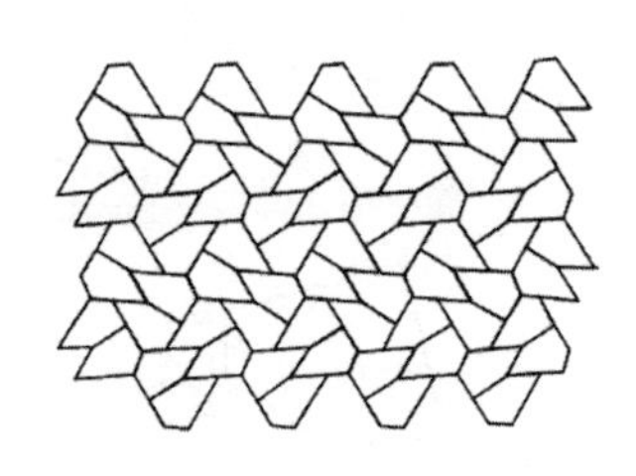

图 1-42

说明：图 1-43 是玛乔里·赖斯在 1977 年 12 月所发现的第 13 型可供展铺的五边形。

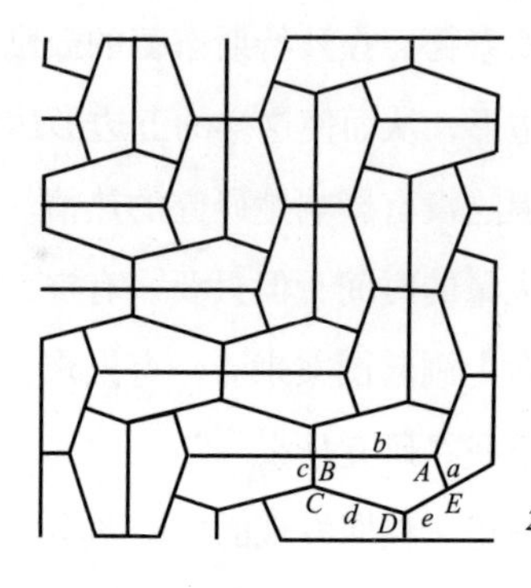

图 1-43

同学们可探索其他凸五边形的展铺图案，还可继续探索其他凸 n 边形（$n \geqslant 6$）的展铺图案。

附教师准备材料：图 1-44 是目前已知的 13 类五边形，它们可作为平面的单块合成组件。

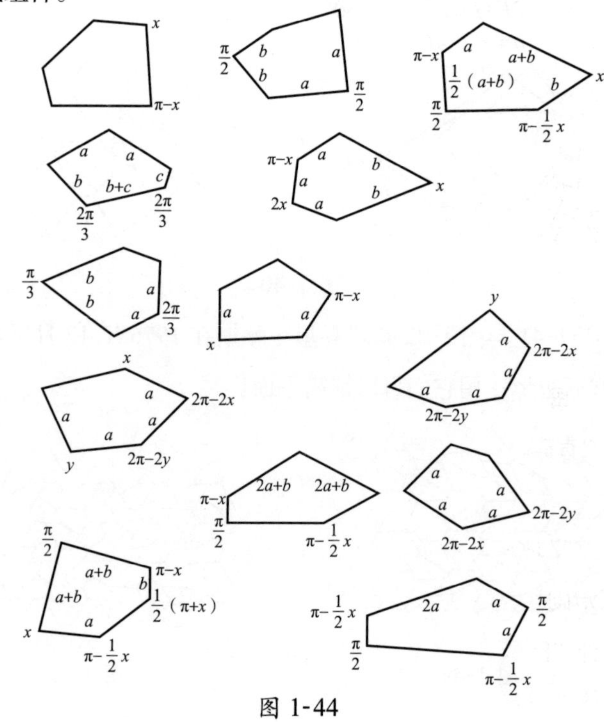

图 1-44

（5）探索 5：以其他“直砌块”为基础的展铺图案。

是否存在以其他“直砌块”（边界为线段的原始砌块）为基础的展铺图案？回答是肯定的。我们先看两个例子（如图 1-45、图 1-46）。

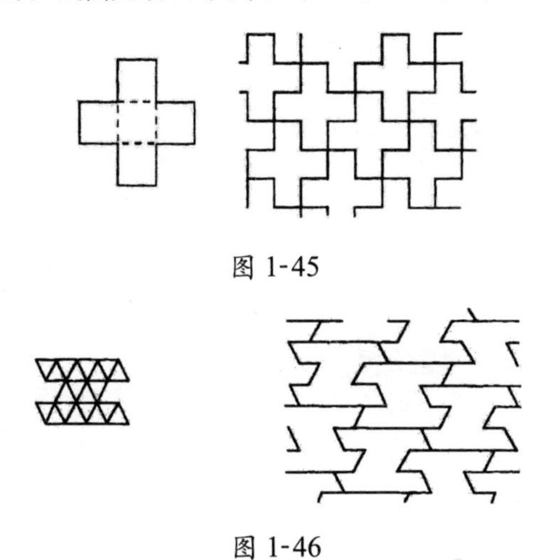

图 1-45

图 1-46

同学们可继续进行探索，并研究：

①“直砌块”的不同铺砌法问题。如图 1-47 所示，是一种“直砌块”的三种不同的砌法。

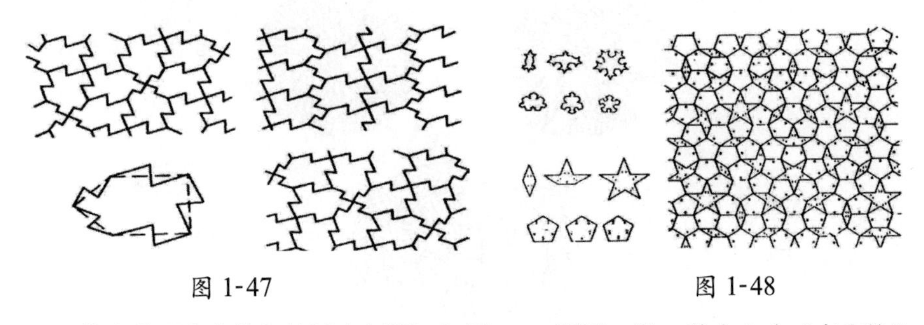

图 1-47　　图 1-48

②多种“直砌块”的铺砌问题。如图 1-48 所示，是一种由六个“直砌块”铺砌的图案。

说明：由罗杰·彭罗斯所发现的第一组非周期性铺块。图 1-49（a）给出了这些原始砌块，图 1-49（b）则用数目字来表示突出与嵌入的部位，从而指出了一种“匹配条件”，0，1，2 必须与 0，1，2 分别配合。图 1-49（c）则显示了具体的铺砌图案。

事实上，还有许多“直砌块”可铺砌平面，有些图案非常有趣（如图 1-49、图 1-50）。我们在“意料之外”与“令人震惊”之中，又一次体验到了数学之美，数学之神奇！

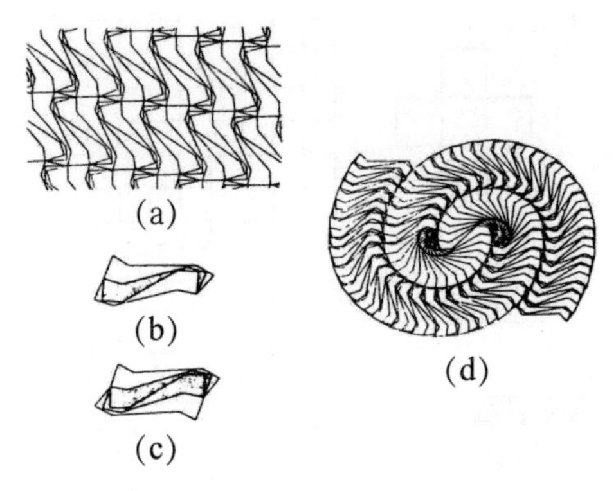

图 1-49

说明：伏特堡氏铺块，它具有一种值得注意的性质：该铺块的两个拷贝能把第三个拷贝全部围住，如图 1-49（b），甚至能把两个拷贝围住，如图 1-49（c）。图 1-49（a）则是把伏特堡氏铺块用作原始构形时的周期性铺砌图。图 1-49（d）是伏特堡氏的螺旋形铺砌图。

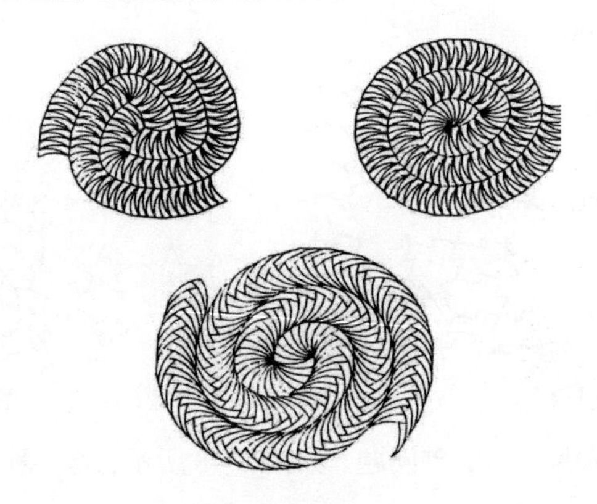

图 1-50

说明：此“直砌块”被称为“多才多艺者”，三种铺砌法不同。

（6）探索 6：以“曲砌块”为基础的展铺图案。

是否存在以“曲砌块”（边界部分或全部为曲线的原始砌块）为基础的

展铺图案？

这是不难解决的。因为，许多曲线是可以“对合”的。

下面是一些“曲砌块”的展铺图案（如图 1-51）。（注：教师可只给出一两种图案，其余由学生探索）

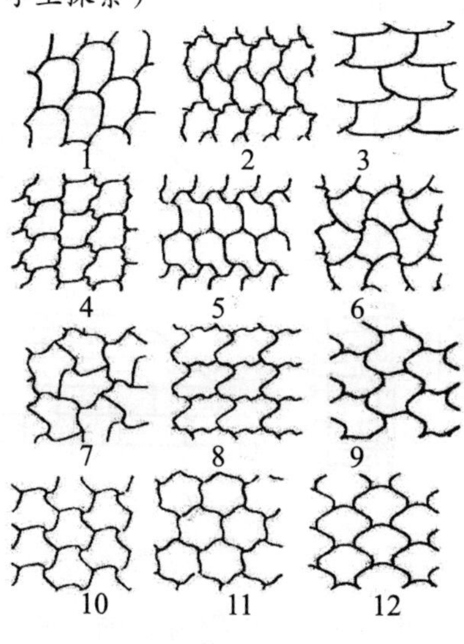

图 1-51

（7）探索 7：二维铺砌的艺术化问题。

既然“曲砌块”可铺砌，可否让铺砌“艺术化”些？即能否由原始砌块砌出美丽的图案？

让我们看三幅美丽的“曲砌块”，同学们可以剪下复制若干块，再铺砌成一个美丽的图案（如图 1-52）。

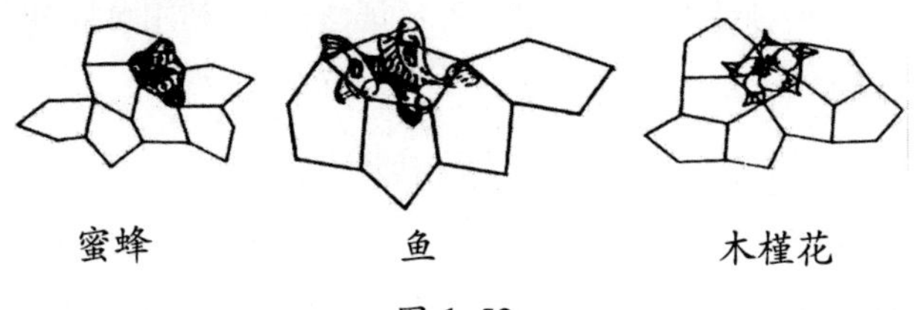

图 1-52

（8）探索 8：三维铺砌问题。

平面问题能否向空间发展？即将“二维铺砌”深化为“三维铺砌”问题。

答案是显然的。因为，“魔方”就是一个三维铺砌。

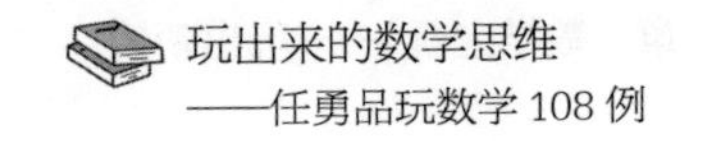

问题是还有没有其他的“原始砌体”？

下面我们给出一个“三维铺砌”实例，同学们可按“二维铺砌”的探索之路探索“三维铺砌”问题（如图 1-53）。

说明：四个“N”型五连立方体所拼成的既约块上层中打圆点的单元应与下层中打“×”的单元配合。

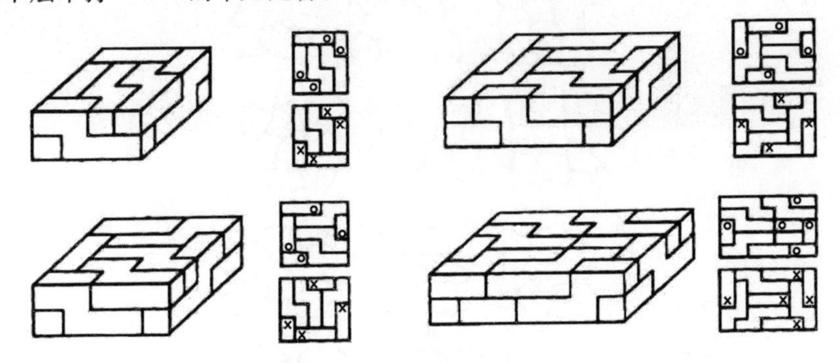

图 1-53

小结：

对于一个欲探索的问题，可从以下十个方面着手进行探索：1. 从简单问题入手；2. 从具体对象入手；3. 从特殊情况入手；4. 从问题反面入手；5. 从观察联想入手；6. 从创新构造入手；7. 从形象直观入手；8. 从情况分类入手；9. 从直觉猜想入手；10. 从问题转换入手。

美国数学教育家 L.C. 拉松则给出了 12 种探索法：1. 寻找一种模式；2. 画一个图形；3. 提出一个等价问题；4. 改变问题；5. 选择有效的记号；6. 利用对称性；7. 区分种种情况；8. 反推；9. 反证法；10. 利用奇偶性；11. 考虑极端情况；12. 推广。

同学们可进行对比，并在探索实践中尝试上述方法。

尽管我们探索了不少“铺砌问题”，但我们的探索还仅是初步的。如果把“铺砌问题”看成大海的话，我们仅在海边拾了几个贝壳而已。

许多问题还有待于“有志者”继续探索。愿同学们在研究“铺砌问题”中学会探索，进而学会探索数学，学会探索世界。

课例 17　借题发挥

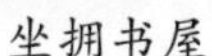

坐拥书屋

书房一角

“问题是数学的心脏。”学习数学，关键之一是学会解题。解题教学是数学教师的基本功，解题是数学教学中的“微观艺术”，而任何艺术的精彩之处和感人之处，也许就在这“微观”之中。

例题教学是帮助学生掌握概念、定理及其他数学知识的手段，也是使学生掌握数学思想、方法，形成技能技巧以及培养学生数学能力的重要手段。

如何充分发掘利用课本例题的价值，是数学教育工作者正在积极探索的一个热点问题。

奥加涅相说得好：“必须重视，很多习题潜藏着进一步扩展其数学功能、发展功能和教育功能的可能性，……从解本题到向独立地提出类似的问题和解答这些问题，这个过程显然在扩大解题的武器库，学生利用类比和概括的能力在形成；辩证思维、思维的独立性以及创造性的素质也在发展。”

数学教育家波利亚也认为：“一个有责任心的教师与其穷于应付烦琐的数学内容和过量的题目，还不如适当选择某些有意义但又不太复杂的题目去帮助学生发掘题目的各个方面，在指导学生解题过程中，提高他们的才智与推理能力。”

基于上述理念，我曾经以一道课本题为例，借题发挥，探索一题多解、一题多变、一题多用的价值，以期培养学生学会从多层次、广视角、全方位地认识、研究问题，培养学生的创新意识和创新能力。

游戏引入：

师：上课前，我们猜一道谜语，谜面是“考试不作弊”，猜一数学名词。

生：真分数。

师：非常正确，那么用“考试作弊”猜一数学名词呢。

生（异口同声）：假分数。

师：很好，现在请大家任意写下一个真分数。

师：分子、分母分别加上一个正数。

师：新的分数与原分数的大小关系怎样。

生（结论）：一个真分数的分子和分母分别加上一个正数后其值增大。

引出问题：《高中代数（下册）》第 12 页例 7：

已知：a、b、$m \in R^{+}$，且 $a < b$，求证：$\frac{a+m}{b+m}>\frac{a}{b}$。

一、一题多解的教学价值

一道数学题，由于思考的角度不同可得到多种不同的思路。广阔寻求多种解法，有助于拓宽解题思路，发展观察、想象、探察、探索、思维能力。

证法 1（分析法）：课本中的证法，此略。

证法 2（综合法）：能用分析法证的题目，一般也能用综合法证，要求学生“口证”。

证法 3（求差比较法）：

$\because$ a、b、$m \in R^{+}$，$a < b$，

$\therefore \frac{a+m}{b+m}-\frac{a}{b}=\frac{m(b-a)}{b(b+m)}>0$，

$\therefore \frac{a+m}{b+m}>\frac{a}{b}$。

证法 4（求商比较法）：

$\frac{\text{左式}}{\text{右式}}=\frac{ab+bm}{ab+am}$，

$\because$ a、b、$m \in R^{+}$，$a < b$，

$\therefore$ $bm > am$，$ab+bm > ab+am$，且右式 > 0，

$\therefore \frac{\text{左式}}{\text{右式}} > 1$，左式 $>$ 右式。

证法 5（反证法）：

假设$\frac{a+m}{b+m}\leqslant\frac{a}{b}$，

∵ a、b、$m \in R^+$，

∴ $(a+m)b \leqslant a(b+m)$，即 $bm \leqslant am$，

∴ $b \leqslant a$，这与已知 $a < b$ 产生矛盾，

∴ 假设不成立，故 $\frac{a+m}{b+m} > \frac{a}{b}$。

证法 6（放缩法 1）：

∵ a、b、$m \in R^+$，且 $a < b$，

∴ $\frac{a}{b} < \frac{a(b+m)}{b(b+m)} = \frac{ab+am}{b(b+m)} < \frac{ab+bm}{b(b+m)} = \frac{a+m}{b+m}$。

证法 7（放缩法 2）：

由条件可设$\frac{a}{b} = \frac{m}{m+k}$（$k>0$），由合分比定理及放缩法得

$\frac{a}{b} = \frac{a+m}{b+m+k} < \frac{a+m}{b+m}$。

证法 8（放缩法 3）：

设 $a=k_1m$，$b=k_2m$，因为 a，b，m 都是正数，并且 $a<b$，所以 $0<k_1<k_2$，$\frac{1}{k_1} > \frac{1}{k_2}$。

从而 $\frac{a+m}{b+m} = \frac{a+\frac{a}{k_1}}{b+\frac{b}{k_2}} = \frac{a\left(1+\frac{1}{k_1}\right)}{b\left(1+\frac{1}{k_2}\right)} > \frac{a\left(1+\frac{1}{k_2}\right)}{b\left(1+\frac{1}{k_2}\right)} = \frac{a}{b}$，原式得证。

证法 9（构造函数法）：

构造函数 $f(x) = \frac{x+a}{x+b}$（$a<b$），

∵ $f(x) = 1-\frac{b-a}{x+b}$ 在 $[0, +\infty)$ 上是增函数，

∴ $f(x) > f(0)$，即$\frac{a+m}{b+m} > \frac{a}{b}$。

注：利用函数单调性证明不等式具有优越性，高中实验教材已把微积分列入必修内容，用导数研究函数的单调性很方便，故此法应予高度重视。

证法 10（增量法）：

∵ $a < b$，∴ 可设 $b=a+\delta$（$\delta>0$），

则$\frac{a}{b}=\frac{a}{a+\delta}=\frac{1}{1+\frac{\delta}{a}}<\frac{1}{1+\frac{\delta}{a+m}}=\frac{a+m}{a+m+\delta}=\frac{a+m}{b+m}$。

证法 11（定比分点法）：

由$\frac{a+m}{b+m}=\frac{\frac{a}{b}+\frac{m}{b}\cdot 1}{1+\frac{m}{b}}$可知，$\frac{a+m}{b+m}$分$\frac{a}{b}$与 1 为定比$\lambda=\frac{m}{b}>0$，

所以，$\frac{a+m}{b+m}$在$\frac{a}{b}$与 1 之间（内分点）。$\therefore \frac{a}{b}<\frac{a+m}{b+m}<1$。

证法 12（斜率法 1）：

在直角坐标系中，$\frac{a+m}{b+m}=\frac{a-(-m)}{b-(-m)}$表示经过 A（b，a）和 B（$-m$，$-m$）两点所在直线的斜率，设其倾斜率为 α，而$\frac{a}{b}=\frac{a-0}{b-0}$表示点 A（b，a）和原点 O（0，0）所在直线的斜率，设其倾斜角为 β，如图 1-54，由 $a<b$ 可知 A、B、O 三点不共线，且 A 点在直线 OB 的下方，所以有 $0<\beta<\alpha<\frac{\pi}{4}$，故 $\tan\beta<\tan\alpha$，即$\frac{a-0}{b-0}<\frac{a-(-m)}{b-(-m)}$。因此，$\frac{a+m}{b+m}>\frac{a}{b}$。

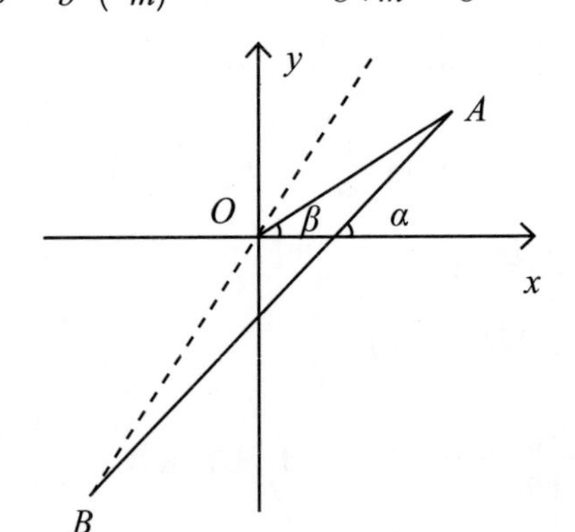

图 1-54

证法 13（斜率法 2）：

在直角坐标系中，设 A（b，a），B（m，m），则 AB 的中点 $C\left(\frac{b+m}{2},\frac{a+m}{2}\right)$，如图 1-55。

由于 OA、OB、OC 三线的斜率满足 $k_{OA}<k_{OC}<k_{OB}$，故得$\frac{a}{b}<\frac{a+m}{b+m}<1$。

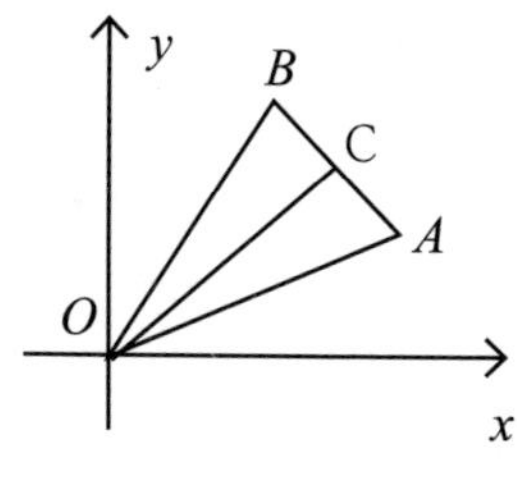

图 1-55

证法 14（几何模型法）：

如图 1-56，在直角三角形 ABC 中，

$\angle B=90°$ ，$BC=a$，$AB=b$，延长 BA，使 $CD=AE=m$，

设 CA、DE 交于 F，则有 $\tan\angle DEB=\frac{a+m}{b+m}$，$\tan\angle CAB=\frac{a}{b}$，

$\because \angle CAB<\angle DEB$，$\tan\angle CAB<\tan\angle DEB$。故$\frac{a}{b}<\frac{a+m}{b+m}$。

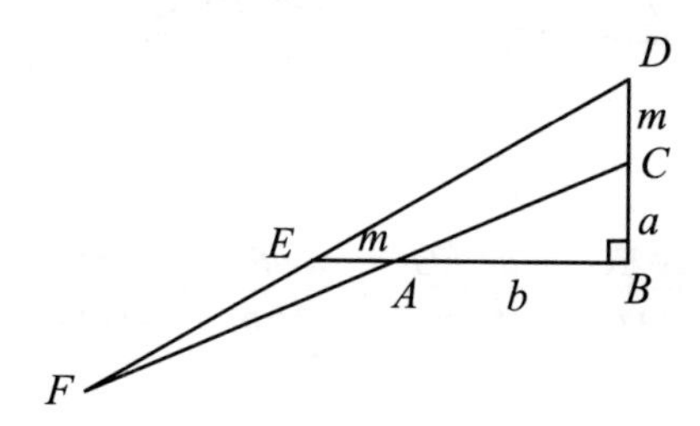

图 1-56

证法 15（正弦定理法）：

由正弦定理，得 $\frac{b}{\sin\angle 1}=\frac{a}{\sin\angle 2}\Rightarrow\frac{a}{b}=\frac{\sin\angle 2}{\sin\angle 1}$，

同理可得$\frac{a+m}{b+m}=\frac{\sin\angle 3}{\sin\angle 4}$，

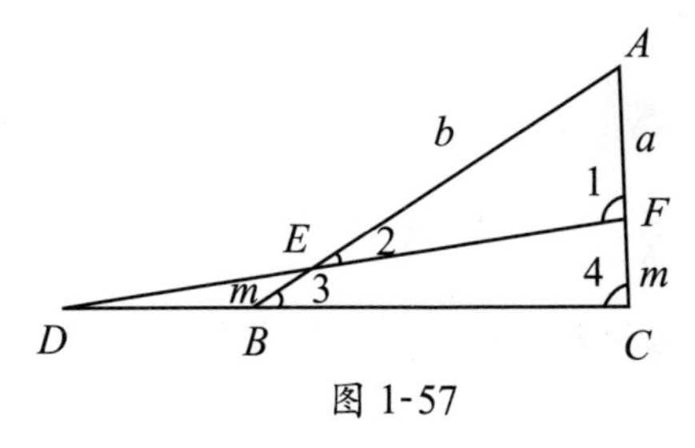

图 1-57

由图1-57易知 $\angle 2<\angle 3$，得到 $\sin\angle 2<\sin\angle 3$，

由图1-57易知$\angle 1>\angle 4$，得到$\dfrac{1}{\sin\angle 1}<\dfrac{1}{\sin\angle 4}$，

于是得到$\dfrac{\sin\angle 2}{\sin\angle 1}<\dfrac{\sin\angle 3}{\sin\angle 4}$，即$\dfrac{a}{b}<\dfrac{a+m}{b+m}$，

故$\dfrac{a+m}{b+m}>\dfrac{a}{b}$。

证法16（相似三角形法）：

如图1-58，在$\triangle ABC$的边AC、AB上分别取E、F，使$AE=a$，$AF=b$，$EC=FB=m$，延长EF、CB并相交于D，过B作$BG\,/\!/\,EF$，且交线段EC于G，显然$\triangle AEF\backsim\triangle AGB$，

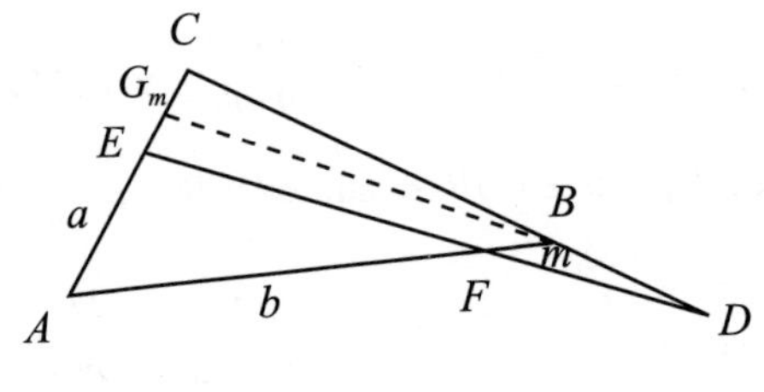

图1-58

则$\dfrac{a}{b}=\dfrac{AG}{AB}=\dfrac{AG+EG}{b+m}=\dfrac{a+EG}{b+m}<\dfrac{a+EC}{b+m}=\dfrac{a+m}{b+m}$，

故$\dfrac{a+m}{b+m}>\dfrac{a}{b}$。

证法17（换元法）：

由已知$b>a>0$，令$b=\lambda a$（$\lambda>1$），

则$\dfrac{a+m}{b+m}=\dfrac{a+m}{\lambda a+m}>\dfrac{a+m}{\lambda a+\lambda m}=\dfrac{a+m}{\lambda(a+m)}=\dfrac{1}{\lambda}=\dfrac{a}{b}$，

故$\dfrac{a+m}{b+m}>\dfrac{a}{b}$。

证法18（双换元法）：

令$\lambda_1=\dfrac{a+m}{b+m}$，$\lambda_2=\dfrac{a}{b}$，显然$\lambda_1$、$\lambda_2\in$（0，1），

则$a=\lambda_2\cdot b$，代入得到$\lambda_1=\dfrac{\lambda_2\cdot b+m}{b+m}$，推出$(\lambda_1-\lambda_2)\cdot b=(1-\lambda_1)\cdot m>0$，

即$\lambda_1 > \lambda_2$，故$\frac{a+m}{b+m}>\frac{a}{b}$。

证法 19（综合法及放缩法）：

$1-\frac{a}{b}=\frac{b-a}{b}=\frac{(b+m)-(a+m)}{b}>\frac{(b+m)-(a+m)}{b+m}=1-\frac{a+m}{b+m}$，

于是得到$\frac{a+m}{b+m}>\frac{a}{b}$。

证法 20（定义域与值域法）：

令$t=\frac{a+m}{b+m}$，得到$m=\frac{a-bt}{t-1}$，

由题意$m>0$，即$\frac{a-bt}{t-1}>0$，

得到$\frac{a}{b}<t<1$，即$\frac{a}{b}<\frac{a+m}{b+m}$，

故$\frac{a+m}{b+m}>\frac{a}{b}$。

证法 21（椭圆离心率法）：

我们知道，对于椭圆E：$\frac{x^2}{b}+\frac{y^2}{a}=1$（$b>a>0$）离心率$e_1$与$\frac{a}{b}$成反比，又椭圆$F$：$\frac{x^2}{b+m}+\frac{y^2}{a+m}=1$（$b>a>0$，$m>0$）的离心率为$e_2$，显然离心率$e_2<e_1$，

故$\frac{a+m}{b+m}>\frac{a}{b}$。

证法 22（双曲线离心率法）：

我们知道，对于双曲线$\frac{x^2}{a^2}-\frac{y^2}{b^2}=1$来说，其“张口”大小与离心率$e$成正比，而离心率$e$与$\frac{a}{b}$成反比，于是构造：

双曲线E：$\frac{x^2}{b-a}-\frac{y^2}{a}=1$；双曲线$F$：$\frac{x^2}{b-a}-\frac{y^2}{a+m}=1$，

显然双曲线F比双曲线E的“张口”大，于是得到$\frac{b-a}{a+m}<\frac{b-a}{a}$，

化简易得$\frac{a+m}{b+m}>\frac{a}{b}$。

证法 23（函数图像法）：

显然当 $x>0$ 时，函数 $f(x)=ax+ab=a\cdot(x+b)$ 的图像恒在 $g(x)=bx+ab=b\cdot(a+x)$ 的图像下方，又 $b>a$，$m>0$，故 $f(m)<g(m)$，

于是 $a\cdot(m+b)<b\cdot(m+a)$，

故 $\frac{a+m}{b+m}>\frac{a}{b}$。

证法 24（直线位置关系法）：

我们知道，两条不重合的直线至多一个交点，于是构造直线 l_1：$y=\frac{a}{b}x$；直线 l_2：$y=\frac{a+m}{b+m}x$，显然直线 l_1 与直线 l_2 已交于原点，所以直线 l_1 与直线 l_2 在第一象限再也没有交点，也就是说，直线 l_1 与直线 l_2 在第一象限的图像必然有一条恒在上方，令 $x=\frac{b}{a}$，代入得到 $y_1=1$，$y_2=\frac{a+m}{b+m}\cdot\frac{b}{a}=\frac{ab+bm}{ab+am}>1$，于是直线 l_2 恒在直线 l_1 的上方，故 $\frac{a+m}{b+m}>\frac{a}{b}$。

证法 25（面积法）：

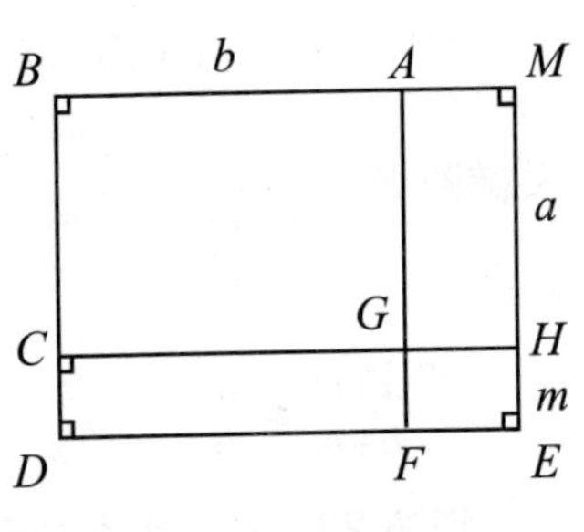

图 1-59

$S_{AMHG}+S_{HGFE}=S_{AMEF}=m\cdot(a+m)$

$S_{CDFG}+S_{HGFE}=S_{CDEH}=m\cdot(b+m)$，

由已知 $b>a>0$，

得到 $S_{AMHG}<S_{CDFG}$，

即 $S_{AMHG}+S_{HGFE}<S_{CDFG}+S_{HGFE}$，

故 $S_{AMHG}<S_{CDEH}$，

即 $a\cdot(b+m)<b\cdot(a+m)$，

故 $\frac{a+m}{b+m}>\frac{a}{b}$。

证法 26（定积分法）：

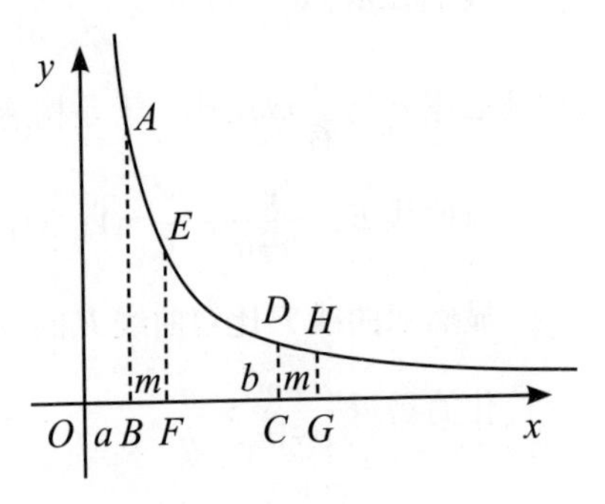

图 1-60

显然当 $x>0$ 时，函数 $f(x)=\frac{1}{x}$ 是减函数，曲边四边形 $ABCD$ 的面积大于曲边四边形 $EFGH$ 的面积，又由定积分

的几何意义可得

$$\int_a^b \frac{1}{x}dx > \int_{a+m}^{b+m} \frac{1}{x}dx \Rightarrow \ln\frac{b}{a} > \ln\frac{b+m}{a+m} \Rightarrow \frac{b}{a} > \frac{b+m}{a+m},$$

即 $\frac{a}{b} < \frac{a+m}{b+m}$,

故 $\frac{a+m}{b+m} > \frac{a}{b}$。

“解需有法，解无定法。大法必依，小法必活。”前六种证法是大法，必须“牢牢依靠”；后二十种证法是小法，要会“灵活应用”。尤其是后二十种证法，我们在“意料之外”和“令人震惊”之中，又一次体验到了数学的神奇、数学的美！

二、一题多变的教学价值

一个例题，如果静止地、孤立地去解答它，那么再好充其量只不过解决了一个问题。数学解题教学应突出探索活动，探索活动不仅停留在对原习题解法的探索上，而应适当地有机地对原习题进行深层地探索，挖掘出更深刻的结论。这就是数学教学中的变式艺术。变式，是一种探索问题的方法，也是一种值得提倡的学习方法；变式，可以激发学生学习数学的兴趣，可以有效地提高学生的数学水平。

变式 1：若 a、b、$m \in R^+$，且 $a > b$，则 $\frac{a+m}{b+m} < \frac{a}{b}$。

变式 2：若 a、b、$m \in R^+$，且 $a < b$，则 $\frac{b+m}{a+m} < \frac{b}{a}$。

变式 3：若 a、b、$m \in R^+$，且 $a < b$，$a > m$，则 $\frac{a-m}{b-m} < \frac{a}{b}$。

变式 4：若 a、b、m、$n \in R^+$，$a < b$，$n < m$，则 $\frac{a+n}{b+n} < \frac{a+m}{b+m}$。

变式 5：若 a、b、m、$n \in R^+$，$a > b$，$n < m$，则 $\frac{a+n}{b+n} > \frac{a+m}{b+m}$。

上面5种变式，是通过类比、猜想得到的，但仍然感到“不痛快”，属“雕虫小技”之变式。能否再挖掘挖掘，“过把瘾”。从证明过程知 $\frac{a}{b} < \frac{a+m}{b+m} < \frac{m}{m} = 1$。这是不是一般规律呢？联想到等比定理，进一步猜想，可得变式6。

变式 6：若 a_1、a_2、b_1、$b_2 \in R^+$，且 $\frac{a_1}{b_1}<\frac{a_2}{b_2}$，则 $\frac{a_1}{b_1}<\frac{a_1+a_2}{b_1+b_2}<\frac{a_2}{b_2}$。

做进一步的推广，可得变式 7。

变式 7：若 a_i、$b_i \in R^+$（i=1，2，…，n），且 $\frac{a_1}{b_1}<\frac{a_2}{b_2}<\cdots<\frac{a_n}{b_n}$，则

$\frac{a_1}{b_1}<\frac{a_1+a_2+\cdots+a_n}{b_1+b_2+\cdots+b_n}<\frac{a_n}{b_n}$。

猜想正确吗？回答是肯定的。

事实上，设 $\frac{a_1}{b_1}=k$，则 $a_2>kb_2$，$a_3>kb_3$，…，$a_n>kb_n$，

求和 $a_1+a_2+\cdots+a_n>k(b_1+b_2+\cdots+b_n)$，则，$\frac{a_1}{b_1}=k<\frac{a_1+a_2+\cdots+a_n}{b_1+b_2+\cdots+b_n}$，右端不等式类似证明。有学生给出另一证法：

由题设知，存在 $\sqrt{1}$，$\sqrt{2}$，…，$\sqrt{n-1}\in R^+$，使得 $\frac{a_1+\sqrt{1}}{b_1}=\frac{a_n}{b_n}$，$\frac{a_2+\sqrt{2}}{b_2}=\frac{a_n}{b_n}$，…，

$\frac{a_{n-1}+\sqrt{n-1}}{b_{n-1}}=\frac{a_n}{b_n}$，$\frac{a_n}{b_n}=\frac{a_n}{b_n}$。

由此例性质，得 $\frac{a_1+a_1+\cdots+a_n+\sqrt{1}+\sqrt{2}+\cdots+\sqrt{n-1}}{b_1+b_2+\cdots+b_n}=\frac{a_n}{b_n}$，

故有 $\frac{a_1+a_2+\cdots+a_n}{b_1+b_2+\cdots+b_n}<\frac{a_1+a_2+\cdots+a_n+\sqrt{1}+\sqrt{2}+\cdots+\sqrt{n-1}}{b_1+b_2+\cdots+b_n}=\frac{a_n}{b_n}$，左端不等式可类似证明。

再进一步探索，可得变式 8，且知变式 1 至变式 7 均为变式 8 的特例。

变式 8：在变式 7 的条件下，有

$\frac{a_1}{b_1}<\frac{a_1+a_2}{b_1+b_2}<\cdots<\frac{a_1+a_2+\cdots+a_n}{b_1+b_2+\cdots+b_n}<\frac{a_2+\cdots+a_n}{b_2+\cdots+b_n}<\frac{a_{n-1}+a_n}{b_{n-1}+b_n}<\frac{a_n}{b_n}$。

“真过瘾！”“可以胡思乱想，但要小心论证。”

上述发现问题、解决问题、触类旁通、开拓创新的过程，不就是数学家的思维过程吗？数学家做什么工作？就做这个工作。我们也来当“数学家”。

引申、推广就是找出一些特殊问题中所蕴含的事物发展的规律性，从而得到更广泛的新结论。这种教学设计无疑增强了学生探求未知世界的信心和勇气，使他们体会到成功的喜悦和创造性工作的欢乐。

三、一题多用的数学价值

教学例题大多有其广泛的应用。一题多解，实现由“点到线”的变化；一题多用，又由“线扩大到面”的变化；而“借题发挥”，则进一步实现由“面到体”的变化。这样，例题教学便可多层次、广视角、全方位地进行研究与拓展，充分发挥其潜能。

应用 1：依次写出 $\frac{1}{2}$ 与 1 之间的所有分母不大于 10 的分数。

分析：$\frac{1}{2}<1$，$\frac{1}{2}<\frac{2}{3}<1$，$\frac{1}{2}<\frac{1+2}{2+3}<\frac{2+1}{3+1}<1$，即$\frac{1}{2}<\frac{3}{5}<\frac{2}{3}<\frac{3}{4}<1$。

仿此继续下去，可得

$$\frac{1}{2}<\frac{5}{9}<\frac{4}{7}<\frac{3}{5}<\frac{5}{8}<\frac{2}{3}<\frac{7}{10}<\frac{5}{7}<\frac{3}{4}<\frac{7}{9}<\frac{4}{5}<\frac{5}{6}<\frac{6}{7}<\frac{7}{8}<\frac{8}{9}<\frac{9}{10}<1。$$

应用 2：（1989 年广东高考题）若 $0<m<b<a$，则不等式成立的是（　　）。

A. $\cos\frac{b+m}{a+m}<\cos\frac{b}{a}<\cos\frac{b-m}{a-m}$　　B. $\cos\frac{b}{a}<\cos\frac{b-m}{a-m}<\cos\frac{b+m}{a+m}$

C. $\cos\frac{b-m}{a-m}<\cos\frac{b}{a}<\cos\frac{b+m}{a+m}$　　D. $\cos\frac{b+m}{a+m}<\cos\frac{b-m}{a-m}<\cos\frac{b}{a}$

分析：由于 $0<m<b<a$，易知$\frac{b-m}{a-m}<\frac{b}{a}<\frac{b+m}{a+m}<1$，

由余弦函数的单调性得 $\cos\frac{b+m}{a+m}<\cos\frac{b}{a}<\cos\frac{b-m}{a-m}$，故选 A。

应用 3：在 a 克糖和 $b-a$ 克水中，加入 m 克糖，糖水都变甜吗？

分析：由命题显然有$\frac{a}{b}<\frac{a+m}{b+m}$，说明糖水变得更甜了。类似的，在变式 7 的条件下，浓度为 $\frac{a_1}{b_1}$ 和 $\frac{a_2}{b_2}$ 的两种糖水混合后，比“淡”的更“甜”，比“甜”的更“淡”。

应用 4：建筑学规定，民用住宅的窗户面积必须小于地面面积。但采光的标准，窗户面积与地板面积的比值应不小于 10%，并且这比值越大，住宅的采光条件越好。问同时增加相等的窗户面积和地面积，住宅的采光条件是变好了还是变坏了？

分析：设窗户的面积为 S_1，地面积为 S_2，增加地面积为 S_0，显然有

$\frac{S_1}{S_2}<\frac{S_1+S_0}{S_2+S_0}$，说明住宅的采光条件变得更好了。

应用 5：（1998 年高考）求证：$\left(1+\frac{1}{3}\right)\left(1+\frac{1}{5}\right)\cdots\left(1+\frac{1}{2n-1}\right)>\frac{\sqrt{2n+1}}{2}$（$n\in N$，$n\geqslant 2$）。

分析：$\frac{4}{3}>\frac{5}{4}$，$\frac{5}{4}>\frac{7}{6}$，…，$\frac{2n}{2n-1}>\frac{2n+1}{2n}$。

设 $x=\frac{4}{3}\cdot\frac{6}{5}\cdot\cdots\cdot\frac{2n}{2n-1}=$ 左式，$y=\frac{5}{4}\cdot\frac{7}{6}\cdot\cdots\cdot\frac{2n+1}{2n}$，

则 $x>y$，$x^2>xy=\frac{2n+1}{3}>\frac{2n+1}{4}$，$\therefore x>\frac{\sqrt{2n+1}}{2}$。

应用 6：求证：$\frac{A+a+B+b}{A+a+B+b+c+r}+\frac{B+b+C+c}{B+b+C+c+a+r}>\frac{A+a+C+c}{A+a+C+c+r+b}$。

其中所有的字母都是正数。

分析：这是波兰数学家斯坦因豪斯所编《100 个数学问题》（陈诠译，上海教育出版社出版）中的第 12 题。原解答很烦琐，若对不等式 $\frac{a+m}{b+m}>\frac{a}{b}$（$0<a<b$，$m>0$）敏感的话，则可以使问题得到简捷的解法。

$$\begin{aligned}\text{左式}&>\frac{A+a}{A+a+c+r}+\frac{C+c}{C+c+a+r}\\&>\frac{A+a}{A+a+c+r+C}+\frac{C+c}{C+c+a+r+A}\\&=\frac{A+a+C+c}{A+a+C+c+r}\\&>\frac{A+a+C+c}{A+a+C+c+r+b}\text{。}\end{aligned}$$

同学在今后的解题中还能找到更多的应用。

布置作业：

1. 不通分，比较 $\frac{2}{3}$ 与 $\frac{5}{7}$ 的大小；

2. 求证：$\frac{|a+b|}{1+|a+b|}\leqslant\frac{|a|}{1+|a|}+\frac{|b|}{1+|b|}$；

3. 求证：$\frac{1}{2}\cdot\frac{3}{4}\cdot\frac{5}{6}\cdot\cdots\cdot\frac{99}{100}<\frac{1}{10}$；

4. 设 $0<a_1<a_2<\cdots<a_n<\frac{\pi}{2}$，

求证：$\tan a_1<\frac{\sin a_1+\sin a_2+\cdots+\sin a_n}{\cos a_1+\cos a_2+\cdots+\cos a_n}<\tan a_n$；

5. 已知 a、b、c 为一个三角形的三条边，求证：$\frac{c}{a+b}+\frac{a}{b+c}+\frac{b}{c+a}<2$；

6.（2001 年全国高考题）已知 i、m、$n\in N$，且 $1<i\leqslant m<n$，证明：$n^ip_m^i<m^ip_n^i$。

附作业解答：

1. $\frac{2}{3}=\frac{4}{6}<\frac{4+1}{6+1}=\frac{5}{7}$。

2. 设 $m=|a|+|b|-|a+b|\geqslant 0$，则 $\frac{|a+b|}{1+|a+b|}\leqslant\frac{|a+b|+m}{1+|a+b|+m}=\frac{|a|+|b|}{1+|a|+|b|}=\frac{|a|}{1+|a|+|b|}+\frac{|b|}{1+|a|+|b|}\leqslant\frac{|a|}{1+|a|}+\frac{|b|}{1+|b|}$。

3. 设 $p=\frac{1}{2}\cdot\frac{3}{4}\cdot\cdots\cdot\frac{99}{100}$，$q=\frac{2}{3}\cdot\frac{4}{5}\cdot\cdots\cdot\frac{100}{101}$，

$p<q$，$p^2<pq=\frac{1}{101}<\frac{1}{100}$，

$\therefore p<\frac{1}{10}$。

4. 与变式 7 证法类似。

5. 由 $0<c<a+b$，有 $\frac{c}{a+b}<\frac{c+c}{(a+b)+c}=\frac{2c}{a+b+c}$，

同理有 $\frac{a}{b+c}<\frac{2a}{a+b+c}$，$\frac{b}{c+a}<\frac{2b}{a+b+c}$。

因此得到 $\frac{c}{a+b}+\frac{a}{b+c}+\frac{b}{a+c}<\frac{2c+2a+2b}{a+b+c}=2$。

6. 只须证 $\frac{p_m^i}{p_n^i}<\left(\frac{m}{n}\right)^i$，即证 $\frac{m(m-1)(m-2)\cdots(m-i+1)}{n(n-1)(n-2)\cdots(n-i+1)}<\left(\frac{m}{n}\right)^i$，

$\because\ \frac{m}{n}=\frac{m}{n}$，$\frac{m-1}{n-1}<\frac{m}{n}$，$\frac{m-2}{n-2}<\frac{m}{n}$，…，$\frac{m-i+1}{n-i+1}<\frac{m}{n}$，求积得证。

课例 18　不唯教材

智玩慧思　　原来如此

教学中，要有教材，要信教材，但不唯教材，活用教材。当然，首先要重视教材对教学的指引功能，因为教材毕竟是权威的专家学者们集体智慧的结晶；其次要创造性地使用教材，稳定性和通用性的教材必须与时效性和个性化相结合，才能产生新的整体效应；最后要树立大教材观，整合一切教学资源为“我”所用。

教材是根据课程标准编写的，供教师和学生阅读的重要的材料。要备好课，必须与教材进行对话，备好教材。广义的教材包括教科书以及相关的教辅材料，如教参、教学挂图、教学仪器设备、学生练习册、练习簿等形形色色的图书教材、视听教材、电子教材等。无论这些教材是由怎样的权威机构提供，教师对待教材较为科学的态度便是“用教材”而非“教教材”。教师要依据自身的实践和研究，探究学科课程与教材，以课程、内容的创造性使用为前提，深度开发教材资源，实现教材功能的最优化。教材是教师“教”和学生“学”的重要凭借，在课程改革实施的今天，它仍旧是学生重要的学习资源。

教师研习教材，应做好以下几方面的工作。

一是把握教材。把握了教材的特色，教师才能与教材进行真正意义上的对话，准确理解编写者的意图，进入教材的内在天地。在把握教材特色的同时，教师还应了解整套教材的基本内容和基本结构，把握教科书的知识体系。确切了解整套教材在各个年级教学内容的分布情况，统观全局，明确各部分内容的地位、作用及相互联系；在单元（或章节）与单元（或章节）之间的瞻前顾后，从单元序列中看教学内容的连续性，把握教材编排的纵向联系；在单元（或章节）的内部左顾右盼，把握教材在知识与技能、过程与方法及情感、态度与价值观培养等方面有哪些程度上的差别。因此，教师在备教材时，应把握课程框架结构，对本学期的课程进行整体规划，简要写出本学期的教学计划，并制定好单元教学计划。对教材要有宏观上的把握，做到心中有数。同时更要从微观着手，脚踏实地，力求实效。

二是吃透教材。首先，要把教材看作一个范本，努力做到入乎其内，吃透教材，把握重点、难点；同时又把教材看成是一个例子，不唯教材，力图出乎其外，举一反三，触类旁通。其次，要与作者形成对话，感悟文本的内在意蕴。教材的背后是作者，是编者，是"人"，我们要尝试着与文本对话，与作者、编者对话，努力把握他们的思路与编写意图。

三是激活教材。教师在备课时应在对教材合理地挖掘过程中寻找其促进人性发展的因素，通过创造性的劳动，"打开"课本，寻找"亮点"，将死教材变成活的知识，可以同时引用社会课同样题材的教材，触类旁通，使"学科"与"学科"之间成为一个"互联网"。教材上的知识是静态的，当教材在没有进入教学过程前，它只是处于知识的储备状态，为知识的传递提供了可能。因此，在备课时，要根据教学目标和优化课堂教学的需要，从学生的实际出发，使教材中的静态知识操作化、活动化。从而更符合学生心理，极大地增强学生的参与欲望，提高学习的主动性和积极性。

四是改组教材。教材不仅是学习的资源，也是进行学习和探索的工具。如果长期从第一篇、第一段开始，依次教学、按部就班，那么在失去时效性的同时更失去了针对性。"不变"容易导致"僵化"，教师必须保持自己处理教材的独立性和创造性，这样的教学才会勃发生机。

五是拓展教材。在当今社会中，教材已经不是学生可以获得的唯一学习资源。那么，如何充分利用教材这个载体，达到"不教"的效果呢？教师在备课中必须充分研究教材中可拓展的地方，引导学生将学习的范畴由教材向外延伸。"在新课程改革实践中，教材是成套化的系列，绝不仅仅限于教科书。”我们要发挥“教科书作为教材之母港”的作用，以教科书为依据进一步开发教材资源。在新课程指引下备教材，可以在尊重教材的基础上超越教材，从教材所呈现的知识、能力、情感等系统引发出去，向其他学科、其他时空开放和延伸，拓展学生的学习领域，突破传统教学的有限空间。

六是超越教材。我们看一个“不唯教材”的案例——二元一次方程组的一种“列表”解法。

初为人师的我，当年教初一数学“解二元一次方程组”，教完用“代入”和“加减”两种消元法解题，并让学生熟练地掌握之后，突发奇想：能否将行列式思想引入解二元一次方程组?

总觉得将“行列式”三字讲给初一学生听，恐有不妥，就改进“行列式”以“列表”形式给出。

我把二元一次方程组写成下列形式（注意与一般形式略有不同）：

$$\begin{cases} a_1x+b_1y+c_1=0 \\ a_2x+b_2y+c_2=0 \end{cases} \cdots\cdots（1）$$

无论用代入消元法还是加减消元法，当 $a_1b_2-a_2b_1\neq 0$ 时，都可得到：

$$\begin{cases} x=\dfrac{c_2b_1-c_1b_2}{a_1b_2-a_2b_1} \\ y=\dfrac{a_2c_1-a_1c_2}{a_1b_2-a_2b_1} \end{cases} \cdots\cdots（2）$$

为了利用求解公式（2）解二元一次方程组（1），我告诉学生不必死记硬背求解公式，只要将二元一次方程组（1）的未知数系数及常数项列成下图，并按箭头所示方向进行乘法运算，且斜向上相乘时取积的相反数，再将交叉项合并，依次为公分母、x 分子、y 分子，就能很快获得答案。

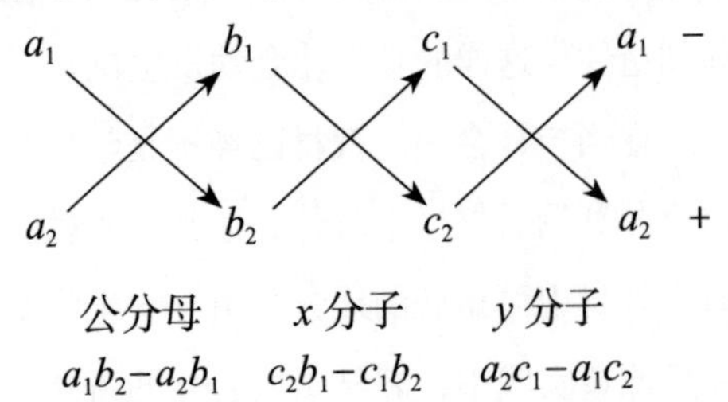

$$\therefore \begin{cases} x=\dfrac{c_2b_1-c_1b_2}{a_1b_2-a_2b_1} \\ y=\dfrac{a_2c_1-a_1c_2}{a_1b_2-a_2b_1} \end{cases}$$

例：解方程组 $\begin{cases} \dfrac{x}{3}+\dfrac{y}{4}=2.25 \\ \dfrac{x}{2}-\dfrac{y}{12}=1.45 \end{cases}$

解：原方程组可化为

$$\begin{cases} 4x+3y-27=0 \\ 30x-5y-87=0 \end{cases}$$

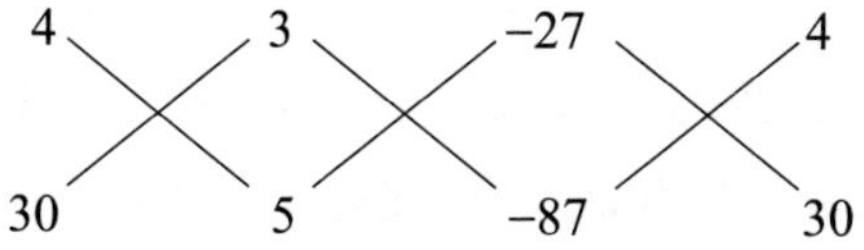

$$\begin{array}{cccccccc} 4 & & 3 & & -27 & & 4 \\ & \times & & \times & & \times & \\ 30 & & 5 & & -87 & & 30 \end{array}$$

公分母　　x 分子　　y 分子

-110　　-396　　-462

$$\therefore \begin{cases} x=\dfrac{-396}{-110}=\dfrac{18}{5} \\ y=\dfrac{-462}{-110}=\dfrac{21}{5} \end{cases}$$

我用几分钟时间将此法教会给学生，学生也学得很快，一下就掌握了，此后的解二元一次方程组问题，他们就能很快地获得答案了。

第二章

数学好玩——玩出趣味

入校指导

孔子说过："知之者不如好之者，好之者不如乐之者。"就是说，知道知识有用而去学不如爱好学习而去学，爱好学习而去学不如以学习为快乐之事而去学。"乐之"，就是兴趣，让学生以学习为乐事，学生学习就会达到最佳的效果。

正如思维是智力因素中最为重要的因素，我认为兴趣是非智力因素中最重要的因素。学生有了浓厚的学习兴趣，其目标更明晰，其意志更坚强，其情感更良好，其性格更刚毅。达尔文在自传中写道："就我在学校时期的性格来说，其中对我后来发生影响的，就是我有强烈而多样的兴趣。沉溺于自己感兴趣的东西，深入了解任何复杂的问题。"可见，兴趣可以产生强大的内驱力，可以充分发挥人的聪明才智。

兴趣发展一般要经历有趣——乐趣——志趣，有趣是短暂的，带有盲目性、易变性和模仿性，乐趣具有专一性、自发性和坚持性，当乐趣与成长目标结合时，人的乐趣便发展为志趣。

我和学生"玩"就是先从有趣入手，给我一个班，给我一个星期，我就能让学生充满对数学学习的兴趣，就能让学生的眼睛放光——灵性之光、智慧之光。"玩"个一学期，就要让学生充分体验到"玩数学是一个乐趣的过程"，"玩"个一学年基本上就能让全班学生"爱上数学"，这"爱上"算不算某种志趣？

第一节　有趣之玩

数学无处不在，趣味处处皆有。数学家谷超豪说：“人言数无味，我道味无穷。”“味无穷”就是趣味无穷。数学教师就要怀揣激情，诗意行走在发掘数学趣味的大道上；数学教师就要常怀“趣味”之心，将“数学之趣”进行到底。

课例 19　重叠的三角形

上课了，我拿出两个全等三角形（如图 2-1），摆放整齐，然后用手朝三角形②“打”下去（佯装的），把三角形②“打”成若干块小三角形。

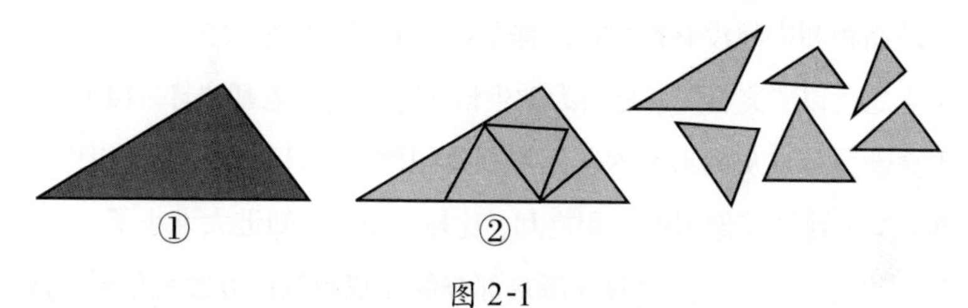

图 2-1

之后我随意将小三角形覆盖到三角形①上，如图 2-2（可以部分覆盖，也可以全部覆盖），此时我们看到的深灰图形的面积和浅灰图形的面积，哪个更大些？

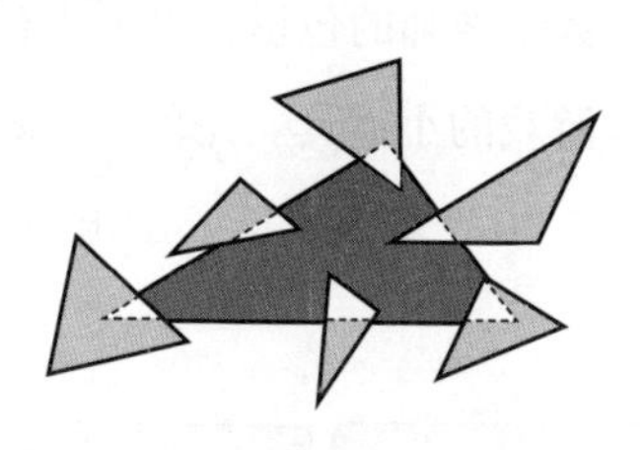

图 2-2

学生们先是一愣，“这么多个不规则图形的面积怎么算”，明白过来时，马上说：“一样大”。是啊，因为等量减去等量，其差相等。我这一“打”，把一个数学原理生动地展现了；我这一“打”，学生“笑看”下面这道中考题。

有如下三组图形（如图 2-3），其中正方形边长分别是 2、3、6、8 单位，圆的半径分别是 2、2、3.5、4.5 单位，等边三角形的边长分别是 2、2、4、4、6 单位。

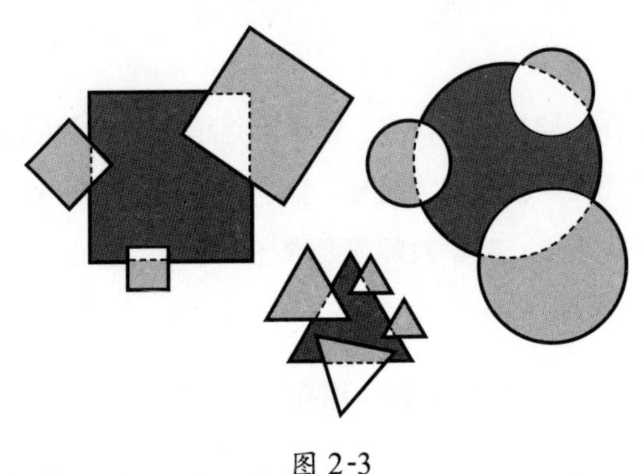

图 2-3

分别在三组图形中将浅灰图形覆盖住深灰图形，请问在每组中，外围浅灰部分的面积和中间没有被覆盖的深灰部分面积，哪个大？

学生之所以“笑看”，是因为学生悟出这就是任老师“打”出的那道题。

重叠部分是浅灰图形和深灰图形都要扣掉的。只要先计算每组中最大图形的面积，再计算其他图形面积之和，比较一下，就知谁大谁小了。正方形：深灰部分的面积大；圆：浅灰和深灰部分的面积相等；等边三角形：浅灰部分的面积大。

课例 20　四张扑克牌

我有一个“歪论”：数学老师的包里，永远要有两副扑克牌。扑克牌是最简单的能玩出很多数学游戏的小道具。先玩一个简单的：请把 4 张扑克牌正面朝上（如图 2-4），使 20 个牌点只能显示出 16 个点，且每种花色的牌点数一样多。

图 2-4

虽说简单，你也许在十分钟内摆不出来。摆法如图 2-5，看到轮换对称了吧？体验到思维定式了吧？什么叫整体思维？什么叫创新思维？什么叫另类计算？似乎在这一刻真正感受到了。

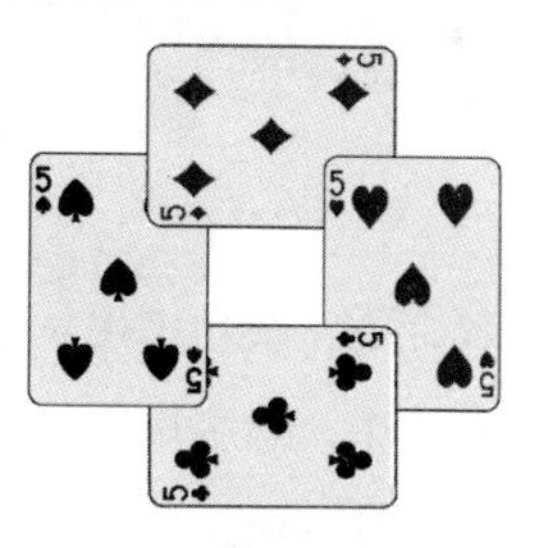

图 2-5

再玩一个：给出 4 张扑克牌，排列如图 2-6。

图 2-6

我让学生看清图，过一会儿，我说：我把 4 张扑克牌中的一张反转了一次（如图 2-7 左），你能说出是哪一张扑克牌吗？过一会儿，我又说：还原，我把图 2-6 这 4 张扑克牌中的一张反转了一次（如图 2-7 右），你能说出是哪一张扑克牌吗？

图 2-7

让学生感受“中心对称”，培养学生的观察能力。游戏解答：第一问，红桃 5；第二问，红桃 4。

课例 21　智取王位

智取王位游戏，是两人玩的游戏。轮流从右向左取棋子，至少取一个，最多取两个，谁先取到王位（深色棋子），谁就算胜（如图2-8）。

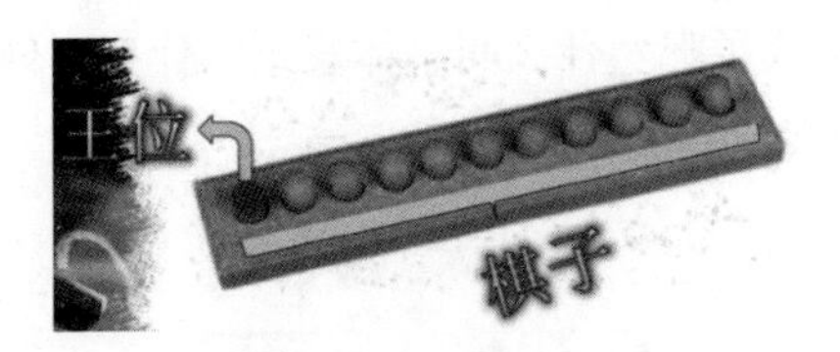

图2-8

这个游戏给小学生玩比较合适，给初中生玩的话，就要适度拓展。比如变化棋子数；又如可以至少取1个，最多取3个，等等。这就是最简单的最基本的“变式训练”，让学生“玩一题，会一类”。

智取王位的背景应该是“巴什博弈”：一堆物品有n个，两个人轮流从这堆物品中取物，规定每次至少取一个，最多取$m(m<n)$个。最后取光者得胜。

显然，如果$n=m+1$，那么由于一次最多只能取m个，所以，无论先取者拿走多少个，后取者都能够一次拿走剩余的物品，后者取胜。因此我们发现了如何取胜的法则：如果$n=(m+1)r+s$，（r为任意自然数，$s\leqslant m$），那么先取者要拿走s个物品，如果后取者拿走k（$k\leqslant m$）个，那么先取者再拿走$m+1-k$个，结果剩下$(m+1)(r-1)$个，以后保持这样的取法，那么先取者肯定获胜。总之，要保持给对手留下$(m+1)$的倍数，就能最后获胜。

这个游戏还可以有一种变相的玩法：两个人轮流报数，每次至少报1个，最多报10个，谁能报到100者胜，等等。

对于“巴什博弈”，如果我们规定，最后取光者输，那么又会如何呢？

问题是可以化归的，也就是最后要留1个给对手，问题化归为“一堆物品有$(n-1)$个”的“巴什博弈”。

课例22　无独有偶

扑克游戏，蕴含了太多的数学原理，就看教师们会不会玩。带学生外出郊游，我在大巴车上就开始“表演”起来了：我拿出10张扑克牌，是5双对子。

我叠好牌后，让学生推选一人洗牌。不过，洗牌只许上下翻洗（即只能把下面的牌翻叠到上面，或上面的牌翻叠到下面，张数不限），不得从中抽插。

洗牌是在全班学生众目睽睽下进行的。我转身背向学生不看洗牌，把双手别于身后。学生代表洗好牌，叠齐后交到我手中。我始终没有看牌的机会，而学生却可以看清楚我手上的一举一动：但见我在身后把牌一张张粗略摸数了一下，旋即从中抽出两张来。学生一看，原来竟是一双对子！接着，又抽出两张，又是对子；再抽两张，还是对子；如此这般，直至最后，每次都是对子。真是神极了！

这个游戏的诀窍是什么？

游戏的全部奥秘，都在于牌中的叠牌顺序。那是如图 2-9 那样循环排列的：

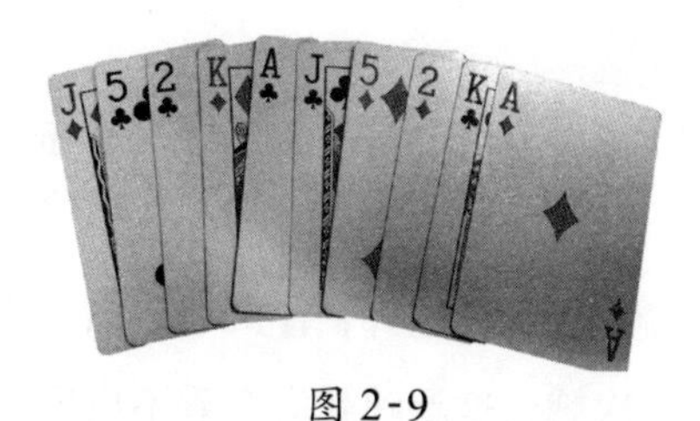

图 2-9

这样排序的牌，无论怎样上下翻洗，其循环排列的性质不会改变。这样，尽管我没有机会看到牌，但我只要点数一下（如图 2-10），把牌分为两半，则上半的第一张与下半的第一张必然是对子；而上半的第二张与下半的第二张也必然是对子……所有上下半对称位置的牌，都是一双对子。

图 2-10

这不就是数学中的“周期现象”吗？推而广之，可以事先理好 3 组牌，类似地玩，我就可以一次性拿出 3 张点数一样的牌。原理是一样的，但“结果”更刺激。

有趣吧？玩了这个扑克牌游戏，也许比正规上课老师讲“周期”更易理解，印象更深。

既然玩扑克牌，我顺势问学生这样一个问题：洗牌几次才均匀？

学生说从没想过这个“问题”，我说你们听听爱因斯坦是怎么说的：“提出一个问题往往比解决一个问题更重要，因为解决问题也许仅仅是一个数学上或实验上的技能而已，而提出新的问题，新的可能性，从新的角度去看待旧的问题，却需要有创造性的想象力，而且标志着科学的真正进步。”学生们听得津津有味。

别看“洗牌几次才均匀”这个“小问题”，曾难倒不少人，于是有人问数学家，能不能用数学方法解决这个难题？

大家知道，一副扑克牌除大小王外，有 52 张，52 张牌会有 52！种排列，从 52！种排列中，洗几次牌，这副牌就完全看不出原来的顺序？这是一个既有趣又很难的问题。

1990 年美国哈佛大学数学家戴柯尼斯和哥伦比亚大学数学家贝尔，采取与众不同的策略解决了这个难题。他们花许多时间泡在赌场里，观察赌者洗牌甚至把过程记录下来，从中发现蛛丝马迹。后来他们进行大量实验找到了洗牌最佳次数，并且发现了一种比较简单的计算方式。

为了科学实验，他们把 52 张牌进行编号，按照 1 到 52 的递增顺序排列。在洗牌时，把牌分成两组，一组牌是 1 到 26，另一组是 27 到 52，洗一次牌后，会出现这样的排列：1、27、2、28、3、29……也就是两组递增的数列混合在一起，一组是 1、2、3，另一组是 27、28、29。后来，他们再继续洗牌实验，如果递增数列多达 26 组后，这副牌就完全看不出原来的顺序。至于洗几次牌才能达到这个效果呢？他们请出大型计算机来帮忙，在计算机上进行计算，最后他们找到了答案，如果洗牌 7 次，就能达到均匀的最佳效果。如果超过 7 次，不会收到更好的效果。

至此，洗牌 7 次为最佳的结论诞生了。因此，我们平时玩扑克牌时，只洗 7 次牌就完全看不出原来的顺序了，小于或大于 7 次都不是最佳方案。

课例 23　石头、剪子、布

几乎所有的人都玩过“石头、剪子、布”，都曾用过“石头、剪子、布”来决胜负。

不知有没有人想过“石头、剪子、布”的胜算策略问题？其实，你简单地研究一下，还是蛮有意思的。

情形 1：如果规定起始拳，并且不可以连续出同一种拳，那么我教你一招，你一定不会输。

比如规定起始拳出石头，接下来你和你的对手都只能出剪子和布，这时你不能出布，因为对手有可能出剪子，你必须出剪子，这样不论对手怎么出，你不会输。也就是说，如果对手出剪子，你们打平手；如果对手出布，你就赢了。

如果起始拳规定为出剪子，接下来你怎么出呢？相信你能找到对策。

如果要总结规律的话，那就是这次出的拳应该是上次输给对手的拳。

情形 2：如果没有规定起始拳，但从第二拳开始不可以连续出同一种拳，那么你从第二拳开始，一定有不会输的胜算。

假如不规定起始拳，第一拳大家随便出，那就要考虑第一拳可能出什么的问题。

你可能会说，出石头、剪子、布的可能性各占三分之一。其实不然，据统计，先出石头或布的人要多于先出剪子的人。剪子的手势是相对最难做的，因为要在瞬间出拳，与复杂的剪子相比，人们更容易选择简单的石头或布。

因此，在不规定起始拳的情况下，如果先出石头或布的人居多，那我们第一拳就应该出布。对方出石头，我们获胜；对方出布，打成平手。如果打成平手，接下来你便可以采用情形 1 所讲的策略了，也就是说，如果大家都出布打成平手，下一拳我们就出“输给布”的石头。

情形 3：如果规定起始拳，从第二拳开始，可以随意出拳，那么就要研究猜拳心理和实战情况，你才有更大的胜算。

如果是这种规定，根据情形 2 的研究，我们从第二拳开始可以考虑出布，这样我们可能有更大的胜算。

如果我们输了，我们就总结一下对手的出拳规律。

如果出布打成平手，我建议下一拳还是采用出“上次输给对手”的拳——输给布的拳是石头。为什么这么说呢？因为就绝大多数人而言，喜欢连续出同一种拳的人没有变换出拳的人多。

当然，如果你在实战中，遇到某个喜欢连续出同一种拳的人，那你就要随机应变了。

情形 4：如果没有规定起始拳，也可以随意出拳，那么这也是要研究猜拳心理和实战情况，争取获得更大的胜算。

有了上面的分析，我相信你已经知道如何争取获得更大的胜算的方法了。

第一拳出什么？出布。第二拳出什么？出石头……

嘘，上面的分析，千万别让对手知道。

课例 24　电动扶梯上下跑

到商场购物，电动扶梯有上行的也有下行的。我看见个别不太听话的小孩，在电动扶梯上下跑动，这是很不安全的。尤其是当电梯上行时小孩往下跑，或当电梯下行时小孩往上跑，“逆向跑动”危险更大。

不过从数学角度来研究一番，倒是一个有趣的话题。

我们要研究的问题是：电梯上行时一个小孩跑一个来回与电梯下行时这个小孩跑一个来回，哪一种“跑法”更快？

各有“抵消”，是否“一样快”？

我们设小孩上行、下行的速度分别为 v_1、v_2，小孩下行速度比上行速度快，即 $v_1<v_2$，电动扶梯上行和下行速度相同，设为 v，电动扶梯的长度为 s。

显然，应有 $v<v_1<v_2$。否则，若 $v \geqslant v_1$，则电动扶梯下行时，小孩永远“跑不上去”；若 $v \geqslant v_2$，则电动扶梯上行时，小孩永远“跑不回来”。

电动扶梯上行时，小孩跑一个来回所用的时间为

$$\frac{s}{v_1+v}+\frac{s}{v_2-v}$$

电动扶梯下行时，小孩跑一个来回所用的时间为

$$\frac{s}{v_1-v}+\frac{s}{v_2+v}$$

因为 $v<v_1<v_2$，所以

$$\left(\frac{s}{v_1+v}+\frac{s}{v_2-v}\right)-\left(\frac{s}{v_1-v}+\frac{s}{v_2+v}\right)$$

$$=s\left[\left(\frac{1}{v_1+v}-\frac{1}{v_1-v}\right)+\left(\frac{1}{v_2-v}-\frac{1}{v_2+v}\right)\right]$$

$$=s\left(\frac{-2v}{v_1^2-v^2}+\frac{2v}{v_2^2-v^2}\right)$$

$$=\frac{2sv\left(v_1^2-v_2^2\right)}{\left(v_1^2-v^2\right)\left(v_2^2-v^2\right)}<0$$

哇！前者跑得快！

即电梯上行时一个小孩跑一个来回，要比电梯下行时这个小孩跑一个来回快。

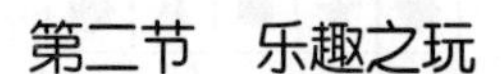

第二节　乐趣之玩

玩出智慧

当“数学之玩”玩到乐趣时，这种“玩”往往是“共情”的。师生共情，一定能实现师生关系的融合；师生共情，一定能产生师生情感的共鸣；师生共情，一定能营造出学生健康成长的氛围。师与生，有太多的地方可以“共

情”，当“数学思维是玩出来”时，我们的数学教育就变得富有诗意了。

课例 25　五个符号

如图 2-11，给出 5 × 5 的棋盘一个，给出五种形状的小木块各 5 块，我就可以和学生“共情”地玩起来。

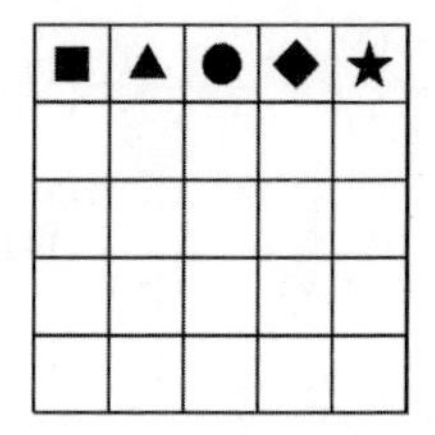

图 2-11

在每个方格里填上这 5 个符号中的一个，使得同一符号不会重复出现在：同一行中，同一列中，同一条对角线上。

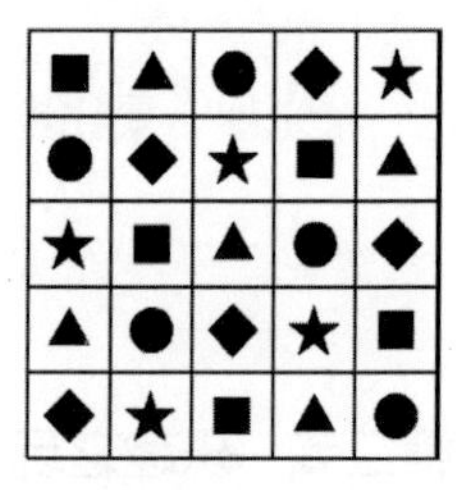

图 2-12

如图 2-12，这是师生共同努力的“杰作”，有点“数独”之味——但对角线上有要求，有点“幻方”之味——但幻方的各个数字不同，也有点“拉丁方”之味——拉丁方也没有对角线上的要求……玩一个游戏，不仅玩出了乐趣，还玩出了相关的数学问题。

课例 26　迷路的怪圈

在没有参照物和定向仪器的情况下，人在沙漠中或雪地里行走，只要一直朝前走，就一定能走出沙漠或雪地吗？

你也许觉得一定能！

但我想说：未必！

当你费了九牛二虎之力朝前走后，却发现自己绕了一圈，又回到了原来出发的地方。

奇怪，怎么又转回来了呢？这个怪圈是怎么形成的？

我告诉你："都是双腿惹的祸！"

挪威生物学家古德贝尔的研究为我们解开了这个谜：由于长年累月养成的习惯，使每个人一只脚迈出的步子要比另一只脚迈出的步子相差一些微不足道的距离，而正是这一点微不足道的距离的差（我们设步差为 x），导致了迷路人走了一个半径为 y 的大圈子。

现在我们来研究 y 与 x 的函数关系。

我们用 s 表示某人两脚踏线（前进的轨迹）的间距，当他转入怪圈时，两只脚实际上走了两个半径相差为 s 的同心圆，如图 2-13 所示。

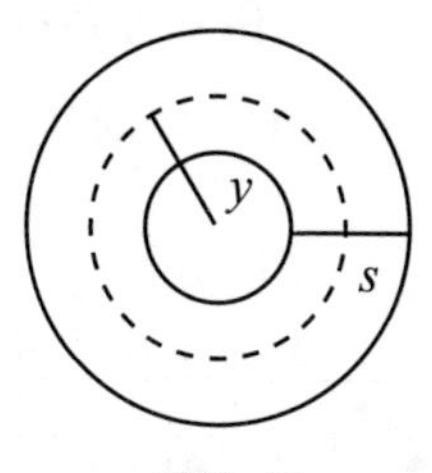

图 2-13

设此人的平均步长为 a，那么，

一方面，此人外脚比内脚多走的路程为 $2\pi\left(y+\frac{s}{2}\right)-2\pi\left(y-\frac{s}{2}\right)=2\pi s$。

另一方面，这段路程又等于此人走一圈的步数的一半与步差的积。

故有 $2\pi s=\frac{2\pi y}{2a}\cdot x$，即 $y=\frac{2sa}{x}$。

对于每个人来说，s 与 a 都为常数，则 $y=\frac{2sa}{x}$ 为反比例函数。

一般说来，两脚运动轨迹之间距离为 15 厘米，每步约跨 70 厘米，代入上式得 $y=\frac{2\times0.15\times0.7}{x}=\frac{0.21}{x}$（米）。

假设迷路人两脚步差为 0.1 毫米，这个微小差异会使他以多大的半径绕圈呢？

将 $x=0.1$ 毫米代入得 $y=\frac{0.21}{0.1\times10^{-3}}=2.1\times10^{3}$（米）。

这就是说，仅此一点点微小的步差，就会让一个人在大约半径为 2 千米的范围内绕圈子。

至于是左脚的步子长还是右脚的步子长，只是决定迷路人沿着顺时针方向还是逆时针方向绕圈子而已。

课例 27　甲乙对弈

棋盘上的数学游戏或数学问题是很多的，奥数中也有不少“棋盘问题”，我手头就有一本《棋盘上的数学问题》的书。数学教师可以自制棋盘，或利用中国象棋、国际象棋、围棋的棋盘，进行棋盘类的游戏。比如，给出 8×8 棋盘，在棋盘上按图 2-14 摆放上黑、白棋子各 8 枚。

在 8×8 格的正方形棋盘上，黑白双方各有 8 个棋子，每列一个。甲先手执黑，乙后手执白，双方轮流动子。规则是：每次动一子，各子只能在本列中前进或后退，格数不限，但不允许超越对方棋子。谁能迫使对方无步可走，即为胜者。

请问，对弈的双方是否有必胜的策略?

本游戏乙方有必胜的策略。

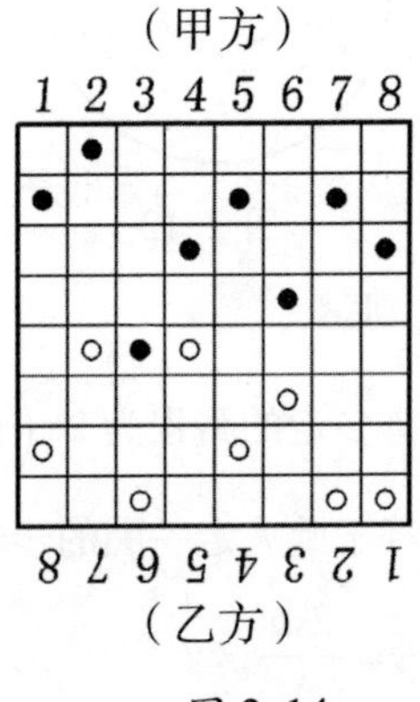

图 2-14

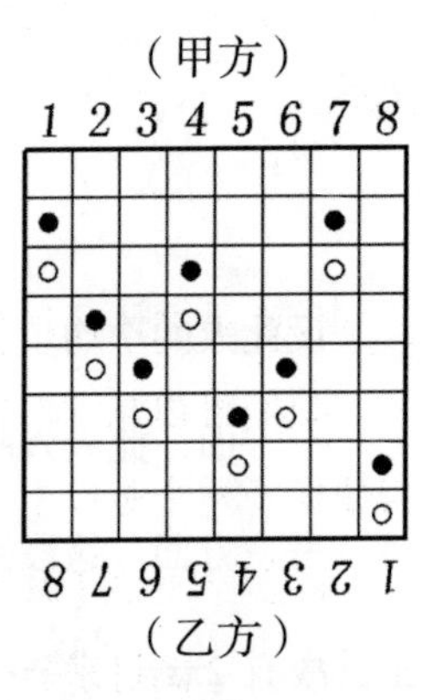

图 2-15

事实上，如果有一方能走到图 2-15 状态，两边“对顶”的形式，那么显然他实际上已经取得了胜利。因为接下去只是“一退一进”，直至被对方“顶死”的问题。

这样，问题化归为“三堆棋子”问题：

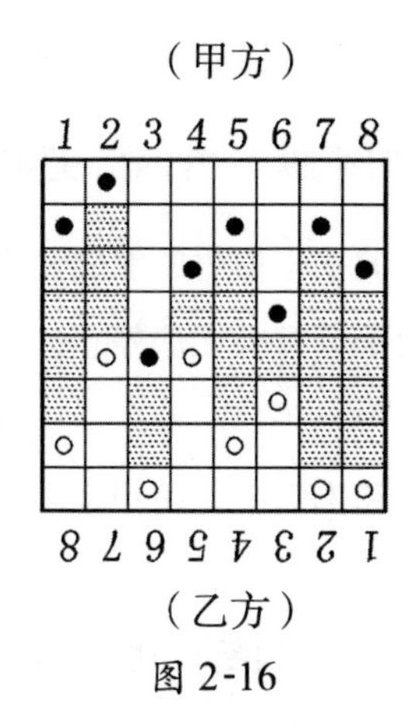

图 2-16

如图 2-16，对弈状态为（4，3，2，1，4，1，5，4），不难看出，上述状态可以看成下面“获胜状态”的组合：（1，2，3）、（4，4）、（1，4，5）。从而，状态（4，3，2，1，4，1，5，4）也为“获胜状态”。

所以，这一游戏，后手的乙方有必胜的策略。

如果学生想到这就是“一局闷宫棋”的变式，那就说明学生已经“触类旁通”了。

课例 28　四个瓶子

什么是立体几何？

我们可以从“4 个瓶子”玩起：给出 4 个同样大小的啤酒瓶。你能摆放得使任意两个瓶口中心之间的距离都相等吗？

许多学生摆了几次都没成功。让我们展开想象的翅膀，突破思维定式，把其中一个倒过来放（如图 2-17），啊哈，成功了！

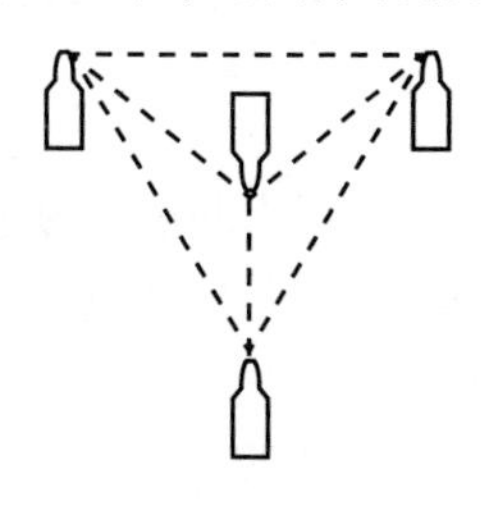

图 2-17

摆法的背后，就是“立体思维”，就有空间想象，就有立体几何的意味。

立体几何，从某种角度说，也可以说成是“不同面上的平面几何”。

课例 29　“直觉”惹祸

你搜索一下“直觉”，歌手张信哲的歌曲《直觉》跃入眼帘：“……直觉我们应属于彼此，否则我不会每次无法停止；……直觉我们应属于彼此，否则我不会常常若有所失。”

“直觉”一词，在工作和生活中使用频率颇高。我们常常会听到这样的话：“凭我的直觉，你这篇文章一定能发表！”

果然不错，文章发表了——判断正确；也许，文章没能发表——判断失败。

这说明，凭直觉有时候获得正确结论，有时却获得错误结果。

“直觉”的最大益处在于判断事物有迅速的特征，由“直觉”往往获得灵感。

灵感，是创造的源泉。爱因斯坦曾说过：“我相信直觉和灵感。”

数学离不开直觉，无论是数学史上一些数学大师的伟大创造，还是“引无数英雄竞折腰”的数学难题的解决，无不体现数学直觉的魅力。

但直觉也具有模糊性和非逻辑性，“直觉”有时是会惹祸的。不信，你就快速回答下面几个生活中的问题吧？

问题 1：甲乙两人进行百米赛跑，当甲跑完 100 米时，乙离终点还有 10 米。现在，让甲从起跑线后退 10 米，再来进行一次比赛，甲乙两人会同时到达终点吗？

你也许会不假思索地说，甲乙两人同时到达终点。

你错了！

假设甲跑步的速度为 v，则乙跑步的速度为 $\frac{90}{100}v$。

甲跑 110 米用时 $t_{甲}=\frac{110}{v}$；

乙跑 100 米用时 $t_{乙}=\frac{100}{\frac{90}{100}v}=\frac{1000}{9v}>\frac{990}{9v}=\frac{110}{v}=t_{甲}$，还是甲快些。

问题 2：从甲地到乙地，上坡路多些，你去时每小时走 8 千米，返回时每小时走 12 千米，你往返甲乙两地的平均速度是多少？

你若快速回答每小时走 10 千米，你又错了！

我们设甲乙两地相距 s 千米，有

$$v_{平}=\frac{s_{总}}{t_{总}}=\frac{2s}{\frac{s}{8}+\frac{s}{12}}=\frac{48}{5}=9.6$$

也就是说，平均速度是每小时走 9.6 千米。

问题 3：某楼房的每楼层之间的楼梯台阶数一样多，你若从 1 楼到 4 楼用时 30 秒，假设你的体力不减，你从 1 楼到 8 楼，需用时多长？

你若快速回答 60 秒钟的话，你又上当了！

应该是 70 秒钟。

问题 4：设想用一根仅比赤道周长多出 1 米的铅丝围成一个同心圆，凭直觉，我们能否迅速判断一下：此时我们的拳头能否从赤道与铅丝的空隙处穿过？

直觉告诉我们，1 米与赤道周长相比，简直是微乎其微，几乎可以忽略不计了，赤道与铅丝之间，别说是拳头，就连一根铅笔也难通过。

我们的判断正确吗？

还是让我们来算一算吧！

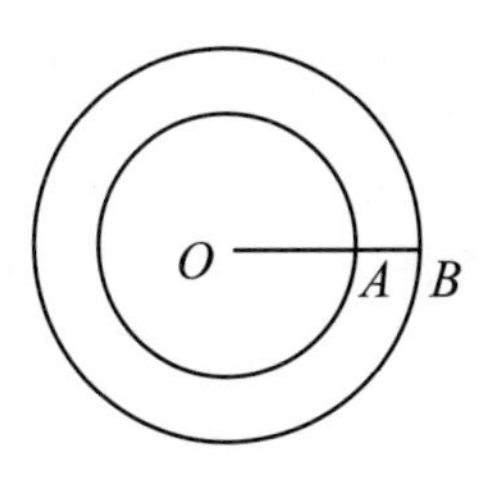

图 2-18

图 2-18 是一个同心圆的图，OA 地球半径 r，AB 表示赤道与铅丝之间的空隙。

赤道长为 $2\pi r$ 米，铅丝长为 $2\pi r+1$ 米，于是空隙宽度

$$AB=OB-OA=\frac{2\pi r+1}{2\pi}-r=\frac{1}{2\pi}\approx 0.16（米）$$

哇！有宽度为 16 厘米的空隙，我们的拳头当然能穿过了。

如此看来，有些数学现象，我们可以预先料及；有些数学现象，我们如果只凭直觉，往往结果难以预料，甚至会让我们“出丑”。

课例 30　一块电路板

高一教“充要条件”时，我到学校物理实验室借了一块“可调节”的电路板，走进教室时，学生笑着对我说：“任老师，你今天讲物理，是吗？”我笑而不答。

其实，我是想利用“电路板”讲“充要条件”，让学生对相对抽象的“充要条件”有更直观的认识。

学生学了“充要条件”后，我和学生归纳如下：

（1）充分条件。

①文字表达：若 A 成立，则 B 成立，就说 A 是 B 成立的充分条件。

②假言判断：有之必然，无之未必然。

③数学表达：$A\Rightarrow B$，就说 A 是 B 成立的充分条件。

④如图 2-19 所示。

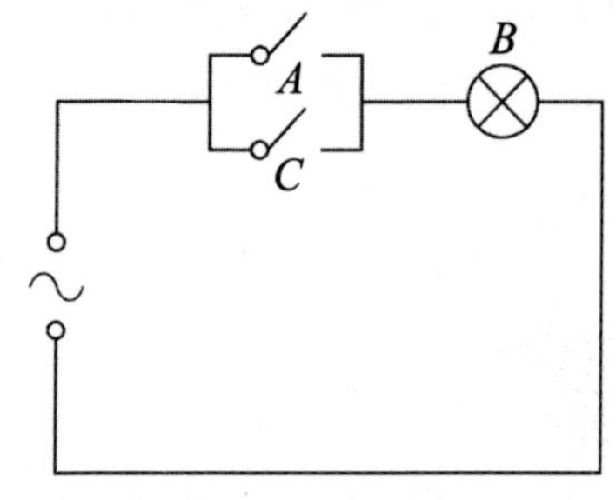

A 是 B 的充分不必要条件

图 2-19

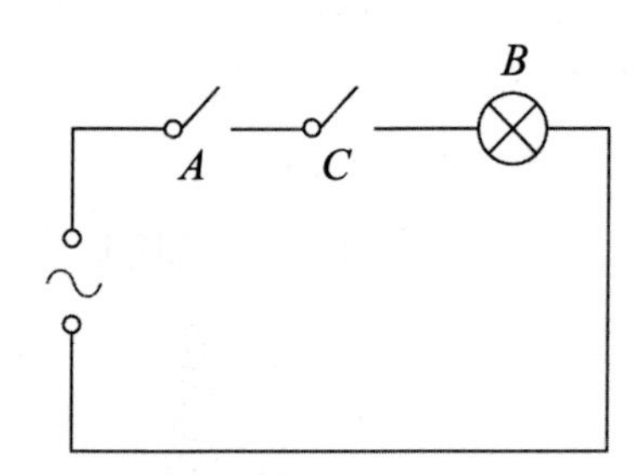

A 是 B 的必要不充分条件

图 2-20

（2）必要条件。

①文字表达：若 B 成立，则 A 成立，就说 A 是 B 成立的必要条件。

②假言判断：无之必不然，有之未必然。

③数学表达：$B\Rightarrow A$，就说 A 是 B 成立的必要条件。

④如图 2-20 所示。

（3）充要条件。

①文字表达：若 A 既是 B 成立的充分条件，又是 B 成立的必要条件，就说 A 是 B 成立的充要条件。

②假言判断：有之必然，无之必不然。

③数学表达：$A \Leftrightarrow B$，就说 A 是 B 成立的充要条件。

④如图 2-21 所示。

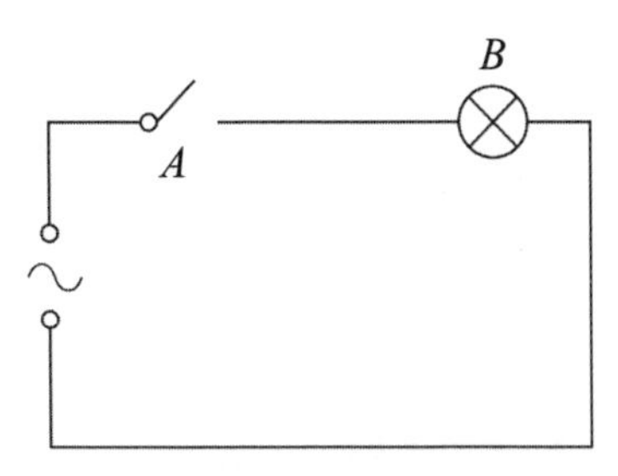

A 是 *B* 成立的充要条件

图 2-21

这样，学生对充要条件就会有一个初步的认识，再通过一定题目的训练，对这个问题就会有更深刻的认识。

学生对我的这个“图示”非常感兴趣——因为这个图是“电路图”。

第三节　志趣之玩

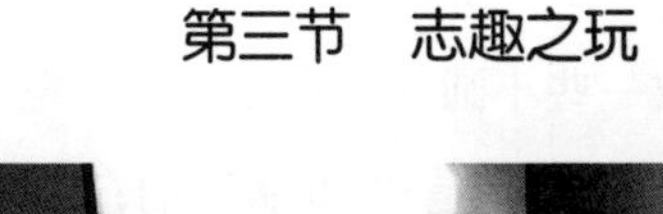

灵性生长

玩数学，玩到“流连忘返”，玩到“如痴着魔”，算是玩到“志趣”境界了；玩数学，能把一个浅显的问题深入地发掘、深度地探索，也算是一种“志趣”样态；玩数学，玩出新意，“成片开发”——“玩一题，会一类，悟百题”，更是一种“志趣”行动。

课例 31　由上转下

手头有 6 个小圆片，我就能和学生玩起来：我把 6 枚小圆片，摆成如图 2-22 所示的正三角形。

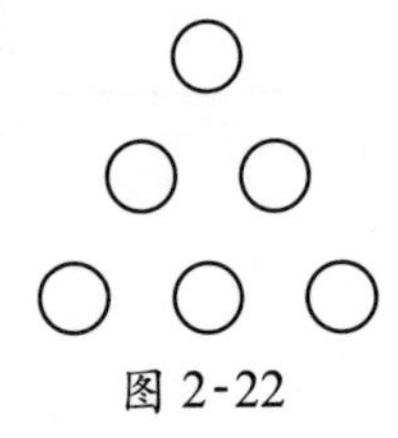

图 2-22

请你移动 2 枚圆片，摆成一个倒正三角形。

如图 2-23，将两个虚圆向上移即可，一道小题略为训练了学生的观察能力和思维能力。

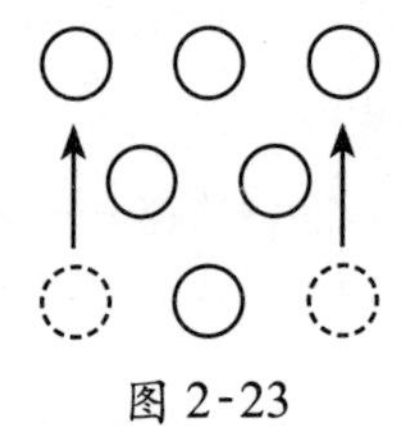

图 2-23

桌上我会有意识地多放一些小圆片。玩完了，我观察学生在干什么？如果学生什么也没做，这学生此时算是“1.0 版”的；如果学生让我再给一道游戏题玩，这学生此时算是“2.0 版”的；如果学生会拿起桌上的小圆片摆成 4 行，研究要移动几枚才能摆成一个倒正三角形，那就算是“3.0 版”的了。

要让学生玩出真正意义上的数学，数学教师就要引领学生走向“3.0 版”。

数学教师要引导学生学会探索一般性问题，就本题而言就是“*n* 层小圆片的移动问题”。

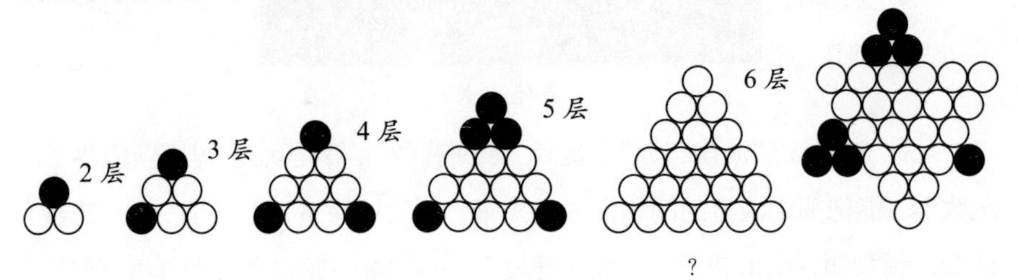

图 2-24

探索之路：4 层最少要移动 3 枚小圆片；5 层最少要移动 5 枚小圆片；6 层最少要移动 7 枚小圆片。当层数增加时，我们可以利用一个倒三角形来研究这个问题，并得出一般结论。

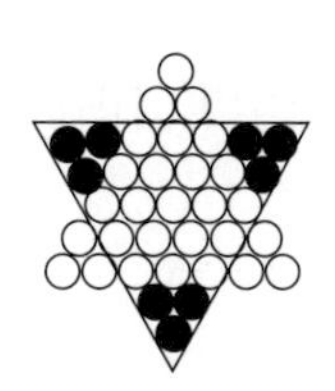
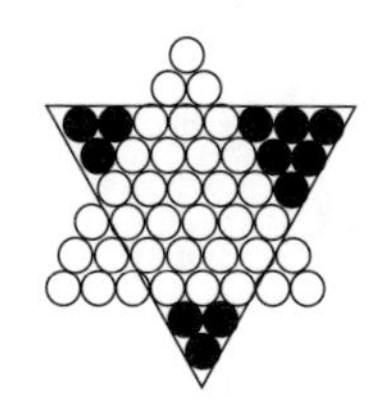

图 2-25

三角形的硬币层数	三角形的硬币枚数	倒立后至少需要移动的枚数	三角形的硬币层数	三角形的硬币枚数	倒立后至少需要移动的枚数
2	3	1	12	78	26
3	6	2	13	91	30
4	10	3	14	105	35
5	15	5	15	120	40
6	21	7	16	136	45
7	28	9	17	153	51
8	36	12	18	171	57
9	45	15	19	190	63
10	55	18	20	210	70
11	66	22			

一般结论为：从 $3n-1$ 层起到 $3n+1$ 层止，每增加一层，需要移动 n（n=1，2，3，…）枚圆片。

6 枚小圆片，我们玩出了一片“新天地”。

课例 32　四连形

6 枚小圆片能玩，4 个小正方形也能玩出一个“新世界”。

把 4 个小正方形木块连接（相邻的两格都有一条完整的公共边）在一起，成为四连形。图 2-26 是一个四连形，你能摆出多少种不同的四连形？

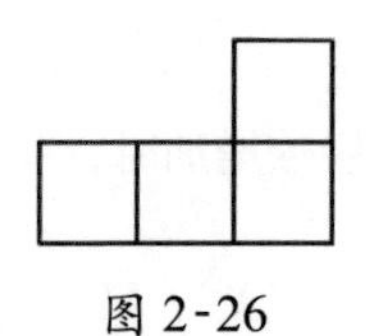

图 2-26

“四连形”可以培养学生对图形的感知，培养学生分类思想和严谨思维的习惯。

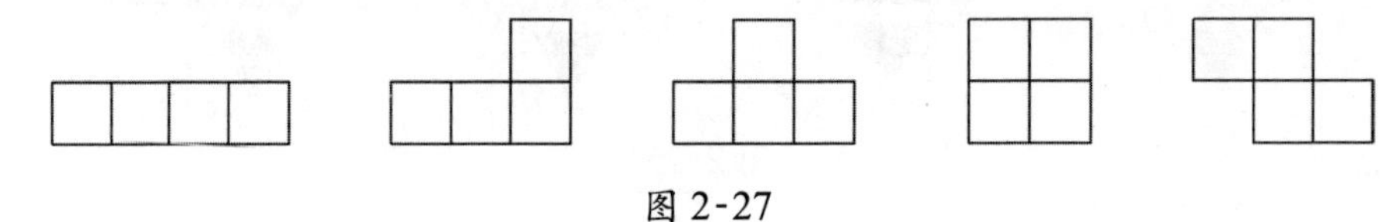

图 2-27

如图 2-27，共有 5 种不同的四连形。

数学教师就可以做“实验”了：桌上多放一些小正方形木块，看看学生如何反应？是“几 .0 版”的？不知有没有去玩“五连形”的学生？能玩出 12 种吗？

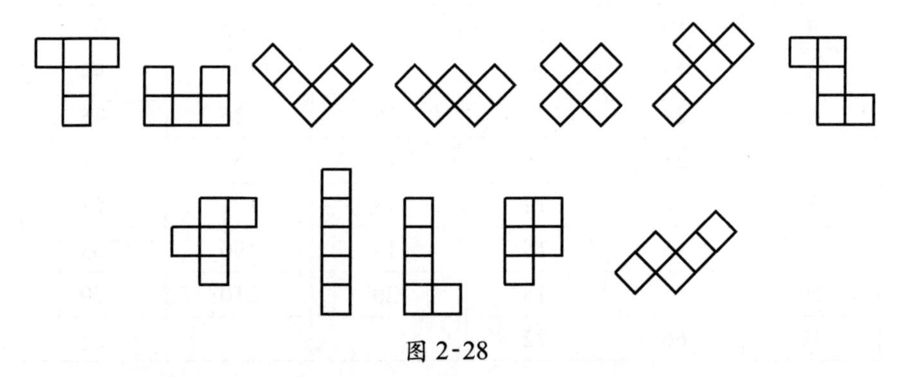

图 2-28

不知有没有去玩“六连形”的？能玩出如下 35 种。

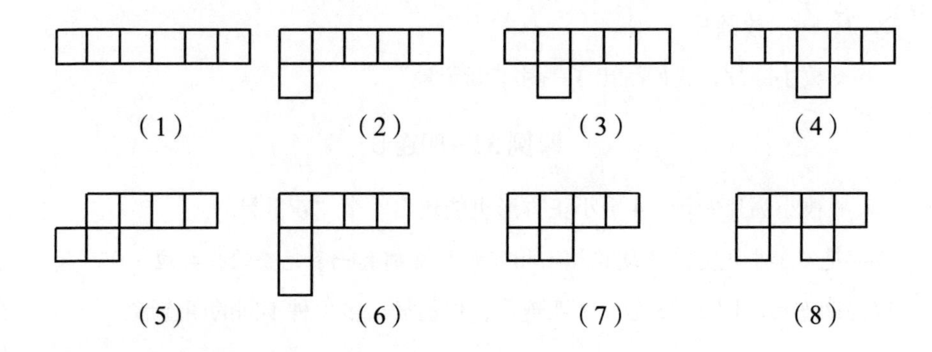

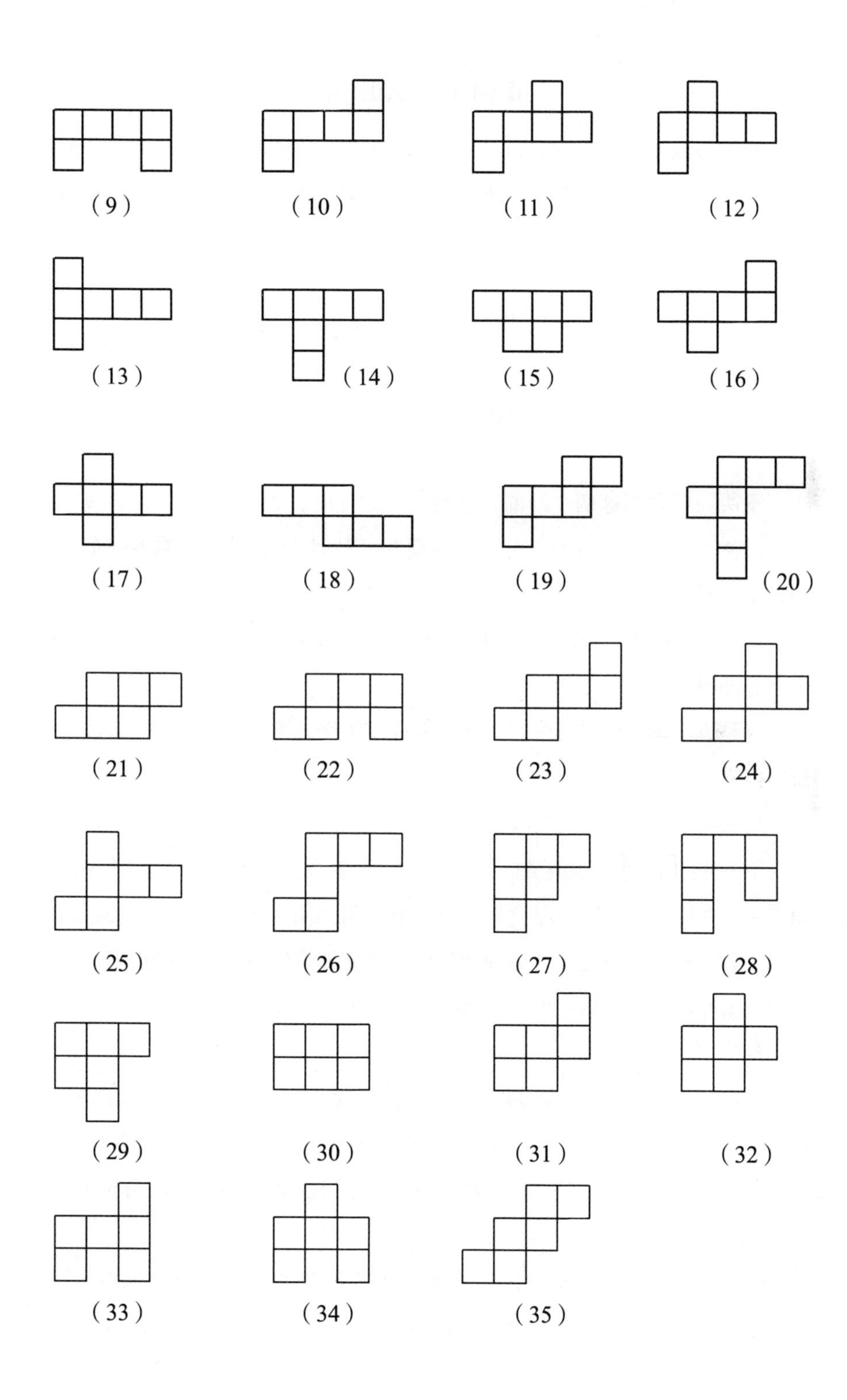

（9）
（10）
（11）
（12）
（13）
（14）
（15）
（16）
（17）
（18）
（19）
（20）
（21）
（22）
（23）
（24）
（25）
（26）
（27）
（28）
（29）
（30）
（31）
（32）
（33）
（34）
（35）

课例 33　沙漏计时

两个沙漏也能玩：准备可计时 10 分钟的沙漏和可计时 7 分钟的沙漏各一个，当然，如果没有真正的沙漏，可以找两个像瓶子之类的东西，想象成沙漏。

图 2-29

玩法一：利用这两个沙漏，从现在开始计时，到 18 分钟时，请报出；

玩法二：如果可计时 7 分钟的沙漏和可计时 11 分钟的沙漏各一个，能报出 15 分钟吗?

玩法三：如果可计时 4 分钟的沙漏和可计时 7 分钟的沙漏各一个，能报出 9 分钟吗?

这是哪个学段可以玩的? 实践中发现三年级就可以玩，也发现多数家长玩不出来。

玩法一：

第一步: 两个沙漏同时漏; 第二步: 沙漏(7)漏完后，立刻倒过来继续漏; 第三步: 沙漏(10)漏完后，立即倒过来继续漏; 第四步: 当沙漏(7)漏完后，此时沙漏（10）已经漏下 4 分钟的沙，这时立即将沙漏（10）倒过来，沙漏（10）漏完后，就可以报出 18 分钟了。

玩法二：

第一步：两个沙漏同时漏；第二步：沙漏（7）漏完后，立刻倒过来继续漏；第三步：当沙漏（11）漏完后，此时沙漏（7）已经漏下 4 分钟的沙，这时立即将沙漏（7）倒过来，沙漏（7）漏完后，就可以报出 15 分钟了。

玩法三：

第一步: 两个沙漏同时漏; 第二步: 沙漏(4)漏完后，立刻倒过来继续漏; 第三步：沙漏（7）漏完后，立即倒过来继续漏；第四步：当沙漏（4）漏完后，此时沙漏（7）已经漏下 1 分钟的沙，这时立即将沙漏（7）倒过来，沙漏（7）漏完后，就可以报出 9 分钟了。

如果学生问：用两个沙漏，究竟能报出哪些时间呢？那就有点意思了。如果学生再问：用三个沙漏呢？基本上就把多数数学老师给“放倒”了。

课例 34　用砖叠“斜塔”

比萨斜塔为什么斜而不倒？你知道其中的道理吗？

物理学知识告诉我们：把一个平底的物体放在水平面上，只要重心不落在它的底面之外，就不会倒。何况，比萨斜塔还有深埋于地下的塔基。

假如给你一些砖，用砖一块一块地往上叠，设法叠成如图 2-30 所示的“斜塔”，你能使它斜到什么程度呢？

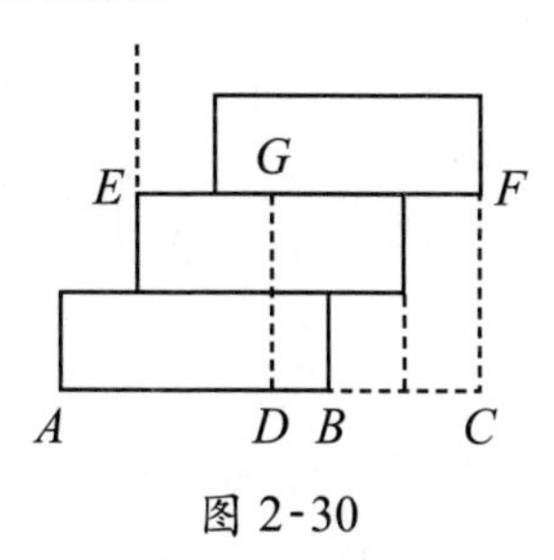

图 2-30

准确地说，叠到最斜的程度，你能使最上面一块砖的重心与最下面一块砖的重心的水平距离达到多远呢？

我曾经让学生找几十个长方体小木块着手叠一叠，看看有什么“情况”？

下面我们给出著名数学家张景中教授，从理论的角度研究一番的结论。

假设这些砖是一模一样长方体，其长度为 1，重量均匀，我们像搭积木那样一块一块地搭“斜塔”：每块砖比下面的那一块伸出长度为 a 的那么一小段，n 块砖可以伸出（$n-1$）a 那么长。为了“斜塔”不倒，上面（$n-1$）块砖的重心不能落在下面那块砖之外，即有 $DC>BC$。

因为 $DC=\frac{1}{2}EF=\frac{1}{2}[1+(n-2)a]$，$BC=(n-1)a$。

所以 $\frac{1}{2}[1+(n-2)a]>(n-1)a$。

解得 $na<1$，故有 $a<\frac{1}{n}$，$(n-1)a<(n-1)\cdot\frac{1}{n}=\frac{n-1}{n}$。

这就是说，这样均匀伸出的叠法，最多只能使上层比底层伸出$\frac{n-1}{n}$砖长，即不到一砖之长。

如果允许每块砖伸出的长度各不相同，结论是出人意料：只要砖足够多，伸出多远都是可能的！

换句话说，只要砖足够多，我们可以叠一个要多斜就有多斜的“斜塔”！

你信吗？

我们从最简单的情形开始，如果只有 2 块砖，显然最多只能伸出$\frac{1}{2}$，即上面一块长的一半。但为了稳定，我们让它伸出得比$\frac{1}{2}$略少一点。但这样将使计算变得复杂一些，所以我们可以先把塔建起来，然后再让每层都减少一点点伸出量，最后变得稳定。

如果是 3 块砖，可以把上面摆好的 2 块砖再摆在另外那块砖上，这又只能伸出上面 2 块砖长的一半，即$\frac{1}{2}\left(1+\frac{1}{2}\right)=\frac{3}{4}$。此时，第 2 块砖可以比最下面的第 1 块砖伸出$\frac{1}{4}$长。

依此类推，如果有（n+1）块砖，我们可以用数学归纳法证明，第 2 块砖可以比最下面的第 1 块砖伸出$\frac{1}{2n}$，于是，用（n+1）块砖建塔，总的最大伸出量为

$$s_n=\frac{1}{2}+\frac{1}{4}+\frac{1}{6}+\cdots+\frac{1}{2n}=\frac{1}{2}\left(1+\frac{1}{2}+\frac{1}{3}+\cdots+\frac{1}{n}\right)$$

注意到$1+\frac{1}{2}+\frac{1}{3}+\cdots+\frac{1}{n}=1+\frac{1}{2}+\left(\frac{1}{3}+\frac{1}{4}\right)+\left(\frac{1}{5}+\frac{1}{6}+\frac{1}{7}+\frac{1}{8}\right)+\left(\frac{1}{9}+\frac{1}{10}+\cdots+\frac{1}{16}\right)+\cdots>1+\frac{1}{2}+\frac{1}{2}+\frac{1}{2}+\frac{1}{2}+\cdots$

这就是说，当砖无限多时，（n+1）无限大，尽管$\frac{1}{n}$无限小，但s_n随着n趋向于无限大，却可以比任何固定的数都大。

也就是说，只要砖足够多，我们可以搭一个要多斜就有多斜的“斜塔”！

用砖叠“斜塔”，引出了物理问题，引出了“从简单问题入手”，引出

了动手尝试，引出了不等式的“放缩证明”，$1+\frac{1}{2}+\frac{1}{3}+\cdots+\frac{1}{n}+\cdots$这个“无穷级数”还把我们带入高等数学领域了。

课例 35　爬楼梯的问题

有人要上楼，此人每步能向上走 1 阶或 2 阶，如果楼梯有 10 阶，他上楼共有多少种不同的走法？

我们用 a_n 表示上 n 阶楼梯走法的种数。

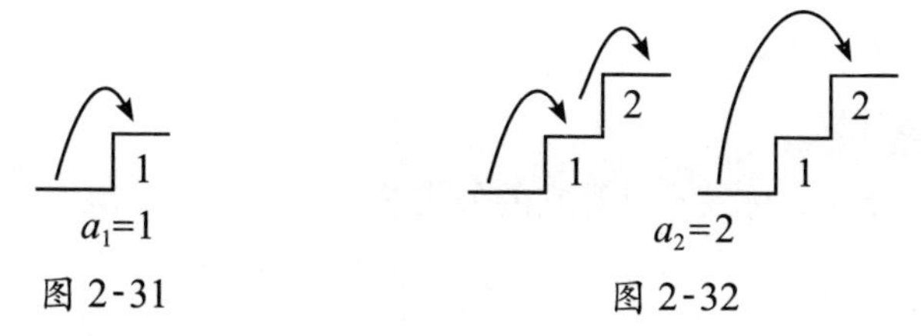

图 2-31　　图 2-32

如果只上 1 阶，显然只有 1 种走法，如图 2-31，即 $a_1=1$。

如果上 2 阶，由图 2-32 知，有 2 种走法，即 $a_2=2$。

为了进一步研究 a_3，a_4，a_5，…，a_n，我们可以对起步（即跨出的第一步）进行考查。

起步只有 2 种不同的情况：上 1 阶或上 2 阶。

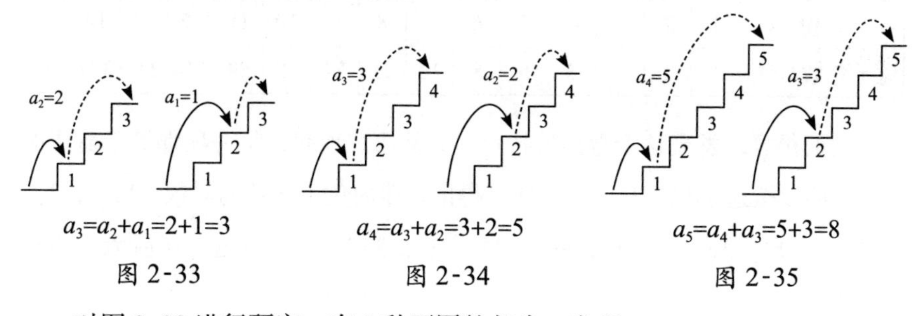

图 2-33　　图 2-34　　图 2-35

对图 2-33 进行研究，有 2 种不同的起步，发现 $a_3=a_2+a_1=2+1=3$。

对图 2-34 进行研究，有 2 种不同的起步，发现 $a_4=a_3+a_2=3+2=5$。

对图 2-35 进行研究，有 2 种不同的起步，发现 $a_5=a_4+a_3=5+3=8$。

离开图形，我们可以用同样的方法将起步分为两类——上 1 阶与上 2 阶，又可以得到：

$a_6=a_5+a_4=8+5=13$，$a_7=a_6+a_5=13+8=21$，…，进一步得到

$$a_n=a_{n-1}+a_{n-2}$$

由此，我们可以依次计算，得出下表：

n	1	2	3	4	5	6	7	8	9	10	11	12
a_n	1	2	3	5	8	13	21	34	55	89	144	233

从表中我们知道，上 10 阶楼梯，共有 89 种不同的走法。

如果楼梯有 20 阶、30 阶，又该怎么算呢？显然可以继续列表算出，但计算量不断加大，这时你一定会产生一个数学企望：去研究出一个计算它的公式该多好！

读了下文，你就有计算它的公式啦！

斐波那契兔子问题

13 世纪意大利数学家斐波那契在他的《计算之书》中提出这样一个问题：兔子出生以后两个月就能生小兔，若每次不多不少恰好生一对（一雌一雄），假如养了初生的小兔一对，试问一年后共有多少对兔子（如果生下的小兔都不死）？

我们来推算一下，如下表所示：

月份	1	2	3	4	5	6	7	8	9	10	11	12	13	14	…
兔子总数（对）	1	1	2	3	5	8	13	21	34	55	89	144	233	377	…

我们很容易发现这个数列的特点：即从第三项起，每一项都等于前两项之和。所以按这个规律写下去，便可得出一年内兔子繁殖的对数：1，1，2，3，5，8，13，21，34，55，89，144，233，377，…，可见一年后兔子共有 377 对。

我们用 a_n 表示第 n 月兔子的对数，显然有

$$a_1=1,\ a_2=1 \text{ 且 } a_{n+2}=a_{n+1}+a_n, \quad ①$$

由

$$a_{n+2}-\alpha a_{n+1}=\beta\left(a_{n+1}-\alpha a_n\right) \quad ②$$

得

$$a_{n+2}=(\alpha+\beta)\ a_{n+1}-\alpha\beta a_n \qquad ③$$

比较②、③系数有

$$\alpha+\beta=1,\ \alpha\beta=-1 \qquad ④$$

由②知 $\{a_{n+1}-\alpha a_n\}$ 是以 $(a_2-\alpha a_1)$ 为首项，β 为公比的等比数列，从而

$$a_{n+1}-\alpha a_n=\beta^{n-1}(a_2-\alpha a_1)=\beta^{n-1}[1-(1-\beta)\cdot 1]=\beta^n \qquad ⑤$$

注意到 α、β 的对称性，故同样有

$$a_{n+1}-\beta a_n=\alpha^n \qquad ⑥$$

α · ⑥ $-\beta$ · ⑤得

$$(\alpha-\beta)\ a_{n+1}=\alpha^{n+1}-\beta^{n+1}$$

所以

$$a_{n+1}=\frac{\alpha^{n+1}-\beta^{n+1}}{\alpha-\beta}$$

按习惯将 $n+1$ 改为 n 得通项公式

$$a_n=\frac{\alpha^n-\beta^n}{\alpha-\beta}$$

由④知 α、β 是二次方程

$$\lambda^2-\lambda-1=0$$

的根，所以

$$\alpha=\frac{1+\sqrt{5}}{2},\ \beta=\frac{1-\sqrt{5}}{2}$$

$$\alpha-\beta=\sqrt{5}$$

因此

$$a_n=\frac{1}{\sqrt{5}}\left[\left(\frac{1+\sqrt{5}}{2}\right)^n-\left(\frac{1-\sqrt{5}}{2}\right)^n\right]$$

我们用初等方法得到了计算公式，实属不易！这就是《爬楼梯的问题》一文中所企望的那个计算公式。

这个计算公式非常奇特，数列的每一项都是正整数，可计算公式却由无理数组成。

斐波那契数列虽说是从兔子问题中抽象出来的，但许多问题都与斐波那契数列有关，我们看几个例子。

镜头 1：花瓣数中的斐波那契数。

大多数植物的花，其花瓣数都恰是斐波那契数。例如，兰花、茉莉花、百合花有 3 个花瓣，毛茛属的植物有 5 个花瓣，翠雀属植物有 8 个花瓣，万寿菊属植物有 13 个花瓣，紫菀属植物有 21 个花瓣，雏菊属植物有 34、55 或 89 个花瓣。

镜头 2：向日葵花盘内葵花子排列的螺线数。

向日葵花盘内，种子是按对数螺线排列的，有顺时针转和逆时针转的两组对数螺线。两组螺线的条数往往成相继的两个斐波那契数，一般是 34 和 55，大向日葵是 89 和 144，还曾发现过一个更大的向日葵有 144 和 233 条螺线，它们都是相继的两个斐波那契数。

镜头 3：蜜蜂的爬行路线。

蜜蜂想从 start 处出发（如图 2-36），想分别爬到第 1，2，3，…，n 号蜂房处，只允许从左到右爬行，那么它爬到各蜂房的路线条数恰好构成一个斐波那契数列。

蜜蜂爬到 1 号蜂房，只有 $a_2=1$ 条路线：start × 1；

蜜蜂爬到 2 号蜂房，只有 $a_3=2$ 条路线：start × 2 和 start × 1 × 2；

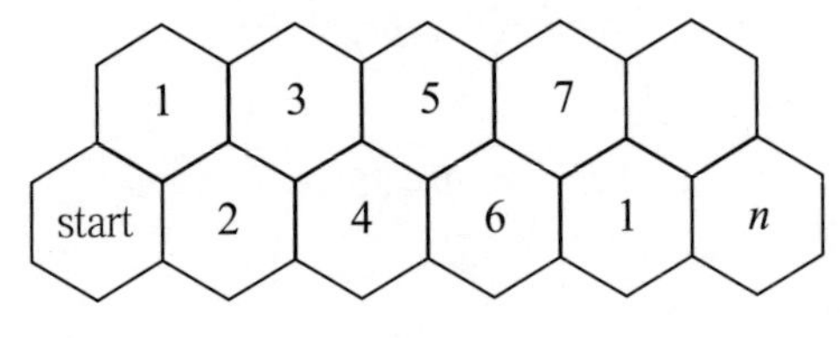

图 2-36

蜜蜂爬到 n 号蜂房，只有 2 种路线：一种是从第（$n-1$）号蜂房到第 n 号蜂房，有 a_n 条路线；另一种是从第（$n-2$）号蜂房到第 n 号蜂房，有 a_{n-1} 条路线。因此 $a_{n+1}=a_n+a_{n-1}$，这正好构成斐波那契数列，只是缺了第 1 项 $a_1=1$。

镜头 4：抛硬币。

连续抛一枚硬币，直到连出两次正面为止。如果我们设这种情况出现在第 n 次抛掷的可能方式数目为 a_{n-1}，则数列 $\{a_n\}$ 是斐波那契数列。

我们用“+”表示正面，“–”表示反面，用下表表示投掷情形。

次数	可能的方式	数目
2	++	1
3	–++	1
4	+–++，––++	2
5	–+–++，+––++，–––++	3
6	+–+–++，––+–++，–+––++，+–––++，––––++	5
…		…

这个结论，我们可以用数学归纳法进行证明。

镜头 5：砌砖问题。

用长 2 个单位、宽 1 个单位的砖，可以有多少种不同方式砌成长 2 个单位、宽 3 个单位的矩形？如图 2-37，用长 2 个单位、宽 1 个单位的砖，可以有 3 种不同方式砌成长 2 个单位、宽 3 个单位的矩形。

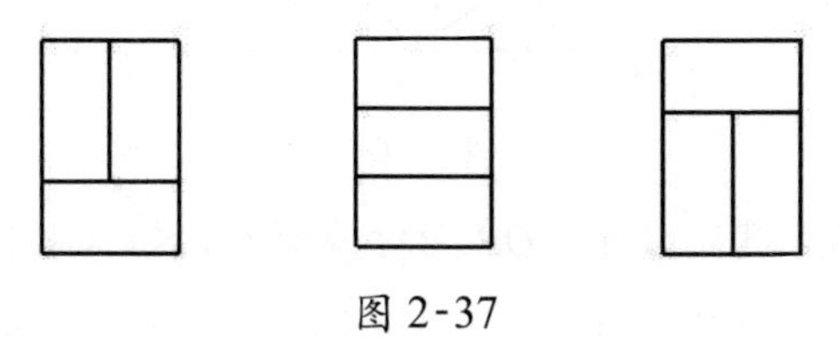

图 2-37

那么用长 2 个单位、宽 1 个单位的砖，可以有多少种不同方式砌成长 2 个单位、宽 n 个单位的矩形？

我们看下表：

n=1	
n=2	
n=3	
n=4	
n=5	
n=6	

它符合斐波那契数列。因为每次（第 n 次）砌砖时，是在前一次（第 $n-1$ 次）砌成的图形基础上分别再水平加一块，并且在前二次（第 $n-2$ 次）砌成的图形的基础上再分别垂直加二块。

我们是否可以这样说，斐波那契以他的兔子问题，猜中了大自然的奥秘，而斐波那契数列的种种应用，是这个奥秘的不同体现。

爬一个楼梯，爬出了“斐波那契”，爬出了一个多彩的“数学世界”。

课例 36　设备过拐角

某建筑物内有如图 2-38 所示的一个水平直角形过道，过道的宽度为 3 米，有一个水平截面为矩形的重型设备需要水平移进直角形过道，这个截面为矩形的重型设备宽为 1 米、长为 7 米，该设备能否水平通过拐角？

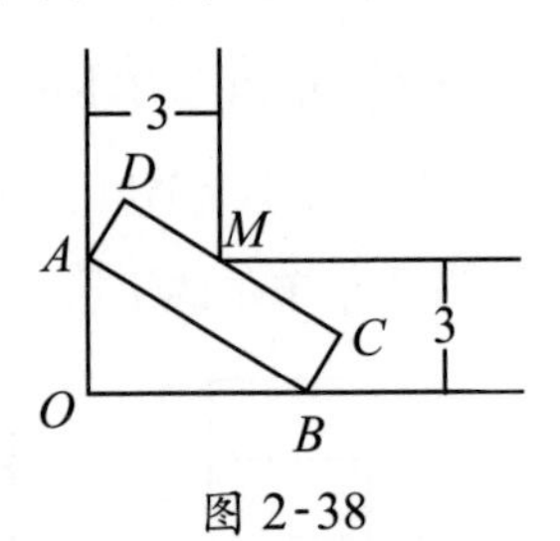

图 2-38

为了便于研究，我们以直线 OB、OA 分别为 x 轴、y 轴建立直角坐标系，这样问题就转化为：求以点 M（3，3）为圆心，1 为半径的圆的切线被 x 轴正半轴和 y 轴正半轴所截的线段 AB 长的最小值。如果这个最小值大于 7 米，那么设备就能水平通过拐角，否则不能通过拐角。

设直线 AB 的方程为 $\frac{x}{a}+\frac{y}{b}=1$，因为它与圆 $(x-3)^2+(y-3)^2=1$ 相切，所以有

$$\left|\frac{3}{a}+\frac{3}{b}-1\right|=\sqrt{\frac{1}{a^2}+\frac{1}{b^2}} \qquad ①$$

∵ 原点 O（0，0）与点 M（3，3）在直线 $\frac{x}{a}+\frac{y}{b}=1$ 的异侧，

∴ $\frac{3}{a}+\frac{3}{b}-1>0$，

∴ ①式可化为 $\sqrt{a^2+b^2}=3(a+b)-ab$ ②

下面我们设法求 $|AB|=\sqrt{a^2+b^2}$（$a>0$，$b>0$）的最小值。

设 $a=r\sin\theta$，$b=r\cos\theta$，$r>0$，$\theta\in\left(0,\ \frac{\pi}{2}\right)$代入②式得

$$r=\frac{3(\sin\theta+\cos\theta)-1}{\sin\theta\cos\theta} \tag{3}$$

再设 $t=\sin\theta+\cos\theta$，

$\because \theta\in\left(0,\ \frac{\pi}{2}\right)$，$\therefore t\in(1,\ \sqrt{2}]$，$\sin\theta\cos\theta=\frac{t^2-1}{2}$。

代入③式得 $r=\frac{6t-2}{t^2-1}$，即 $rt^2-6t-r+2=0$。

记 $f(t)=rt^2-6t-r+2$，$t\in(1,\ \sqrt{2}]$，$r>0$。

$\because f(1)=-4<0$，

$\therefore rt^2-6t-r+2=0$ 在 $t\in(1,\ \sqrt{2}]$ 内有解

$\Leftrightarrow f(\sqrt{2})=r-6\sqrt{2}+2\geqslant 0\Leftrightarrow r\geqslant 6\sqrt{2}-2$。

此时 $t=\sqrt{2}\Leftrightarrow\theta=\frac{\pi}{4}$。

这说明能水平移过的宽 1 米的矩形的长至多为

$$r_{\min}(t)=6\sqrt{2}-2<6\times\frac{3}{2}-2=7。$$

看来，设备是不能水平通过拐角了。

值得一提的是，这个问题也可以转化为：求点 M（3，3）到直线 AB 的距离的最小值，这个最小值即为拐角过道所能通过的设备最大宽度，即这个最小值若大于 1 米，则设备能水平通过拐角，否则不能通过拐角。读者可试证看看。

到西部讲学

在课堂上

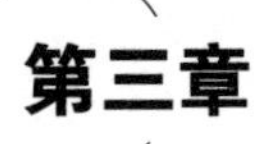

第三章

玩好数学——玩出深刻

孩子像个小博士

“玩着游戏学数学”，我们不能仅仅“玩”，还要“学”，还要悟出游戏背后的数学知识、方法和思维，“数学思维是可以玩出来的”。这种“玩”在我看来，就是玩出深刻。

许多数学游戏，开始玩时往往比较简单，我就从简单问题入手，逐渐提高难度——或增加数量，或从平面到空间……有些游戏很具体，我就让它抽象些……有些游戏很特殊，我就让它一般化……有些游戏可以用笔算，我就让学生用脑算……不断地让学生走向“深度的数学思考”。

还有许多数学游戏，看似简单，实则不易。当学生“百玩不解”时，或受启发而获得解答，或灵感一来而发现奥秘，或突破思维定式而顺利破解，等等，都让学生的创新能力得到一次极好的训练。

玩数学游戏，创新时时发生；玩益智器具，创新处处体现。玩吧，玩出一个新思维，玩出一个新方法，玩出一个新境界。

我告诉学生，大家动手玩的数学益智游戏，有的数学家们小时候也玩过，还有不少游戏就是数学家亲自设计出来的。我们在和学生玩数学益智游戏时，不经意间也算读了一小段“数学史”。

第一节 玩中深思

荀子在《劝学》中说："思索以通之。"此言精辟！爱因斯坦说："学习知识要善于思考，思考，再思考，我就是靠这个方法成为科学家的。"爱迪生说："我平生从来没有做过一次偶然的发明。我的一切发明都是经过深思熟虑、严格试验的结果。"数学之玩，既要动手玩，更要动脑玩。

课例 37 黑红相间

再玩扑克牌！拿出 6 张黑桃和 6 张红桃扑克牌。把 6 黑 6 红共 12 张扑克牌，按某种顺序排好，牌背朝上，表演者从最底下抽出一张放于桌上明示，黑色的；再把此时最底下的一张抽出置于最上面，仍牌背朝上；再从最底下抽出一张放于桌上明示，红色的；依次操作，直至结束，桌面上黑色、红色、黑色、红色……相间排列。请你给出原始排序。

我事先给出原始排序，表演给学生看，学生看得眼花缭乱，都觉得这个任老师哪来那么多的"绝活"？

数字代表扑克牌排序，"+"代表黑色，"-"代表红色。可做如下推理（在纸上实际只有一行数字，下面是体现"推理"过程）。

①②③④⑤⑥⑦⑧⑨⑩⑪⑫

+

③④⑤⑥⑦⑧⑨⑩⑪⑫②

-

⑤⑥⑦⑧⑨⑩⑪⑫②④

+

⑦⑧⑨⑩⑪⑫②④⑥

-

……

这样依次操作下去，对照①②③④⑤⑥⑦⑧⑨⑩⑪⑫，有：++--+---++-+，即：黑，黑，红，红，黑，红，红，红，黑，黑，红，黑。

当年真有学生用笔记下"黑，黑，红，红，黑，红，红，红，黑，黑，红，黑”，我对学生说：“记这个有什么用？”我的潜台词是想说：“要记方法！”学会了方法，“7 黑 7 红”也能玩。

拓展一下，就可以玩得更嗨：（1）将扑克牌改为黑桃 A~K 共 13 张，操作方法如上，桌面上出现 A，2，…，K 排列，请你给出原始排序。（2）将扑克牌改为黑桃 A~K 共 13 张，操作方法改为第一张出现 A，把此时最底下的一张抽出置于最上面，仍牌背朝上；再从最底下抽出一张放于桌上明示，出现 2；把此时最底下一张一张抽出 2 张置于最上面，仍牌背朝上；再从最底下抽出一张放于桌上明示，出现 3；依次操作，见到几就一张一张地抽出几张置于最上面，直至结束，桌面上 1，2，…，K 排列。请你给出原始排序。

我稍微再改编一下，就成了高考题和奥数题。

对于（1），设计成高考填空题：

请问原始排列倒数第二张是 ______；

对于（2），设计成奥数选择题：

请问原始排列倒数第二张是（　　）。

A.8　　B.9　　C.Q　　D.K

课例 38　纸条入槽

我制作出图 3-1 所示的带方格的 10 个纸条，还有带方格的 3 个相同的木槽。让学生设法把图 3-1 左的 10 个纸条全部不重叠地放入图 3-1 右的槽中。

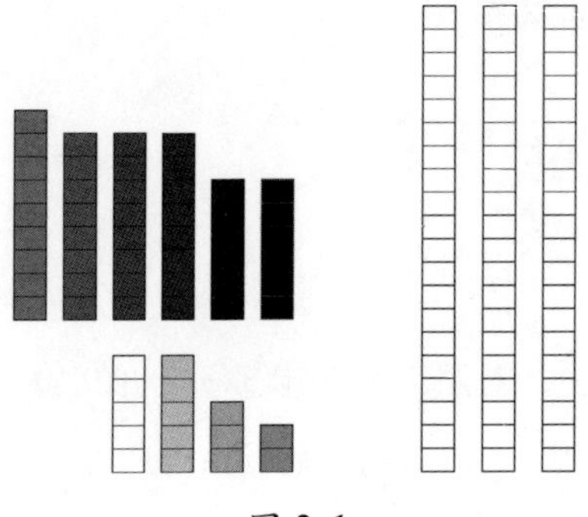

图 3-1

这是幼儿园孩子都能玩的小游戏，摆来摆去、适当调整，孩子们基本上可以摆出来，如图 3-2。

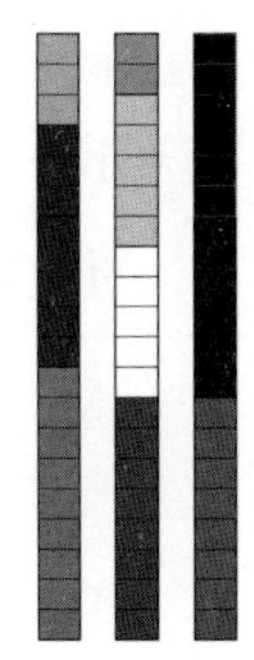
图 3-2

我和小学生玩这个游戏，我希望小学生玩中善思。我激励学生：“先观察一下纸条和木槽，摆一两下就一定能成功。”

我想让学生观察到纸条的长度是：9，8，8，8，6，6，5，5，3，2，其和为 60，一条木槽长度为 20。我更希望学生会奇偶分析，4 个奇数必须 0 个、或 2 个、或 4 个一起放，0 个与 4 个是同类的，故只需研究 2 个和 4 个的情况，而 4 个奇数之和容易看出大于 20，这样就只能放 2 个，有（9，5）（5，3）和（9，3）（5，5）两种情况，前一组摆不成，后一组可以摆成。

我让学生回家自己用纸板做个类似的“道具”，纸条的长度和木槽的长度都可以改变，同桌之间相互玩，然后再扩大相互玩的范围，但必须基于奇偶视角来玩。玩一个游戏，学生们对整数奇偶性的几个结论有了更深刻的认识。

记得当时我还逗学生：“有没有 3 个纸条都没剪开的，或是 3 个纸条都剪成一个一个的？”学生乐啊，说“没那么傻”。其实，“都没剪”和“都剪成一个一个的”就是“极端”，我是在渗透“极端”思想，这两种情况，“对家”不费吹灰之力就能摆出来。

课例 39　猜中第 5 张

数学之玩，不能都玩简单的，时不时地要来一点有难度的。

我拿着一副去掉大小王的扑克牌，任选一学生洗牌，然后随机抽出 5 张扑克牌交给助手（一位中等生），助手看后依次将其中的 4 张牌正面朝上置于桌面上，第 5 张扑克牌正面朝下，我就能准确地说出第 5 张牌的花色和点数。

我每次都能成功地“猜中第 5 张”，学生看得目瞪口呆，觉得不可思议，唯有助手心里明白。因为助手是我的“托”，关键在于助手的配合。玩此游戏，一是培养学生的观察能力，理解抽屉原则、排列组合、对应等知识；二是让助手感受数学的神奇，激发这位中等生学习数学的兴趣。

我和助手是怎么默契配合的？

第一，任何 5 张牌，根据抽屉原则，至少有 2 张同花色，如果这 2 张点数差小于 7，则助手将第 1 张放点数小的；如果这 2 张点数差不小于 7，则助手将第 1 张放点数大的。如

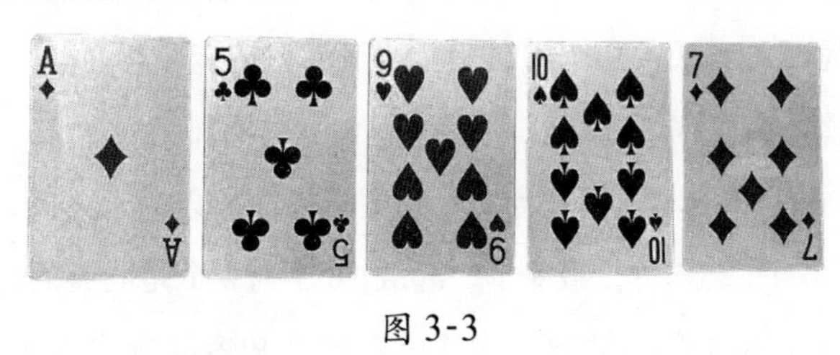

图 3-3

助手第 1 张就放 ；

图 3-4

助手第 1 张就放  。

第二，助手放完第 1 张的花色后，就暗示最后一张也是这个花色，此时我已经知道最后一张花色是什么了。

第三，第 2、3、4 张扑克牌按下列原则排序：不同花色的，按“黑桃 < 红心 < 梅花 < 方块”排序，小的在前，大的在后；同花色的，按“点数”排序，小的在前，大的在后，如图 3-5、图 3-6。

图 3-5

助手第2、3、4张就放 ；

图 3-6

助手第2、3、4张就放 （黑桃Q已经放在第1张了，黑桃3正面朝下放在第5张）。

第四，对应：第2、3、4的排序对应1，设为（x，y，z）→1；规定（x，z，y）→2，（y，x，z）→3，（y，z，x）→4，（z，x，y）→5，（z，y，x）→6。助手根据第1张牌按图3-7顺时针方向到第5张牌的“步数”，给出第2、3、4张的某个对应数。

这等于告诉我从第1张牌的点数按图3-7顺时针方向往前走的“步数”，这样我就能知道点数了。结合前面已经知道花色了，这样我就知道第5张盖着的牌是什么了。

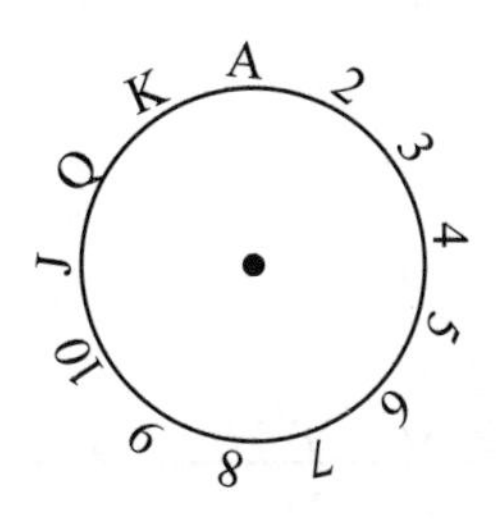

图 3-7

前不久，我和几位新来的数学教师玩此游戏，有教师说：“和任老师玩数学游戏，有时‘细思极恐’。”我赶紧说：“真正‘细思’，何来‘极恐’？

课例40　哪辆车先到达?

一辆汽车 P 从 A 沿半圆弧运动到 B，另一辆汽车 Q 从 A 沿两个等半径半圆弧运动到 B，如图3-8，两汽车运动速度相同，问哪辆汽车先到点 B？

这是一道小学生都会解答的智力题，容易通过计算得出 P、Q 同时到达点 B。绝大多数学生做完此题也就完事了，不善于通过推广与变式把问题深化，失去了一次极好的训练创造性思维的机会。

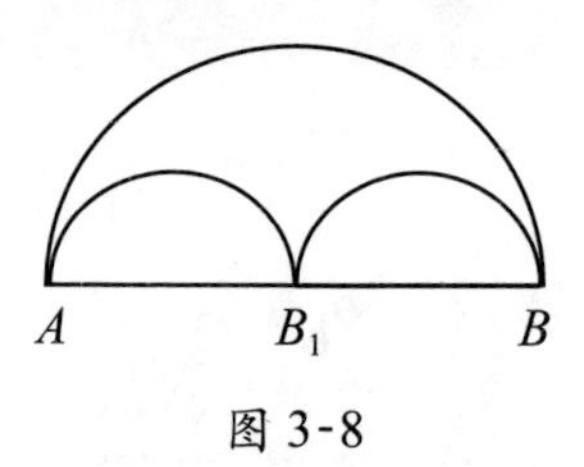

图3-8

我引导学生不断深化。

深化1： 把"两个半圆"改为"n个半径相等的半圆"，情况如何？如图3-9。

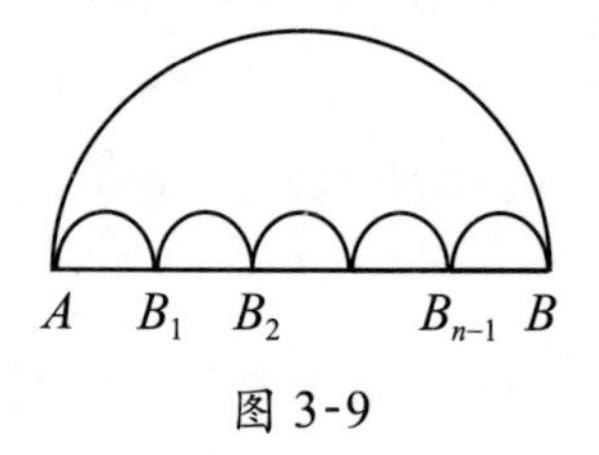

图3-9

小学生可以证明，同时到达。

深化2： "线段 AB 上有 n 个半圆（半径允许不相等）"，情况如何？如图3-10。

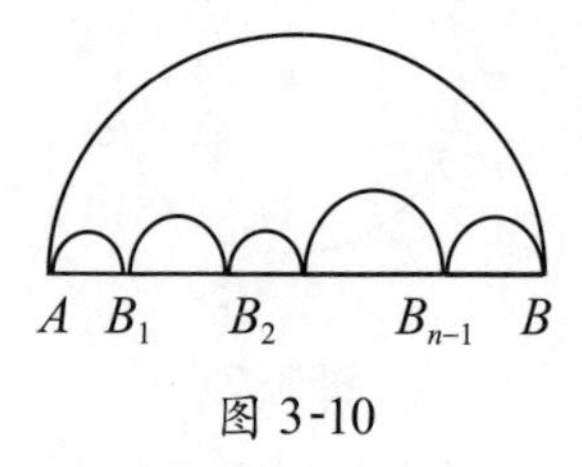

图3-10

小学生仍然可以证明，同时到达。

深化 3：如图 3-11，图中凸多边形均相似，是否有

$AD+DC+CB=AD_1+D_1C_1+C_1B_1+B_1D_2+\cdots+B_{n-1}D_n+D_nC_n+C_nB$?

初中生可以用相似多边形性质，证明结论正确。

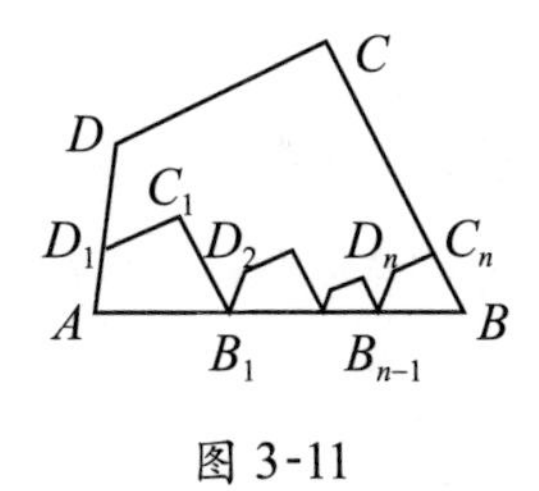

图 3-11

深化 4：如图 3-12，图中各“曲线段”相似，是否有曲线段 AB 的长等于 n 条小曲线段长的和?

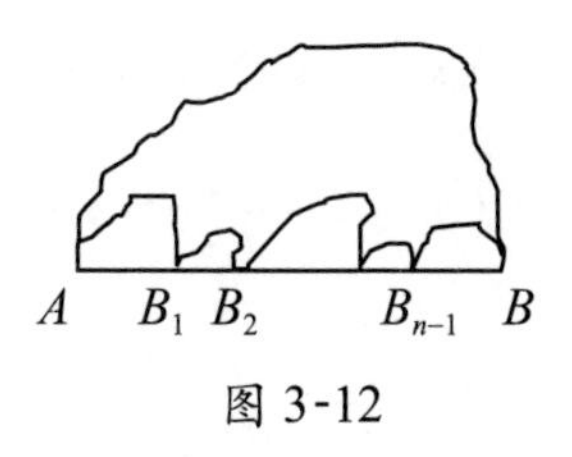

图 3-12

谁能证明?小学生证不了，初中生证不了，高中生也证不了，只有大学生才会证，不过这个大学生要学了重积分之后，才能证明结论正确。

具体的证明方法，就留给读者去探索吧!

课例 41　哪个多?

王老师带一名外地欲转学到初二年级的小林同学来我办公室，王老师说：“这孩子数学不错！”我看着一脸灵气的小林说：“光数学不错还不行啊，要全面发展。”小林点了点头说：“我其他学科也不错。”

其实，我心里蛮喜欢有数学灵气的孩子。我故意说：“那好，我先考考你数学再说。”

我指着桌上的两个墨水瓶说：甲瓶装着红墨水，乙瓶装着蓝墨水，现在从甲瓶取出一滴红墨水滴入乙瓶，拌匀后再从乙瓶取出一滴混合的墨水滴入

甲瓶，当然这两滴墨水是一样大的，这时候甲瓶里的蓝墨水和乙瓶里的红墨水哪个多？

小林在边上做题，我在批文件。不一会儿，小林自言自语：“咦，不会吧，一样多耶，太神奇了！”

我没想到小林算得那么快，伸头看去，见到小林列出的算式：

设甲瓶原有红墨水 a 滴，乙瓶原有蓝墨水 b 滴，那么，从甲瓶取出 1 滴红墨水滴入乙瓶后，甲瓶剩下红墨水（$a-1$）滴，乙瓶就有蓝墨水 b 滴和红墨水 1 滴，共有墨水（$b+1$）滴。

此时，从乙瓶取出 1 滴混合墨水，其中含有

$$\text{红墨水} = \frac{1}{b+1}，\text{蓝墨水} = \frac{b}{b+1}。$$

把这一滴混合墨水滴入甲瓶后，甲瓶里就有

$$\text{红墨水} = (a-1) + \frac{1}{b+1} = a - \frac{b}{b+1}，$$

$$\text{蓝墨水} = a - \left(a - \frac{b}{b+1}\right) = \frac{b}{b+1}。$$

而乙瓶剩下的墨水中，有

$$\text{蓝墨水} = b - \frac{b}{b+1}，$$

$$\text{红墨水} = b - \left(b - \frac{b}{b+1}\right) = \frac{b}{b+1}。$$

可见，这时候甲瓶里的蓝墨水和乙瓶里的红墨水一样多，都是 $\frac{b}{b+1}$。

这道题后来我也给初中生讲过，没想到课后有学生问我：如此操作两次，会出现什么情况？

学生会提出问题了，真好！学生会深化问题了，了不起！

我原以为这个问题是容易解决的，但没有想到计算量真不小。

以下证明第二次操作后甲杯中的蓝墨水与乙杯中的红墨水依然相等。

可得，现在甲杯中红墨水、蓝墨水的浓度分别为

$$\frac{\frac{ab+a-b}{b+1}}{a}=\frac{ab+a-b}{a\,(b+1)},$$

$$\frac{\frac{b}{b+1}}{a}=\frac{b}{a\,(b+1)}。$$

则甲杯中1滴的混合饱和溶液中含有红墨水、蓝墨水分别为$\frac{ab+a-b}{a\,(b+1)}$滴，$\frac{b}{a\,(b+1)}$滴。

此时从甲杯中吸取1滴的混合饱和溶液滴入乙杯中，相当于向乙杯中加入$\frac{ab+a-b}{a\,(b+1)}$滴的红墨水及$\frac{b}{a\,(b+1)}$滴的蓝墨水。

此时乙杯中含有红墨水、蓝墨水分别为

$\frac{b}{b+1}$（第一次操作后余下）+$\frac{ab+a-b}{a\,(b+1)}$（刚刚加入的）=$\frac{2ab+a-b}{a\,(b+1)}$滴，

$\frac{b^2}{b+1}$（第一次操作后余下）+$\frac{b}{a\,(b+1)}$（刚刚加入的）=$\frac{ab^2+b}{a\,(b+1)}$滴。

此时，乙杯中红墨水、蓝墨水的浓度分别为

$$\frac{\frac{2ab+a-b}{a\,(b+1)}}{b+1}=\frac{2ab+a-b}{a\,(b+1)^2},$$

$$\frac{\frac{ab^2+b}{a\,(b+1)}}{b+1}=\frac{ab^2+b}{a\,(b+1)^2}。$$

由浓度可得乙杯中1滴的混合饱和溶液中含有红墨水、蓝墨水分别为$\frac{2ab+a-b}{a\,(b+1)^2}$滴，$\frac{ab^2+b}{a\,(b+1)^2}$滴。

上述$\frac{2ab+a-b}{a\,(b+1)^2}$滴，$\frac{ab^2+b}{a\,(b+1)^2}$滴就是从乙杯中吸取1滴的混合饱和溶液中吸走的红墨水、蓝墨水，同时也是甲杯新加入的。

因此得到经过第二次操作后乙杯中余下的红墨水、蓝墨水分别为

$$\frac{2ab+a-b}{a(b+1)}-\frac{2ab+a-b}{a(b+1)^2}=\frac{2ab^2+ab-b^2}{a(b+1)^2}\text{滴，} \quad ①$$

$$\frac{ab^2+b}{a(b+1)}-\frac{ab^2+b}{a(b+1)^2}=\frac{ab^3+b^2}{a(b+1)^2}\text{滴。}$$

再来看看甲杯的情况：

从甲杯中吸走1滴的混合饱和溶液后，结合上述，甲杯中余下红墨水、蓝墨水分别为

$$\frac{ab+a-b}{b+1}\text{（第一次操作后余下）}-\frac{ab+a-b}{a(b+1)}\text{（刚刚吸走的）}$$

$$=\frac{a^2b+a^2-2ab-a+b}{a(b+1)}\text{滴，}$$

$$\frac{b}{b+1}\text{（第一次操作后余下）}-\frac{b}{a(b+1)}\text{（刚刚吸走的）}=\frac{ab-b}{a(b+1)}\text{滴。}$$

注意：现在又从乙杯中吸取1滴的混合饱和溶液，其中含有红墨水、蓝墨水分别为 $\frac{2ab+a-b}{a(b+1)^2}$ 滴，$\frac{ab^2+b}{a(b+1)^2}$ 滴。

故经过第二次操作后甲杯中含有红墨水、蓝墨水分别为

$$\frac{a^2b+a^2-2ab-a+b}{a(b+1)}+\frac{2ab+a-b}{a(b+1)^2}$$

$$=\frac{a^2b^2+2a^2b+a^2+b^2-2ab^2-ab}{a(b+1)^2}\text{滴，}$$

$$\frac{ab-b}{a(b+1)}+\frac{ab^2+b}{a(b+1)^2}=\frac{2ab^2+ab-b^2}{a(b+1)^2}\text{滴。} \quad ②$$

由上述①②可得经过第二次操作后甲杯中的蓝墨水与乙杯中的红墨水相等，均为 $\frac{2ab^2+ab-b^2}{a(b+1)^2}$ 滴。

是不是有点计算量？我把这个计算过程给学生看后，学生惊叹之后又问：第三次操作呢？第 n 次操作呢？

天哪！我和学生一起探究，最后得出经过第三次操作后甲杯中的蓝墨水

与乙杯中的红墨水相等，均为 $C_3=\dfrac{3a^2b^3+3a^2b^2-3ab^3+a^2b+b^3-ab^2}{a^2(b+1)^3}$ 滴。

我们的结论是：第 n（$n\in N^*$，$n\geqslant 3$）次操作后甲杯中的蓝墨水与乙杯中的红墨水永远相等。

有个小学生说：甲、乙两瓶墨水最后总量都没变，甲瓶中的蓝墨水就是“挤走”红墨水的量，这些红墨水到了乙瓶。所以，甲瓶里的蓝墨水和乙瓶里的红墨水一样多。

花了那么多精力的计算，感觉还不如小学生的“简约证法”，我和初中生都憨笑了起来。我鼓励初中生说：小学生只知道“一样多”，我们至少知道了前三次操作后具体“是多少”。

课例 42　灯挂何处照度最大？

邻居大爷视力不是太好，节约惯了，又舍不得买个功率大点的灯，说是要节能、宜低碳。我看大爷看报挺吃力的，发现大爷家里的灯挂得偏高，想帮大爷把灯放低一些。忽然间我发现这好像是个数学最值问题，不急，等我研究完后再帮大爷挂灯。

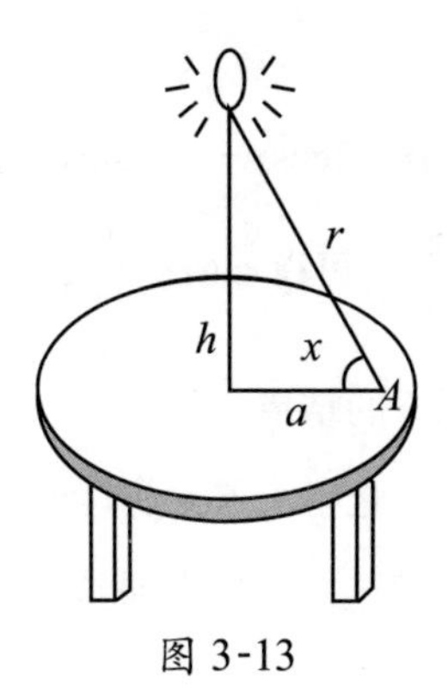

图 3-13

我查阅了物理书籍，翻到光学原理，由光学知识可知（如图 3-13）：点 A 的照度 I 与角 x 的正弦成正比而与点 A 到光源 r 的距离的平方成反比，即 $I=k\cdot\dfrac{\sin x}{r^2}$（$k$ 是一个与灯光强度有关的常数）。

因 $r=\dfrac{a}{\cos x}$，故 $I=k\cdot\dfrac{1}{a^2}\cdot\sin x\cos^2x$。

这样，我就把一个实际问题转化为一个数学问题，即求 I 的最大值。

$$I^2=\frac{k^2}{a^4}\cdot\sin^2x\cdot\cos^4x=\frac{k^2}{2a^4}\cdot 2\sin^2x\cdot\cos^2x\cdot\cos^2x$$

$$\leqslant\frac{k^2}{2a^4}\left(\frac{2\sin^2x+\cos^2x+\cos^2x}{3}\right)^3=\frac{4k^2}{27a^4}$$

∴ 当 $2\sin^2x=\cos^2x$ 即 $\tan x=\dfrac{1}{\sqrt{2}}$ 时，I^2 有最大值。

I 与 I^2 同时取得最大值，

∴ 当 I 取最大值时，$h=a\cdot\tan x=\dfrac{a}{\sqrt{2}}$。

故把电灯挂在离桌面 $\dfrac{a}{\sqrt{2}}$ 的高度时，A 点最亮。

我拿上卷尺，带上计算器，冲到大爷家里，一量桌半径为 50cm，用 50cm 去除以 $\sqrt{2}$，得到 35.3537cm，我立即将电灯放下到大约 35cm 处，打开灯，请大爷再看报，大爷惊奇地说："灯亮多了，不会你偷换了灯泡吧？"

我笑而不答地回到了家，看见桌上的算式，我忽然意识到用导数计算也许会更简单些。

$$I'=\frac{k}{a^2}\left[\cos x\cdot\cos^2x+\sin x\cdot 2\cos x\cdot(-\sin x)\right],$$

令 $I'=0$，由 $x\in\left(0,\ \dfrac{\pi}{2}\right)$ 可得 $\tan x=\dfrac{1}{\sqrt{2}}$，

进一步分析可以得到同样的结果。

那夜，我推窗望去，越发觉得大爷家的灯更亮了。

第二天，我迫不及待地把这个经历在课堂上和学生分享。学生情不自禁地说："做任老师的邻居，真好！"

第二节　玩中创新

玩，可以是益智器具之玩，手指尖上的活动，没有框框限制，没有具体方法，唯有创新探索；玩，可以是数学问题之玩，玩其解法之巧妙，玩其变化之多样，玩其应用之广泛；玩着玩着，玩出了新方法，玩出了新结论，玩出了新境界。

课例 43　四色隔板

我让学生带上红、黄、蓝、紫的多米诺骨牌各两块，共 8 块（如图 3-14）。家里如果没有多米诺骨牌，可以用纸板之类的替代。

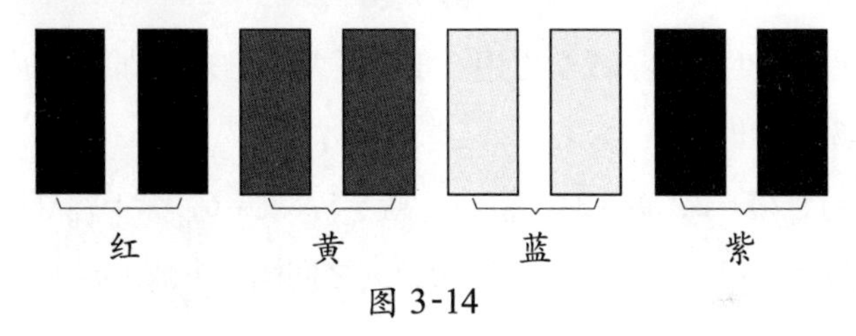

图 3-14

我让学生把这 8 块骨牌排成一行，使得两块红色骨牌之间有 1 个骨牌，使得两块黄色骨牌之间有 2 个骨牌，使得两块蓝色骨牌之间有 3 个骨牌，使得两块紫色骨牌之间有 4 个骨牌。

多数学生拿着木块或纸板摆来摆去，一会儿头都晕了，记不住哪种颜色之间要有几个骨牌。我笑着对学生说："你们数学白学了。"（潜台词是说："为什么不会转化为数学问题来研究？"）

设红 = 1，黄 = 2，蓝 = 3，紫 = 4。

问题转化为：给 11223344 一个排列，使得两个 n 之间隔 n 个数（n=1，2，3，4）。逐步逼近，可以得到 41312432 是一种排列方法。还原成所对应的颜色即可。

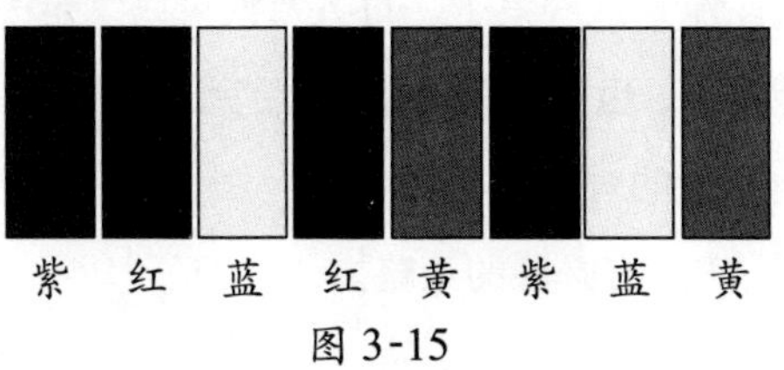

图 3-15

我让学生回家研究“七色隔板”问题：赤、橙、黄、绿、蓝、靛、紫的多米诺骨牌各两块，共 14 块。把这 14 块骨牌排成一行，使得两块赤色骨牌之间有 1 个骨牌，使得两块橙色骨牌之间有 2 个骨牌，使得两块黄色骨牌之间有 3 个骨牌，使得两块绿色骨牌之间有 4 个骨牌，使得两块蓝色骨牌之间有 5 个骨牌，使得两块靛色骨牌之间有 6 个骨牌，使得两块紫色骨牌之间有 7 个骨牌。

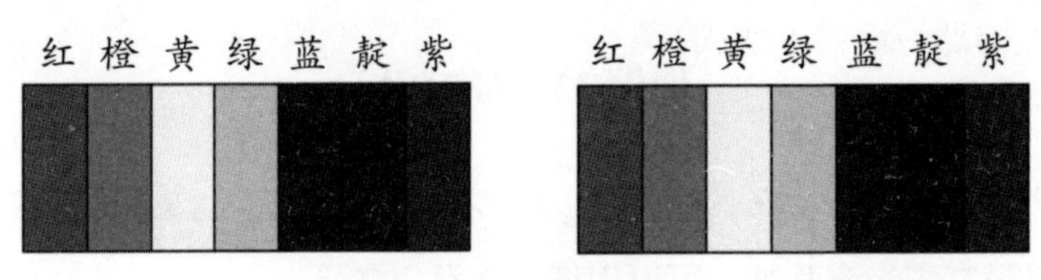

图 3-16

由于课上学生悟出了数学之用，学会了基本推理，训练了逼近思想，大多数学生都能给出解答。

设赤 =1，橙 =2，黄 =3，绿 =4，蓝 =5，靛 =6，紫 =7。问题转化为：给 11223344556677 一个排列，使得两个 n 之间隔 n 个数（n=1，2，3，4，5，6，7）。

74151643752362 是一种排列方法。还原成所对应的颜色即可。

有位数学家曾经和儿子一起玩这个游戏，萌发数学家探究这个问题的一般情况。数学家经过一段时间的研究，得出：当 $n=4k$ 或 $n=4k-1$ 时，问题有解，其中 k 为自然数。

课例 44　三堆棋子

一堆棋子可以玩，如巴什博弈、由上转下等；两堆棋子可以玩，如甲乙对弈、五子棋等；其实三堆棋子更好玩：给出三堆棋子放在桌上，其中有一堆只有 1 枚，第二堆有 $2n$ 枚，第三堆有 $2n+1$ 枚。

由 A，B 两人轮流拿这些棋子。每人每次可以拿走一堆棋子或一堆棋子中的几枚，但不能不拿，也不许跨堆拿。约定谁拿到最后一枚棋子就算谁胜。请问，后手是否有必胜的对策？

这一游戏后手（B）有必胜的策略。

为方便起见，我们记桌上三堆棋子的形势为（1，$2n$，$2n+1$）。

首先，当A拿完之后，B一定有办法把它拿成（p，p）或（1，$2n'$，$2n'+1$）的形式。也就是说，B一定有办法要么拿成两堆相等的形势（p，p），要么拿成与原先类同的形势（1，$2n'$，$2n'+1$）。当然，后者的n'要比n小。

事实上，若A拿掉单枚的一堆，则B可拿掉（$2n+1$）枚那一堆中的一枚，从而拿成（p，p）的形式；若A拿掉（$2n+1$）枚那一堆中的一枚，则B可拿掉单枚的那一堆，也变成（p，p）的形式；而若A从$2n$或（$2n+1$）中拿掉若干枚，那么B一定可以接着拿成其中奇数比偶数多一枚的形式，即拿成（1，$2n'$，$2n'+1$）的形式。

对于（p，p）的形势，B可以跟着A对称地拿，从而确保拿到最后一枚。

对于（1，$2n$，$2n+1$）的形势，B可以拿成枚数更少的类似形式，直至拿成（1，2，3）。接下去只有以下几种可能，B总能拿到最后一枚，从而获胜：

A拿成（0，2，3），B拿成（0，2，2）胜；

A拿成（1，1，3），B拿成（1，1，0）胜；

A拿成（1，0，3），B拿成（1，0，1）胜；

A拿成（1，2，2），B拿成（0，2，2）胜；

A拿成（1，2，1），B拿成（1，0，1）胜；

A拿成（1，2，0），B拿成（1，1，0）胜。

拓展：这一游戏如果约定拿到最后一枚棋子的人输，后拿的照样必胜，其策略无须做太大的更改。

事实上，对于（p，p）形势，B同样可以跟着A对称地拿，只是到最后需要稍做改动，即当：

A拿成（0，p），B拿成（0，1）；

A拿成（1，p），B拿成（1，0）。

对于（1，$2n$，$2n+1$）的形势，B同样可以拿成枚数更少的类似形势，直至拿成（1，2，3）。接下去也只须稍做改动，即当：

A拿成（0，2，3），B拿成（0，2，2）胜；

A拿成（1，1，3），B拿成（1，1，1）胜；

A 拿成（1，0，3），B 拿成（1，0，0）胜；

A 拿成（1，2，2），B 拿成（0，2，2）胜；

A 拿成（1，2，1），B 拿成（1，1，1）胜；

A 拿成（1，2，0），B 拿成（1，0，0）胜。

总之，无论哪种形式，B 一定有办法把最后一枚留给 A，以确保自己的胜利。

课例 45　十个空瓶

一日赴宴，我见桌上摆着不少酒瓶，“触景生情”，面对桌上自然的情境，我说了一道我儿时曾经玩过的智力游戏题：今有 10 个空酒瓶，每 3 个空酒瓶能换 1 瓶酒，你想多喝酒，最多能喝几瓶酒？

教语文的蒋老师上小学的孩子抢先答道：“最多能喝 3 瓶。”蒋老师很认真地指正孩子：“不对，应该是 4 瓶！换回的 3 瓶酒喝完后还可以再换回 1 瓶！”这 1 瓶喝完后，还剩 2 个空瓶，不能再换了，同桌的老师们也都默许最后能喝 4 瓶的结论。

我正想启发同桌，稍迟到来的教政治的林老师不让我启发，他听明白了问题后，想了一会儿，忽然叫了起来：“有了！可以借酒喝！”边说边顺手拿了邻桌的 1 瓶啤酒，还故作喝酒状，说：“借的这瓶酒喝完，共喝了 5 瓶酒。此时，共有 3 个空瓶，再换 1 瓶酒，还给人家。”说着又顺手把刚才从邻桌“借”来的啤酒给“还”了。

全桌人听得清清楚楚、明明白白，很自然地鼓起掌来，说等会儿要“奖励”他多喝 1 瓶酒，活跃了整个婚宴的气氛，也引起邻桌的好奇。

“借”了，喝了，凑 3，再换，再还，是这道智力题的价值所在。

在一次全省数学教师课程改革培训活动中，为了讲透引导学生“揭示数学问题的本质”时，我给出了前面提到过的“空瓶问题”，教师们很快就给出了能喝 5 瓶的方法和结论。我顺势追问了一句：“有 99 个空瓶呢？”会场一下静了下来，受训教师们纷纷埋头计算：33，11，3，1，1，相加得出：能喝 49 瓶酒。

我佯装高兴，又追问了一句："有 9999 个空瓶呢？"会场又安静下来了。过了几分钟，我小声地道了一句"完了"。教师们以为我问"完了"，答"还没有"。我心里想，教师如果也不会抓住问题的本质，岂不"完了"，很难相信他们能引导学生"揭示本质"。

这个问题的本质是：每 2 个空瓶就能喝到 1 瓶酒。

我们可以按每2瓶"凑对"，容易把9999凑成 $10000\div2-1=5000-1=4999$ 对，当然还多了 1 个空瓶。按"每 2 个空瓶就能喝到 1 瓶酒"的解题思路，故能喝 4999 瓶酒。

事实上，若有 n 个空瓶，则能喝 $\left[\dfrac{n}{2}\right]$ 瓶酒。其中符号 $[x]$ 为 x 的整数部分。

教师们听我"揭示"后，恍然大悟，深感"揭示数学问题本质"的重要性。

有趣的是，当年高考全国政治科试卷竟然出了类似的问题：

2006 年高考全国卷文综试题第 24~25 题：

有一道趣味智力题：某商店出售汽水，每瓶 1 元，每两个空汽水瓶可以换得 1 瓶汽水，但不可兑换现金。使用 10 元现金，通过购买、换领、借入汽水并归还等方式，最多可享用 20 瓶汽水。回答 24 ～ 25 题。

24. 在获取这 20 瓶汽水的过程中，出现的经济现象包括（　　）。

①商品流通 ②易货交易 ③货币支付 ④货币借贷 ⑤非现金结算

A. ①②③　　B. ①③⑤　　C. ①②④　　D. ②③⑤

25. 在这道趣味智力题中，能否得到正确答案，主要取决于（　　）。

①逻辑思维的严密性　　②形象思维的随机性

③理性认识的创造性　　④感性认识的可靠性

A. ①②　　B. ①③　　C. ②③　　D. ②④

（正确答案：24.A；25.B。）

那天婚宴上教政治的林老师，恰好带这届学生参加高考，一见此题，惊呼："校长出过这道题！"

其实，类似的题在公务员考试中时有出现。"凑足 10 个空瓶子才可以换 3 瓶水，70 个空瓶子，最多可以喝几瓶水？"

有人很快回答：21 瓶。肯定不对！有人算了许久，得出 27 瓶，结果也是错的。问题在于喝了 27 瓶后，还剩下 7 个空瓶子怎么办？“没有看透问题的本质”自然不会去“借”，其实可以“借”3 瓶喝掉，这样就共喝了 30 瓶水，还有 10（7+3=10）个空瓶子，换回 3 瓶水还回去。

我曾经把这个问题在讲座时给学生做，结果学生上当者有之，计算烦琐还算错者有之，真正“悟道”者几乎没有。真正“悟道”，应该这样做：把 70 分成 10 个 7，每 7 个空瓶子可以喝到 3 瓶水（前面已经分析），$10\times3=30$，最多可以喝到 30 瓶水。“悟道”了，问题就简单了。

课例 46　“放倒”师生的几何题

我在龙岩一中教书时，常爱出“题外题”。教师布置作业，与所授课题有密切联系的习题，若称之为“题内题”的话，那么，与授课内容似是而非，似非而是，或完全无关的一些非正统题，则可称之为“题外题”。

某日正准备出差福州，邻居张老师命好一份初二数学试卷，请我过目一下，我发现有一道题题目太难，证明过程太长，不宜作为试题，建议换一题。

张老师就说：“任老师帮出一题。”我借故要出差了，一再推辞。张老师仍不依不饶要我出题。我推脱不了，就在去火车站的路上出好了题，托司机带回交给张老师。

是这样的一道题：如图 3-17，$\triangle ABC$ 中，$AB=AC$，不画辅助线，证明：$\angle B=\angle C$。

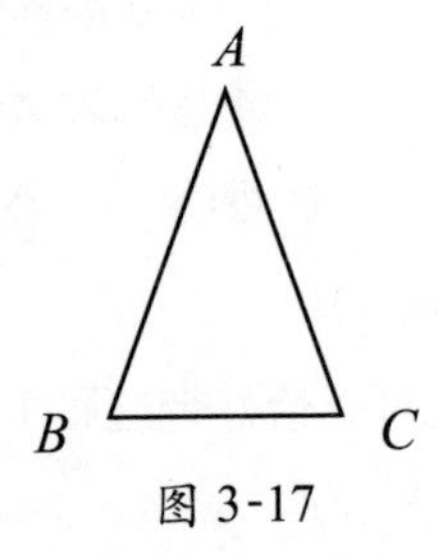

图 3-17

那时没有传呼机，没有手机，我也不知此题学生考得怎样，张老师也不知我在福州哪个地方办事，无法和我联系。

我出差回来，教初二数学的赖老师见到我，立即把我拉到一边，说："任老师，不好啦，出大事啦，你出的那题，全年段没有一个学生做出来，所有老师也没能用学生现有的知识证明此题。"

我心想，不至于吧。赖老师补充说："老师们可以用正弦定理，或余弦定理进行证明，但这些知识初二学生还没学！"

边走边说，快到我家了。赖老师说了句"你心里做好准备就是"，便走了。

张老师见我回来，一脸尴尬无辜之相，说我也不是，不说我也不是。

因我"心里有数"，便主动对张老师说："真对不起，我真没想到会是这样一个结果。我到年段去，请数学老师都来，我'检讨'，我请客。"

我在黑板上，不写"证明"，写"检讨"如下：

在$\triangle ABC$和$\triangle ACB$中，

$\because AB=AC$，$AC=AB$，$BC=CB$，

$\therefore \triangle ABC \cong \triangle ACB$。

$\therefore \angle B = \angle C$。

所有的数学老师惊愕，几位交作业到年段的数学科代表也惊愕：没画辅助线，没有超纲！我们为什么没有"看到"两个三角形呢？

是啊，初二年级的所有数学老师和学生竟没有一个人"看到"两个三角形，"思维定式"让大家尝到"失败"的苦头。这题给全体初二师生"上了一课"！

一时间，这事在学校及龙岩数学教育界传为"佳话"，一时间，各年级数学命题都希望我"出一题"。

课例 47　五张纸片

中考前夕，某校请我去做讲座，希望我讲一讲中考可能出现的题型。通常是可以研究一下这些年的中考命题情况，分析出一些方法来，但我还是多讲如何培养学生的素养，学生的数学素养上去了，就能"潇洒赴试"。素养没上去，随便出一题，就能把学生"撂倒"。下面这道题，就可以"撂倒"学生。

给出 5 张大小相同的正方形纸片，摆成图 3-18。

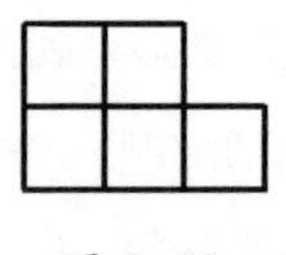

图 3-18

现在只移动其中一张纸片，使 5 张纸片组成轴对称图形，要求每张纸片至少有 2 个点与其余纸片相连，但纸片彼此不覆盖。最多能有___种不同的移法？

一道填空题，考“对称轴”这个知识点，初中老师让学生做做看，做 8 分钟吧，统计一下正确率。

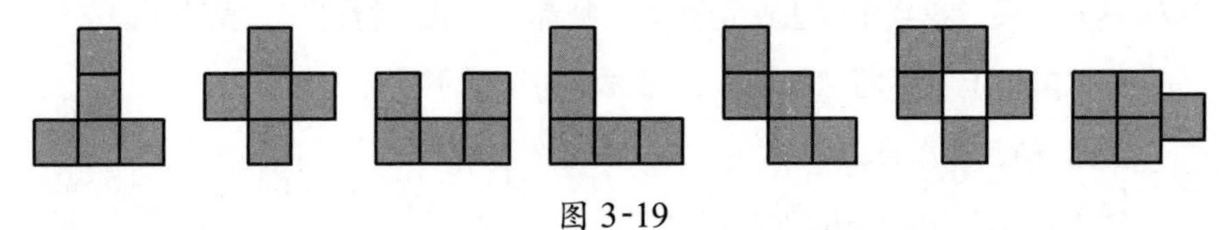

图 3-19

如图 3-19，最多有 7 种不同的移法。

课例 48　思路不要跟狗跑

我国著名数学家苏步青在访问德国时一位数学家给他出了一道题：

甲、乙两人同时从相距 100 千米的两地出发相向而行。甲每小时走 6 千米，乙每小时走 4 千米。甲带了一条狗，狗每小时跑 10 千米。狗与甲同时出发，碰到乙的时候立即掉转头往甲这边跑，碰到甲后，又掉转头往乙那边跑，这样往返来回跑，直到甲、乙两人相遇为止。问这只狗一共跑了多少千米的路？

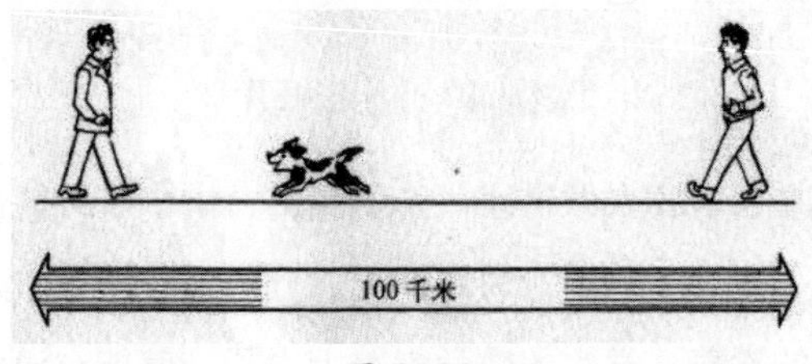

图 3-20

苏步青略加思索，很快地就解出了这道题。你知道他是怎么想的吗？

这道题最让人迷惑不解的是那只狗。

我们完全有能力计算第一次狗与乙相遇的时间，进一步算出此时狗跑了多远；接下来再计算狗与甲的距离，类似地再计算出狗第一次掉转头往甲这边跑与甲相遇的时间，进一步算出狗跑了多远……这样算下去计算繁杂，越往后面算就越繁杂，而且感到“没有尽头”。

我们的思路跟着狗跑，我们上当啦！

当狗在做变向跑动的同时，人在相向而行。甲、乙两人之间的距离（100千米），他们的速度（甲每小时走6千米，乙每小时走4千米）都是已知的，他们相遇的时间就是一个不变的量。我们可以抓住这个不变量，去求狗跑的路程。而不是把解题思路跟着狗的跑动去想。

原来苏步青教授是这样想的：

已经知道狗每小时跑10千米，只要知道狗一共跑了多少时间，就可以求出狗跑了多少路。狗与甲同时出发，同时停止，甲走的时间就是狗跑的时间。甲、乙两人从出发到相遇，共需要

$$100\div(6+4)=10\text{（小时）},$$

所以狗跑的路程是$10\times10=100$（千米）。

真是妙不可言！其巧妙之处就在于，狗跑的时间是借助于甲、乙两人相向而行的间接条件给出的。苏步青教授就是抓住了这个不变量，很快地发现：狗跑的距离正好是甲、乙相距的距离，即100千米。

这种巧妙的思路，可以使我们大开眼界，去思索更多的问题。

请听题：小华倒满一杯牛奶，他先喝了一杯牛奶的$\frac{1}{6}$，然后加满了水，又喝了这杯牛奶的$\frac{1}{3}$，再倒满水后又喝了半杯，又加满了水，最后把一杯都喝了。请问小华喝的牛奶多还是水多？

我们如果用通常的算法，思路围着“牛奶”转，算出每次喝了多少牛奶，多少水，这样问题就复杂了。我们认真分析一下，可以发现：小华“最后把一杯都喝了”这句话就等于告诉你“小华喝了一杯牛奶”。“小华喝了一杯牛奶”是一个不变的量，不管小华如何倒水，到最后，还是把一杯牛奶喝完了。于是，我们只要计算小华喝了多少水就可以了。

小华共倒了三次水，第一次倒了$\frac{1}{6}$杯水，第二次倒了$\frac{1}{3}$杯水，第三次

倒了$\frac{1}{2}$杯水，总共倒了$\frac{1}{6}+\frac{1}{3}+\frac{1}{2}=1$（杯）。

原来，小华喝了一杯牛奶、一杯水，小华喝的牛奶与喝的水一样多。

变量常常“变幻莫测”，一旦抓住了不变量，以不变应万变，问题往往迎刃而解。

第三节　玩中读史

我们玩着的数学游戏或益智游戏，其中有不少数学家小时候也玩过。我们去研究一下数学名人，就会发现：古往今来，多少名流、智者都酷爱智力趣题和游戏（包括下棋和玩扑克等）。我手头有本《名人·趣题·妙解》的书，就汇聚了名人（多为数学家）“玩”趣题的故事。我们玩着趣题，往往能读到一段历史。

课例49　爬行正方形

原题是：把如图3-21①所示的直角梯形切成八块，并着上颜色，用这八块拼成一个正方形。

为了增加难度，我把切成的8块打乱，让学生先拼成一个直角梯形，再拼成一个正方形。

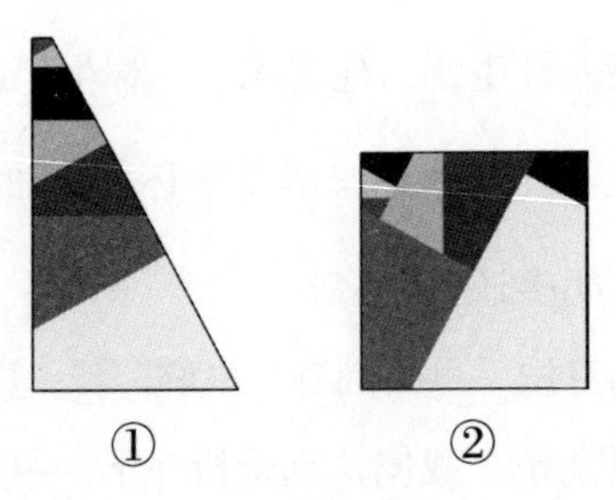

图3-21

玩这个游戏并不难，图3-21②就是解答。但这个游戏是有故事的：这个正方形名叫亨利·珀里加尔的爬行正方形。亨利·珀里加尔是谁？查一下：亨利·珀里加尔（1801—1898），是一位英国业余数学家，伦敦数学协会 1868 年到 1897 年的会员，因他对毕达哥拉斯定理（即“勾股定理”）进行的基于剖分的证明而闻名于世。在他的《几何剖分与移项》一书里，珀里加尔通过对两个较小正方形进行剖分，使之变成一个较大的正方形，从而证明了毕达哥拉斯定理。

他发现的五块式剖分可以通过重叠一块方砖的方式，用两个较小正方形组成的毕达哥拉斯瓷砖铺成一个较大的正方形。

珀里加尔在同一本书里也表达了这样的希望，即基于剖分的思想同样能够解决化圆为方这个古老的问题。然而，在 1882 年，林德曼－魏尔斯特拉斯定理已经证明，这个问题是不可能解决的。数学家的猜想被证明是错误的，这本身就是一次数学的进步。

课例 50　巧叠正方形

我给出全等的正方形纸片 8 张，将这 8 张全等的正方形纸片叠置成一个大的正方形，一个放在另一个的上边，数字“8”的正方形是最后一个放上去的（如图 3-22）。请开动脑筋，确定其他 7 个正方形的安放顺序。

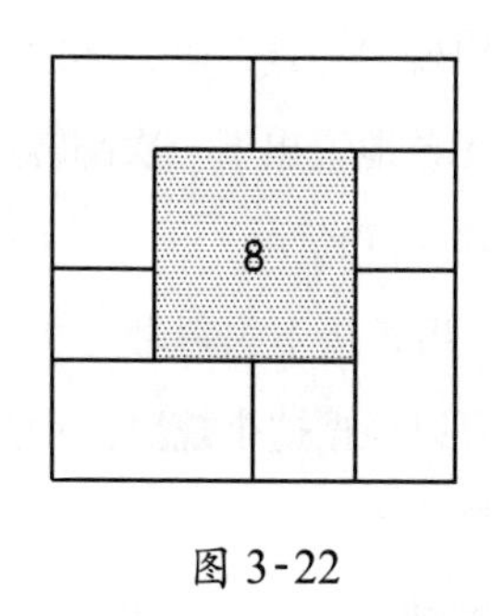

图 3-22

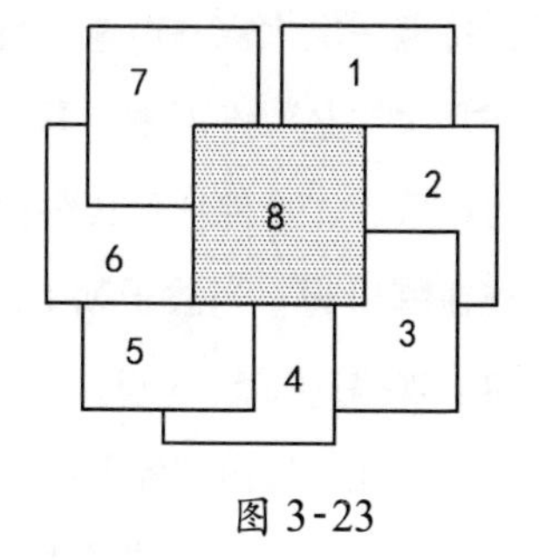

图 3-23

这道趣题，也是有故事的。

一天，柯南道尔的挚友造访，闲聊之后，柯南道尔向朋友提出上面这个问题，那位朋友思虑良久仍不得法。柯南道尔信手抄起笔在纸上画出下图（顺序如图 3-23 所示，为了让人们看得更清楚，我们有意把重叠的纸片拉开），那位朋友连连点头称道。

柯南道尔是英国作家，所著侦探小说《福尔摩斯探案集》以错综复杂的情节和曲折离奇的侦探方法著称，还写有历史小说和剧本数种。

《福尔摩斯探案》中对案情分析处处用到逻辑推理，这和柯南道尔非常喜欢这类数学问题有关，否则在他笔下怎么会出现一个栩栩如生的福尔摩斯？

课例51 骰子转向

我在给学生讲数学“周期现象”前，和学生玩下面这个游戏。

我自己制作了一个大大的骰子，我背对全班学生，让学生代表随机掷骰子或随手把骰子放于桌上，面朝上的点数如果是奇数就往前翻一次，面朝上的点数如果是偶数就往右侧翻一次，持续进行，第一次面朝上出现点数“1”时，就让学生报“幺”，之后每翻一次就报“翻”“翻”……不翻时，就报“停”。这时，我就可以准确地报出骰子朝上的点数。

全班学生十分惊奇，要我揭秘。我揭秘之后，再讲数学“周期现象”，学生有了直观、形象、生动的案例，理解起来就容易了，学起来也就兴趣盎然了。

当年我玩的这个游戏，其实是美国著名科学家马丁·加德纳在他七十岁的生日宴会上，表演的骰子魔术：马丁先生背朝桌子，让宾客按游戏规则翻动骰子，每翻一次大家齐声喊“翻”，当骰子出现“一点”时，必须齐声喊“幺”。几次“幺”声下来，马丁先生便丝毫无差地说出下一次翻转后骰子面朝上的点数。“真神！”宾客们个个投出惊异的目光。

奥秘在哪里呢？当骰子朝上一面出现“1”后，接下去每翻一次出现的点数有如下规律：4，5，6，3，2，1……我们就可以根据这个规律，听清“幺”之后“翻”了几次报出“停”时骰子朝上的点数。

玩一个游戏，认识了“马丁”。马丁·加德纳（1914—2010），是美国数学家，也是著名的数学科普作家，《科学美国人》杂志的编辑，他以撰写趣味数学文章而闻名于世，有“数学园丁”“数学传教士”美称。《科学美国人》杂志的数学游戏专栏二十余年的连载文章，使它成为“数学神庙的守护神”。马丁多才多艺，除了数学，他在哲学、文艺等诸多领域均有建树，著有《数学游戏》《啊哈！灵机一动》《从惊讶到思考——数学悖论奇景》《矩阵博士的魔法数》等50余部著作。

课例 52　长方入正方

我用纸板制作出 4 组配套的材料：图 3-24 左是带格子的正方形图纸，图 3-24 右是标上数字的不同的长方形。

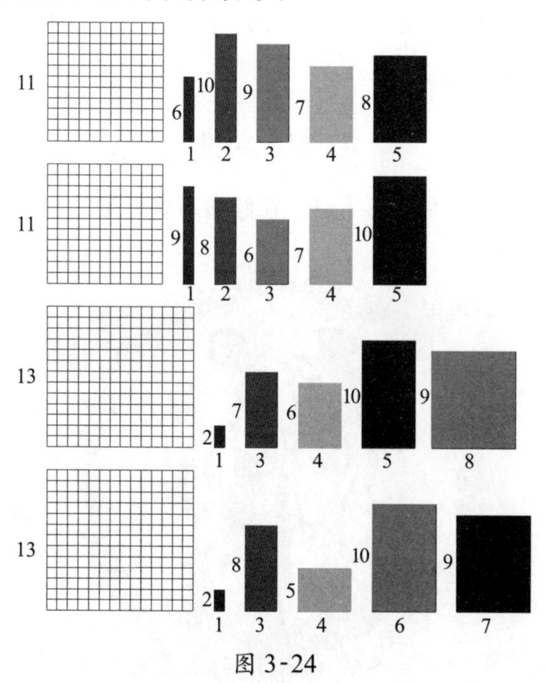

图 3-24

我和学生探讨，能否分别把图 3-24 右 5 组不同的长方形不重叠地放入图左的正方形图形中。

师生共同努力，我们都摆放成功了（如图 3-25）。

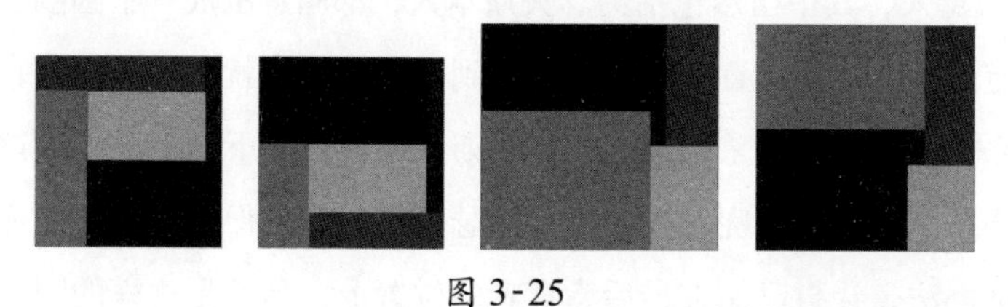

图 3-25

这时，我对学生说，今天我们在玩着这个游戏，玩得很开心，是吗？其实，早年数学家已经对这个问题进行了探索：有数学家提出，把 1 到 10 这 10 个连续整数分成 5 组，每组的两个数作为一个长方形的长和宽，有几种分组的方法，能使所得 5 个长方形组成一个正方形？

我们玩出的 4 组，就是当年数学家积极寻找的并证明了有且只有的这 4 组。

这就是数学家的精神，随时可以提出一个值得探究的问题，并持之以恒地探索下去，直至得到结果。玩一个游戏，懂一段历史，感悟一种研究精神，学习一种探索方法。何乐不为？

课例 53　求生

我上课前事先做了个圆形木盘，在圆形凹槽里放上 41 枚带有编号的圆形棋子（如图 3-26）。

图 3-26

我对学生说，这是约瑟夫斯所提出的这个谜题。守城失败，最后剩下 41 名吉拉德人，其中当然包括约瑟夫斯本人，都同意围成一个圆圈。之后，他们决定从某个特定位置开始数数，数到的第三个人就会被杀掉，直到剩下最后一个人，他会以自杀结束。约瑟夫斯成为最后剩下的一个人，这是纯粹的运气还是上天的眷顾呢？或者说，约瑟夫斯是为了保住自己的性命，才想出这样的办法，让自己站在最后幸存者的位置上，是不是这样的呢？有关这个问题最早的记录可以从安布罗斯的《米兰之书》（约 370 年）里看到。

在由 41 人围成的圆圈里，从某个固定位置数起，每数到第三个人，这个人就会被杀掉。你认为约瑟夫斯应该站在圆圈的哪个位置才能生存下来呢？假设约瑟夫斯还想拯救他朋友的生命，那他又该让自己的朋友站在哪个位置呢?

我让学生按要求操作，结果很快就明晰了。

约瑟夫斯和他的同伴只有站在第 31 和 16 的位置上，才能逃过一劫。

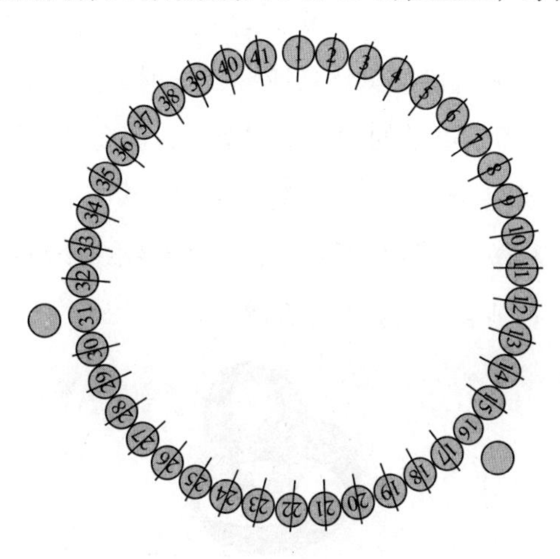

图 3-27

这道题也叫“约瑟夫斯谜题”。约瑟夫斯是谁？我们查一下：约瑟夫斯（37—100），在当时罗马帝国管辖犹太省的耶路撒冷出生，是 1 世纪时的犹太历史学家，代表作有《犹太古史》和《犹太战争》。

世界各地都有约瑟夫斯谜题的不同变种。很多著名数学家，其中包括欧拉等著名数学家都研究过这个问题，但是解答这个问题的数学公式却始终都没有被找到。一般性的解答仍然只能通过试错的方法来得到。这个谜题可以说是系统顺序排列组合研究的一个简约模型 —— 今天这个分支被称为系统分析。

课例 54　莫比乌斯带

这是我经常和人玩的一个游戏，和小学生玩过，和中学生玩过，和大学生也玩过，还和成人朋友们玩过，大家都觉得怎么剪着剪着，就剪出他们从来都没有见过的纸带。

大家一起玩一玩：找一些纸带，准备胶水一瓶和剪刀一把。

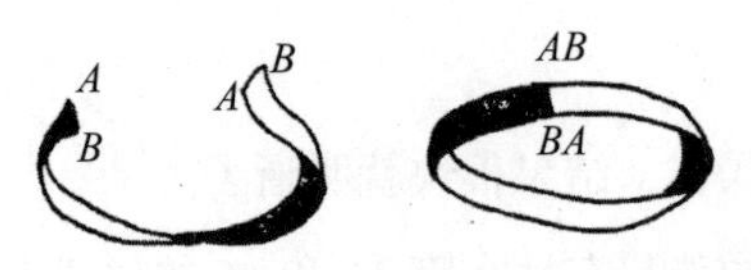

图 3-28

1. 做一个图 3-28 左侧的莫比乌斯带——就是把纸条转个 180°，再用胶水粘起来。用剪刀沿纸带的中央把它剪开，你会发现什么？ 2. 再做一个图 3-28 右侧的莫比乌斯带，从莫比乌斯带的边缘三分之一的地方剪，你想会得到什么呢？ 3. 做一个下面是圈环，上面粘贴一个莫比乌斯带，你沿着图 3-29 中的线，剪剪看，又会有什么情况？

图 3-29

剪完后，你看：1. 可能你担心这么一剪，纸带会被剪成两半。不过，试一试你就会惊奇地发现，如图 3-30，纸带不仅没有一分为二，反而剪出一个两倍长的纸圈。

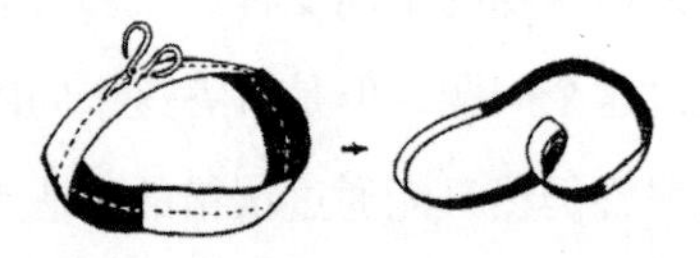

图 3-30

2. 得到一个三倍长的圈？还是两个对称的圈？事实上，我们得到的是如图 3-31，一大一小两个套起来的纸圈。

图 3-31

3. 剪成一个正方形，我们没有剪直角的过程，怎么竟然剪出一个正方形。怎么会这样？我们的兴趣再次被点燃。

莫比乌斯是谁？我们搜索一下：1858年，德国数学家莫比乌斯（Mobius，1790—1868）和约翰·李斯丁发现：把一根纸条扭转180°后，两头再粘接起来做成的纸带圈，具有魔术般的性质。普通纸带具有两个面（即双侧曲面），一个正面，一个反面，两个面可以涂成不同的颜色；而这样的纸带只有一个面（即单侧曲面），一只小虫可以爬遍整个曲面而不必跨过它的边缘。这种纸带被称为“莫比乌斯带”（也就是说，它的曲面从两个减少到只有一个）。

莫比乌斯带是一种拓扑图形，它们在图形被弯曲、拉大、缩小或任意的变形下保持不变，只要在变形过程中不使原来不同的点重合为同一个点，又不产生新点。换句话说，这种变换的条件是：在原来图形的点与变换了图形的点之间存在着一一对应的关系，并且邻近的点还是邻近的点。这样的变换叫作拓扑变换。拓扑有一个形象说法——橡皮几何学。因为如果图形都是用橡皮做成的，就能把许多图形进行拓扑变换。例如，一个橡皮圈能变形成一个圆圈或一个方圈，但是一个橡皮圈不能由拓扑变换成为一个阿拉伯数字8，因为不把圈上的两个点重合在一起，圈就不会变成8，“莫比乌斯带”正好满足了上述要求。

第四章

玩转数学——玩出情智

感受好玩

学生一见到“玩”的数学游戏或益智器具，都会开心地马上拿起来玩，为什么？因为玩数学游戏和益智器具充满乐趣。兴趣可以产生强大的内驱力，可以充分发挥学生们的聪明才智。兴趣不是天生的，也是可以“玩出来”的。

要玩转数学，有时是很磨炼人的。磨炼什么？磨炼你的意志，磨炼你的耐心，磨炼你的探索精神。数学之“玩”，不是那么容易就能玩成功的，一些学生玩了许久还是没玩成功，气得真想把“玩”的器具扔掉。但你坚持下去，全力以赴，知难而进，灵机一动，啊哈，成功了！

智力因素一般指注意力、观察力、记忆力、想象力、思维力，玩转数学，就是培养这些能力的极好方法。数学之“玩”的本质是一种独特的智力活动，是一项使人聪明的活动。数学之“玩”，并不全是对游戏的简单玩耍，也不完全是对问题的直接回答，而是要经过一系列复杂的智力活动去完成游戏。

所以，玩转数学也好，玩转益智器具也罢，都能激活大脑，克服思维定式，对智力发展大有裨益。

数学之“玩”，尤其是玩数学益智器具，学生往往会感受到器具做得很精致、很美，还会感受到玩的过程和玩的结果也是“美美”的。玩数学益智器具，以其丰美的形式“娱人”，以其完美的内容“感人”，以其无穷无尽的巧趣“化人”，它是具有个性的美的智力活动。

数学之美，美在对称、和谐；数学之美，美在简单、明快；数学之美，美在雅致、统一；数学之美，美在奇异、突变。

第一节　玩能育情

被我教过的学生，大多会说：“任老师上课真有趣！”其实严格地说应该是我的“每课一趣”，再严格一点说是“每课至少一趣”。这“趣”，就是探索趣味数学问题，或是玩趣味数学游戏。学生觉得数学很有趣，进而对数学产生情感，自觉探究数学问题，我和我的学生就都在这数学之玩与数学之探中灵性生长了。

课例 55　五个箭头

什么叫思维定式？教师可以讲心理学对“思维定式”的定义，也可以讲司马懿中了诸葛亮的“空城计”。但我觉得，还是让学生通过自己动手来体验，也许印象最深刻。

上课时，我让学生拿出事先做好的 4 个箭头卡片（如图 4-1），问学生：你们能用这 4 个箭头组成 5 个箭头吗？

图 4-1

“任老师让我们做箭头，就是让我们玩这个？”学生这时才明白我让他们做箭头的原因。我接着说：“20秒摆成的，优秀；40秒摆成的，良好；1分钟摆成的，及格。”1分钟到了，那天还真的没有学生能摆出来。

我说：“‘思维定式’了吧？4个箭头，按你们那样摆放，怎么能出现5个箭头呢？一定要突破思维定式，创新想象。”

我把摆好的图形投影出来（如图4-2），大声说：“看到5个箭头了吗？”

图4-2

全班学生笑翻了天！学生课后看到我时，眼神里都带着光。

这个小游戏，让不少学生到了30年后的今天，见到我时仍能提起。能让学生长期记住的东西未必是“大道理”，常常是教师教学中的某些“小插曲”。

那节课后，我让学生把箭头收好，带回家去“放倒家长或其他小伙伴”。

课例56　黑白球

“学生的大脑不是知识的容器，而是待点燃的火把。”我的观点是，学生的大脑被点燃了，学什么东西还学不会？

有了这种观点后，只要和学生在一起，我就时不时地和学生“玩思维”，也就是玩没有具体知识点的各种各样的智力题。比如，下面这道经典的“黑白球”逻辑题。

有三个外形完全相同的盒子，每个盒子里都放有两个球。其中的一个盒子里是两个白球，一个盒子里是两个黑球，一个盒子里是一个白球和一个黑球。盒子外面都贴有一张标签，标明“白白”“黑黑”“白黑”（如图4-3）。但由于一时疏忽，每个盒子的标签都贴错了。

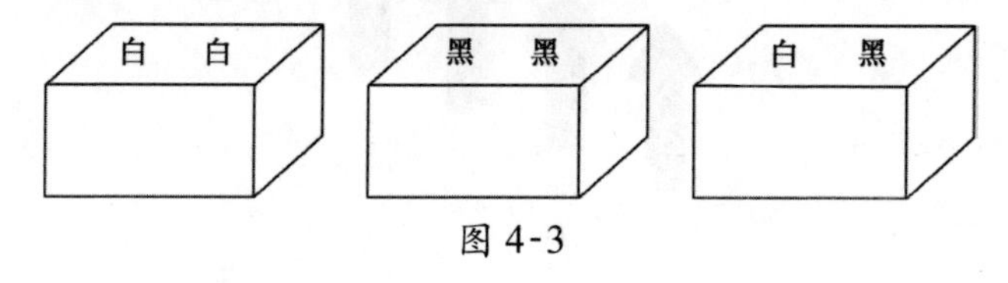

图4-3

从哪个盒子中任意取出一个球，就可以辨明每个盒子中所装的分别是什么球？

每当我把这样的智力题“扔给”学生时，全班就会立刻沸腾起来，然后又马上安静下来，学生进入各自的“思维世界”，他们的大脑又被“点燃”了一次。

实话实说，我带的班级，不仅数学学得好，其他学科也都学得非常好，这和他们被激活的大脑是很有关系的。

回到本题，从贴有“黑白”标签的盒子里任意取出一个球，就可以辨明每个盒子中所装的分别是什么球了。

课例 57　一次数学遭遇战

参加数学夏令营的学生来自各个学校，有高中生，有初中生，也有小学生。

一位老师在给高中组的学生讲一道题：

“正数 a，b，c，A，B，C 满足条件 $a+A=b+B=c+C=k$，求证：$aB+bC+cA<k^2$。”

老师说：“这是第 21 届全苏数学奥林匹克竞赛题。”

老师颇为得意地给出解答：

$\because k^3=(a+A)(b+B)(c+C)=abc+ABC+k(aB+bC+cA)$

$>k(aB+bC+cA)$

$\therefore aB+bC+cA<k^2$

老师点题：“巧用放缩法，妙解奥赛题。”

高中生 A 说：“我有另一证法。”

由题设条件知，所证不等式可变形为

$a(k-b)+b(k-c)+c(k-a)-k^2<0$，且 a、b、$c\in(0,k)$。

把上式左端视为关于 c 的函数式，

令 $f(c)=(k-a-b)c+k(a+b)-ab-k^2$。

当 $k-a-b=0$ 时，$f(c)=k^2-ab-k^2=-ab<0$；

当 $k-a-b\neq0$ 时，$f(c)$ 为一次函数，因而是 $(0,k)$ 上的单调函数，

又 $f(0)=k(a+b)-ab-k^2=(k-a)(b-k)<0$，$f(k)=-ab<0$。

$\therefore f(c)$ 在 $(0, k)$ 上恒为负值。

$\therefore (k-a-b)c+k(a+b)-ab-k^2<0$，

故 $aB+bC+cA<k^2$。

高中生点题："巧用构造法，妙解奥赛题。"

众人惊奇！

初中生 B 说："不必那么复杂，画个三角形就可证得。"

做边长为 k 的正三角形 PQR（如图 4-4），在三边上分别取三点 X、Y、Z，使 $QX=A$，$XR=a$，$RY=B$，$YP=b$，$PZ=C$，$ZQ=c$。

$\because S_1+S_2+S_3<S_{三角形PQR}$，

$\therefore \frac{1}{2}aB\sin60° + \frac{1}{2}bC\sin60° + \frac{1}{2}cA\sin60° < \frac{1}{2}k\cdot k\sin60°$，

$\therefore aB+bC+cA<k^2$。

初中生点题："巧用正方形，妙解奥赛题。"

众人惊喜！！

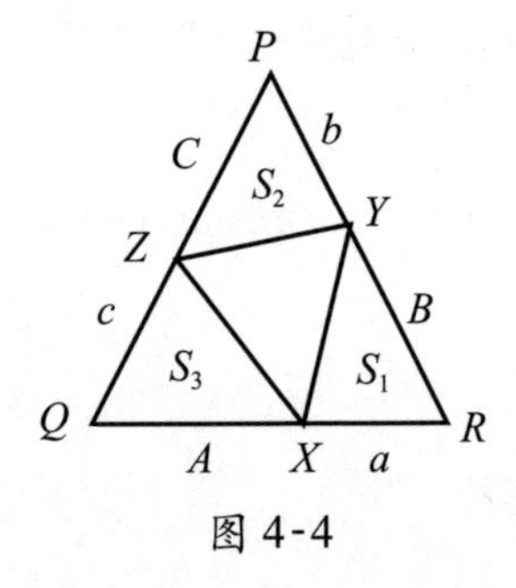

图 4-4

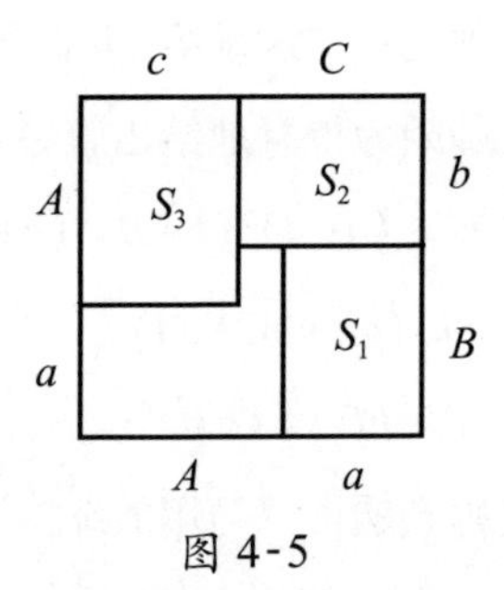

图 4-5

来凑热闹的小学生 C 说："还可以再简单一些。"

做边长为 k 的正方形，有关尺寸如图 4-5。

$\because S_1+S_2+S_3<S_{正方形}$，

$\therefore aB+bC+cA<k^2$。

众人惊愕！！！

初中生笑了，高中生不好意思了，老师先是惊得目瞪口呆，继而发出会心的微笑，连称："好，好，你们都是好样的！"

我把这篇自认为"得意之作"印发给学生看，过了几天，两个学生又给我看了他们的新证法，并说："证明繁了点，但很有新意。"

"构造正方体，利用体积关系"的证法：

原不等式等价于 $k\ (aB+bC+cA)<k^3$。

如图 4-6，构造边长为 k 的正方体，且令 $PQ=a$，$PS=b$，$PP_1=c$，则

$k\ (aB+bC+cA)=kaB+kbC+kcA=(c+C)\ aB+(a+A)\ bC+(b+B)\ cA$
$=caB+cAB+abC+AbC+bcA+BcA$。

通过观察发现，该式是正方体中去掉长方体 $PQRS-P_1Q_1R_1S_1$ 和 $R_1E_1F_1G_1-R_2E_2F_2G_2$ 后的六个小长方体体积之和，所以 $k\,(aB+bC+cA)<k^3$，即 $aB+bC+cA<k^2$。

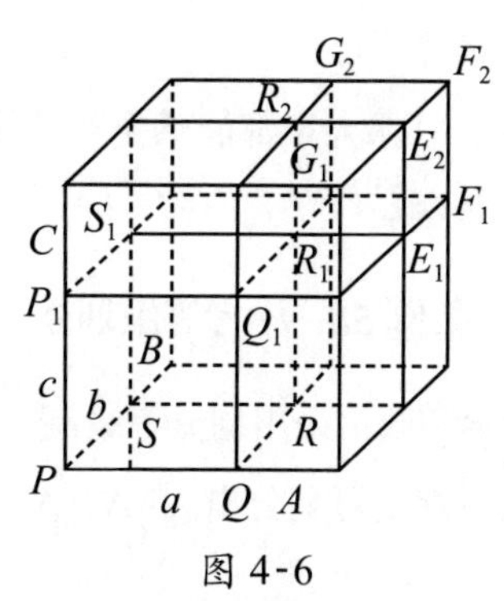

图 4-6

"构造独立事件，利用概率性质"的证法：

不等式 $aB+bC+cA<k^2$ 两边除以 k^2 得

$$\frac{a}{k}\cdot\frac{A}{k}+\frac{b}{k}\cdot\frac{B}{k}+\frac{c}{k}\cdot\frac{C}{k}<1。$$

等式 $a+A=b+B=c+C=k$ 同除以 k 得

$$\frac{a}{k}+\frac{A}{k}=\frac{b}{k}+\frac{B}{k}=\frac{c}{k}+\frac{C}{k}=1。$$

显然 $0<\frac{a}{k}$，$\frac{b}{k}$，$\frac{c}{k}<1$，设 X，Y，Z 是三个独立事件，且令 $P\ (X)=\frac{a}{k}$，$P\ (Y)=\frac{b}{k}$，$P\ (Z)=\frac{c}{k}$，则有

$$P(X+Y+Z)=P(X)+P(Y)+P(Z)-P(XY)-P(ZX)+P(XYZ)$$

$$=\frac{a}{k}+\frac{b}{k}+\frac{c}{k}-\frac{ab}{k^2}-\frac{bc}{k^2}-\frac{ca}{k^2}+\frac{abc}{k^3}$$

$$>\left(\frac{a}{k}-\frac{ab}{k^2}\right)+\left(\frac{b}{k}-\frac{bc}{k^2}\right)+\left(\frac{c}{k}-\frac{ca}{k^2}\right)$$

$$=\frac{a}{k}\left(1-\frac{b}{k}\right)+\frac{b}{k}\left(1-\frac{c}{k}\right)+\frac{c}{k}\left(1-\frac{a}{k}\right)$$

$$=\frac{a}{k}\cdot\frac{B}{k}+\frac{b}{k}\cdot\frac{C}{k}+\frac{c}{k}\cdot\frac{A}{k}$$

$\because P(X+Y+Z)\leqslant 1$

$\therefore \frac{a}{k}\cdot\frac{B}{k}+\frac{b}{k}\cdot\frac{C}{k}+\frac{c}{k}\cdot\frac{A}{k}<1$

即 $aB+bC+cA<k^2$。

学生的新证法，让我惊愕不已！

我经常对学生这样说："愿大家都能感受到'数学好玩'，并能'玩好数学'。玩吧，要玩就玩数学。"

课例 58　中考等级划分

近年中考，物理、化学和政治采用划分等级制，每个学科划分 A、B、C、D 四个等级，不计较学科排序，可划分出 AAA，AAB，…，DDD 各类等级，究竟有多少种不同的等级?

我想，能否用数学方法加以解决?

我开始以为很容易，却一时还算不出来，只好分类处理。

思路 1：按位置排序计算。

第一位选 A，第二位有 4 种不同的排法；

第二位选 A，第三位有 4 种不同的排法；

第二位选 B，第三位有 3 种不同的排法；

第二位选 C，第三位有 2 种不同的排法；

第二位选 D，第三位有 1 种不同的排法。

故，第一位选 A，共有 4+3+2+1=10（种）不同的排法；

同理，第一位选 B，共有 3+2+1=6（种）不同的排法；

第一位选 C，共有 2+1=3（种）不同的排法；

第一位选 D，共有 1 种不同的排法。

故，总共有 10+6+3+1=20（种）不同的排法。

后来尝试按字母分类来计算。

思路 2：按字母分类计算。

选一个字母，共有 C_4^1 种不同的排法；选两个字母，其中一个字母必用两次，共有 $2 \cdot C_4^2$ 种不同的排法；选三个字母，共有 C_4^3 种不同的排法。

故，共有 $C_4^1+2 \cdot C_4^2+C_4^3=20$（种）不同的排法。

能否用排除法呢，回答是肯定的。

思路 3：排除法。

共有 $4^3-5 \cdot C_4^3-4 \cdot C_4^2=20$（种）不同的排法。

读者想一想，为什么？

至此，还是没有彻底解决这个问题。

不甘愿，再苦思。“功夫不负有心人”，忽然，想到了方程。

思路 4：从方程入手。

设选 A 的有 X_1 种，选 B 的有 X_2 种，选 C 的有 X_3 种，选 D 的有 X_4 种，有 $X_1+X_2+X_3+X_4=3$，

$(X_1+1)+(X_2+1)+(X_3+1)+(X_4+1)=7$，

设 $X_i+1=Y_i$，$i=1, 2, 3, 4$，

有 $Y_1+Y_2+Y_3+Y_4=7$，$Y_i \in N^*$，$i=1, 2, 3, 4$，

问题转化为求方程 $Y_1+Y_2+Y_3+Y_4=7$ 的正整数解。

用“隔板法”解决：

设有 7 个小球，如图 4-7，用三块板来隔。

• • • • • • •

图 4-7

至少要“隔”出一个球，有 6 个缝，故共有 $C_6^3=20$（种）不同的排法。

推广：设有 m 个学科，每个学科有 n 个等级，不计较学科排序，共有多少种不同的排法？

解决：设选每个等级为 X_1，X_2，…，X_n，则有

$X_1+X_2+\cdots+X_n=m$，

有 $(X_1+1)+(X_2+1)+\cdots+(X_n+1)=m+n$，

设 $X_i+1=Y_i$，$i=1$，2，…，n，

则 $Y_1+Y_2+\cdots+Y_n=m+n$，$Y_i\in N^*$，$i=1$，2，…，n。

类似地，用“隔板法”，计算得共有 C_{m+n-1}^{n-1} 种不同的排法。

就此问题，我问厦门市招生考试中心的同志，“你们是怎么得出 20 种的？”他们说：“硬排呗，从 AAA，AAB……排到 DDD。”我点点头，不能要求他们也都用数学眼光看问题。我就问数学老师，大多数人想了想，说：“应该用分类法算。”但绝大多数老师没有给出这个问题的更多的解法，更没有把这个问题一般化。

把一个实际问题数学化，是数学教师的基本素质；把一个数学问题一般化，是数学教师的基本功底。数学教师的研究性备课，当从这个方面开始。

值得一提的是，“隔板法”暗合了可重复组合问题，即 n 个不同元素的 m 元素可重复组合数为 $H_n^m=C_{m+n-1}^{m}=C_{m+n-1}^{n-1}$。

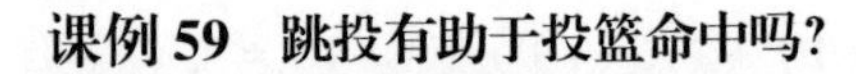

课例 59　跳投有助于投篮命中吗?

痴迷篮球

篮球运动，跳跃的场面颇多，其中跳投是一种常见的投篮动作。篮球运

动员如何利用好跳投技术投篮呢？

我们从投篮的抛物线着手，利用物理学的运动原理进行研究。

如图 4-8，设 v 为篮球投出时的速度；θ 为篮球运动方向与水平线所成的投射角；（x_1，y_1）为篮圈中心的坐标；t 为时间；g 为重力加速度。

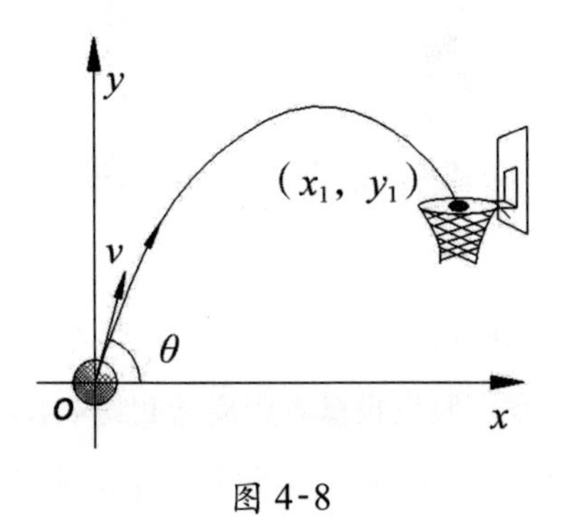

图 4-8

则

$$\begin{cases} x_1 = v\cos\theta \cdot t \\ y_1 = v\sin\theta \cdot t - \dfrac{1}{2}gt^2 \end{cases}$$

由上式消去 t，得

$$y_1 = v\sin\theta \cdot \frac{x_1}{v\cos\theta} - \frac{1}{2}g\left(\frac{x_1}{v\cos\theta}\right)^2$$

即

$$y_1 = x_1\tan\theta - \frac{gx_1^2}{2v^2}\left(1+\tan^2\theta\right) \quad ①$$

要投篮成功，最好能让篮球通过（x_1，y_1）。由于①式是二次函数，因此得知投篮轨迹是抛物线。

将①式化为 $\left(\dfrac{gx_1^2}{2v^2}\right)\tan^2\theta - x_1\tan\theta + \left(y_1 + \dfrac{gx_1^2}{2v^2}\right) = 0$ ②

解关于 $\tan\theta$ 的二次方程，得

$$\tan\theta = \frac{v^2}{gx_1}\left[1 \pm \sqrt{1 - \frac{2g}{v^2}\left(y_1 + \frac{gx_1^2}{2v^2}\right)}\right] \quad ③$$

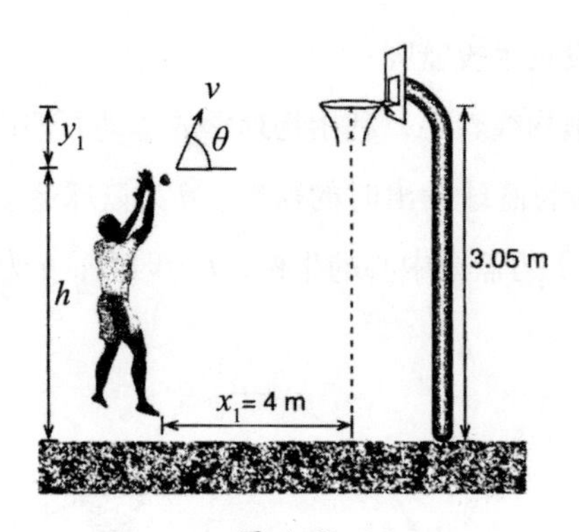

图 4-9

由于我们希望得到较高的抛物线，因此只要考虑 $\tan\theta$ 的正值。为了方便探讨 y_1 与 θ 的关系，我们假设投篮者距离篮底约 4 米（即 $x_1=4$，如图 4-9），并将球升至离地面 h（米）的高度时以每秒 8 米的速度投射。由于篮圈离地面高度为 3.05 米，因此 $y_1=3.05-h$。再把 $g=9.8$ 代入③式，就可以计算出相应的投射角度（θ）。

我们列出下表：

篮球离地面高度 h（米）	篮球离篮圈垂直距离 $3.05-h$（米）	投射角 θ（度）
1.85	1.2	67.9
1.95	1.1	68.3
2.05	1.0	68.6
2.15	0.9	68.9

从表中我们可以看出，以同样的投射速度计算，在离地面较高的位置把球投出，除了能避开对方防守球员的拦截外，更可产生较高的抛物线，从而有较大的机会命中篮圈圆心。

勤练跳投技术吧，打篮球时，跳投命中率高。

跳投，一道完美的弧线，联结了运动，联结了数学。

课例 60　乌鸦一定能喝到水吗?

我记得是在上幼儿园还是上小学的时候，就在画本上或课本上读到了聪明的乌鸦投石喝水的故事。

原文大意是：

乌鸦口渴了，到处找水喝。乌鸦看见一个瓶子，瓶子里有水。可是瓶子里水不多，瓶口又小，乌鸦喝不着水，怎么办呢？

乌鸦看见旁边有许多小石子，想出办法来了。

乌鸦把小石子一个一个地放进瓶子里。瓶子里的水渐渐升高，乌鸦就喝着水了。

图 4-10

那时候，我们都为乌鸦的办法叫好，都赞赏乌鸦的聪明，谁也没有去考虑乌鸦能不能喝到水的问题。

今天，我们从数学的角度审视一番，自然会提出这样一个问题：乌鸦一定能喝到水吗？

常识告诉我们，当乌鸦把各种各样形状的小石子扔到瓶里时，石子之间是有空隙的。如果石子间的空隙较大，而原来瓶子里的水又比较少，那么即使在瓶里扔进了很多石子（当然是有限的），水面也不一定升到瓶口。只有当瓶里原有水的体积比所扔进石子间全部空隙更大的时候，水才能充满石子间的空隙，升到石面上来，这样乌鸦才能喝到水。

瓶子里到底应当有多少水，乌鸦才能喝到水呢？

这一问题显然与乌鸦扔进的石子的形状、瓶子形状及其排列方法有关。为了简单起见，我们不妨假设乌鸦扔进的石子都是大小一样的球体。

我们设 r 为球的半径。

如果我们把空隙体积看成正方体体积减去其内切球的体积，这种情况下空隙部分的体积与瓶子体积的比：

$$\frac{(2r)^3-\frac{4}{3}\pi r^3}{(2r)^3}=1-\frac{\pi}{6}=48\%$$

如果我们把空隙体积看成圆柱体体积减去其内切球的体积，这种情况下空隙部分的体积与瓶子体积的比：

$$\frac{\pi r^2\cdot(2r)-\frac{4}{3}\pi r^3}{\pi r^2\cdot(2r)}=\frac{1}{3}=33\%$$

这就是说，在上面的条件下，当瓶子里放满球形石子时，瓶里所有空隙总和大致介于33%~48%之间。

由此看来，我们可以得出这样一个结论：乌鸦要能喝到水，必须具备两个条件，一是乌鸦要设法使扔进的各个石子彼此之间挨得更紧密，让空隙至少小于瓶子体积的三分之一；二是瓶子里原来的水至少也要占瓶高的三分之一。

关于这个问题，江苏扬州市维扬实验小学的同学们还亲自动手做了实验，《中国少年报》报道了他们的实验情况。

乌鸦一定能喝到水吗？

都学过《乌鸦喝水》的课文吧？聪明的乌鸦一定能喝到水吗？快来看江苏扬州市维扬实验小学小探友发来的探索报告——挑战经典故事。

上科学课前，老师要我们带矿泉水瓶和一些小鹅卵石，我们都很好奇，不知老师葫芦里卖的什么药。

上课了，只见老师在黑板上写了“乌鸦喝水”4个字。教室里立即沸腾起来：“难道我们要重学二年级的课文？”“让我们学乌鸦一样喝水吗？”“乌鸦在哪儿？”……老师神秘兮兮地示意大家安静，他把装着一小半水的矿泉水瓶放在讲台上，问：“我们学学乌鸦，把石头丢进瓶中，你们说水能不能升到瓶口？”

“能！”“课本上说，口渴的乌鸦叼起石子，放进装有半瓶水的瓶子里，使水位上升，最后喝到了水，课本怎么会有错？”大家一阵七嘴八舌。老师不动声色地说："这么肯定？那咱们动手试一试吧！"

结果出人意料

为了看得更清楚，机灵鬼刘佳缘还往水中滴了几滴红墨水。石头一块块放进瓶中，越垒越高，水也越涨越高……当放入第 30 颗石头时，出人意料的事情发生了——水位不再上升，而石头竟然高过了水面！直到瓶子里放满石头，水位都没有升到瓶口，这下乌鸦可喝不到水啦！

大家都愣住了，这是怎么回事？细心的同学很快发现了问题：鹅卵石之间有许多大大小小的空隙，而且每当一块石头放进瓶里，它的表面总会冒出一层细小的气泡！

乌鸦喝水的秘密

石头太少还是小气泡在作怪？大家争论不休。老师出来揭秘了——

原来，鹅卵石都是不规则形状，彼此之间会有很多空隙，大量的水都"藏"进了空隙中；另一方面，看上去光滑的鹅卵石表面，其实有无数细小的坑洼。干燥的情况下，这些坑洼里充满了空气；被丢进水中时，"体轻"的空气就会被"体重"的水分子"挤"出来。就是说，鹅卵石本身也会吸收一小部分水。如果瓶子里的水太少，石头之间的空隙"藏"一部分，鹅卵石自己再"喝"一部分，乌鸦自然就喝不到啦！

哦，同学们恍然大悟，纷纷开始"批判"课本有假。老师不慌不忙，又拿出了一个装着大半瓶水的瓶子："你们猜，现在水会不会涨到瓶口？""让我们再做一次吧！"同学们拿过矿泉水瓶，这次做得格外认真。

当放到第 10 颗石头时，水涨到了离瓶口三四厘米的地方，大家屏住呼吸紧盯着瓶口。"涨！涨！涨！"有的同学都喊出声来了。第 12 颗、第 13 颗……水终于升到了瓶口，同学们兴奋地喊道："终于成功了，乌鸦能喝到水了！"

老师笑了，他对我们说，不能盲目相信书本上的内容，但也不能轻易否定它，只有通过一遍又一遍的试验，才能得出最科学的结论。

第二节　玩能启智

我们成功了

打开科学家传记，可以发现其中不少人的创造成就往往和他们具有某方面的兴趣分不开。这说明，天才的秘密就在于强烈的兴趣和爱好。而玩趣味数学和益智游戏，正是促进学生的兴趣和爱好的重要方法之一。我们应当把培养学生的兴趣和爱好作为正在形成的某种智力的契机来培养。

游戏，放松而专注的智慧；玩吧，用游戏开启学生的智慧。

课例 61　环环相扣

给出如图 4-11 所示的四组三节封闭的圆环，现在要打开一些环，把 12 节环连成一个首尾相接的圆周。每打开某一环得花 2 元钱，每接上一环得花 3 元钱，你最少花 ______ 元钱，解决这个问题。

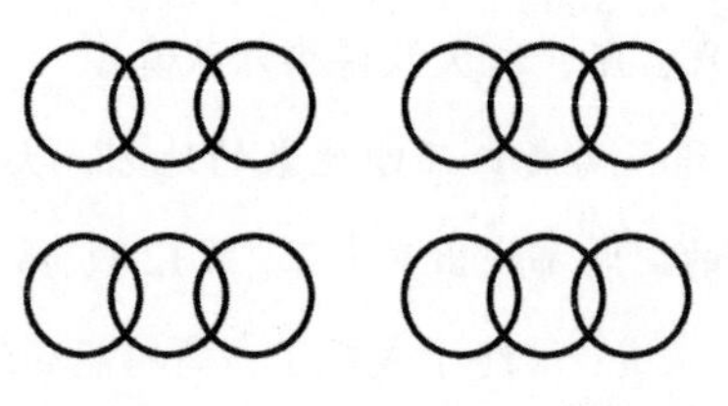

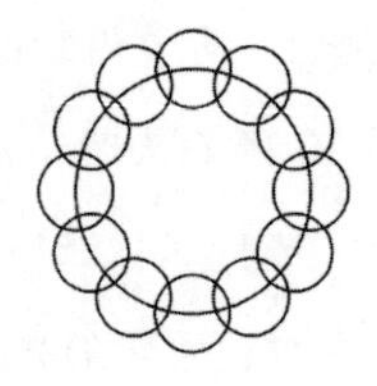

图 4-11

感兴趣的老师可以做个实验，把这道题，分别给小学四年级学生、初中生和高中生去做，统计一下准确率，很难说谁做得更好。

我的实验（不是大样本）结果是：小学生做得最快——“无知者无畏”，高中生做得最慢——“被我们教傻了”，小学、初中、高中的准确率都在

20% 左右。

学生基本上没有整体思维，也可以说是没有创新思维，多是“打开一环接一环”，花了 20 元钱。

统一打开同一组的 3 个环，每个箭头指向的环，打开和接上各一次，花了 5 元钱，三次共花了 15 元钱。

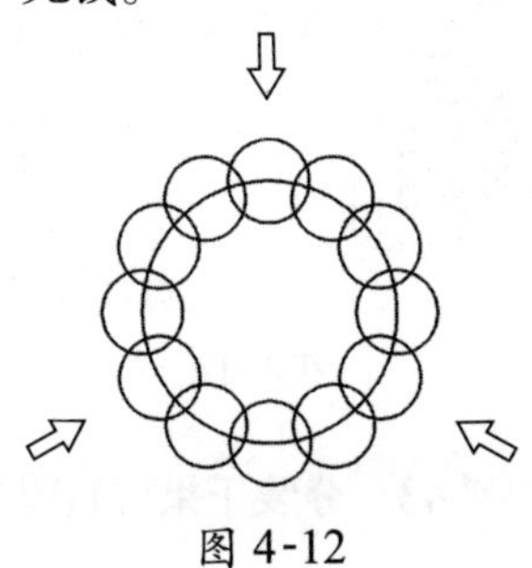

图 4-12

课例 62　搭“桥”

给出 15 块多米诺骨牌，请用这 15 块多米诺骨牌搭成如图 4-13 所示的“桥”。要求：只能自己一个人玩，不能“同伴互助”。

我问学生：“30 秒够吗？”

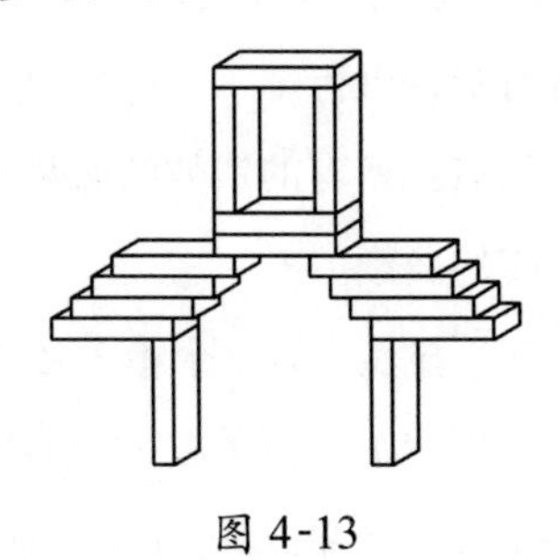

图 4-13

学生搭这个“桥”，绝大多数是想靠“心灵手巧”搭成，一般不能成功；一些学生试图先“躺”着摆，然后立起来，单人操作也很难成功。5 分钟过去了，还是没人摆出来。

什么叫智慧？我们给学生讲心理学的界定，他们很难理解。我们和学生玩游戏——比如这个搭“桥”游戏，就能让学生深刻领悟什么叫“智慧”。

我对学生说，你们搭“桥”，手很巧但没用脑。用 2 根撑起 13 根，重心不稳很难成功。怎么办？能否“借力”——一开始多放两块做“桥墩”（如图 4-14），当搭好更多的骨牌后，“桥”的构架也就稳定了，这时可以把多余的“桥墩”取走，完成“搭桥”任务。

整个搭“桥”的过程，充满智慧。

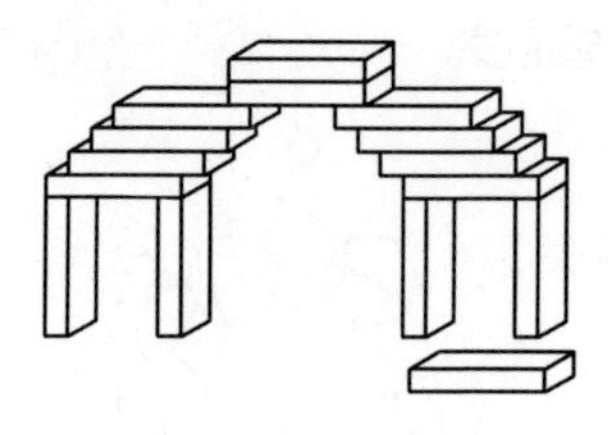

图 4-14

课例 63　分装千果可行吗？

据说，美国微软公司副总裁在北京两所知名大学招聘时，出过这样一道面试题：现有 1000 个苹果，分别装到 10 个箱子里，要求不拆箱，随时拿出任何数目的苹果来，是否可行？若不行，请说明理由；若行，如何设计？

你想取得这道面试题的高分吗？

我们抓紧分析吧：条件中没有给出足够多的箱子，总共只有 10 个箱子，因此应尽量少用箱子，看看是否可行。

联想到货币，货币并没有把所有的钱数的面额都印出来，而是尽量少用币种，再设法“凑”成所需的面额。

我们从“小数”研究起：显然，有 1 个箱子必须放 1 个苹果。

要取 2 个苹果怎么办？再用 1 个箱子放 1 个苹果或再用 1 个箱子放 2 个苹果，前者可以取到 1、1+1=2 个苹果；而后者可以取到 1、2、1+2=3 个苹果。后者取得多。

要取 4 个苹果呢？为了“不重复”和“取得多”，我们选择 4，这样我们可以取到 1~7 个苹果。

要取 8 个苹果呢？为了“不重复”和“取得多”，我们选择 8，这样我们可以取到 1~15 个苹果。

依次类推，我们依次选择 16，32，64，128，256，这样可以取到 1~511

个苹果。

已经用了 9 个箱子啦！只剩 1 个箱子啦！

接下来就选择 512。

错啦！你只剩下 1000－511=489 个苹果啦！

显然，第 10 个箱子就放 489 个苹果，这样你就可以“不拆箱”随时拿出 1~1000 个苹果来！

好像小学生也能解决这道面试题耶，干吗面试大学生？而且还是微软公司的面试题！

课例 64　爸爸妈妈分开坐

有四家小朋友的爸爸妈妈邀着一起共进晚餐，围坐在一张圆桌旁。入席时，有人提议，为了加强交流，能否男女间隔而坐，并且没有一对夫妻是相邻而坐的。大家表示赞同，又有人建议，每次聚会就按这个“规定”入席，每次入席的坐法都不同，他们要聚会多少次才能把所有的坐法坐遍？

我们把四对夫妻编上号，男 1 和女 1、男 2 和女 2、男 3 和女 3、男 4 和女 4 分别为夫妻；桌上 8 个座位也编上 1，2，…，8 个号码。

我们先安排女士就座。女士们可以坐奇数号座，也可以坐偶数号座。如果选定了坐奇数号（偶数号也一样），第一位女士就座时有 4 种可能的选择，第二位女士就座时只有 3 种可能的选择，第三位女士就座时只有 2 种可能，剩下的一个位置让第四位女士就座。

这样，我们得到女士就座共有 $2\times4\times3\times2\times1$=48（种）可能。

接下来，我们安排男士就座。

研究四对夫妻就座问题，有点困难。我们可以“退下来”，当然，目的是想“跃上去”。

1 对夫妻围坐，不可能不相邻而坐；2 对夫妻围坐，也不可能不相邻而坐，因为 2 女士就座后，安排 1 男士入座，必与其中的 1 女士为夫妻。

3 对夫妻围坐，当女士就座之后，安排男士就座只有 1 种方法，如图 4-15。

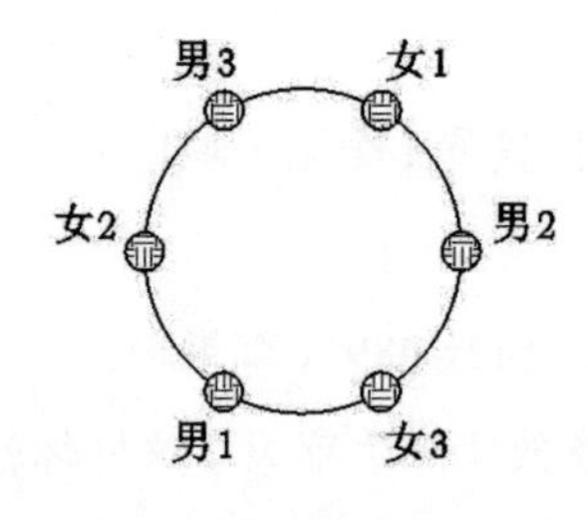

图 4-15

4 对夫妻围坐，当女士就座之后，男士们有 2 种坐法，如图 4-16。

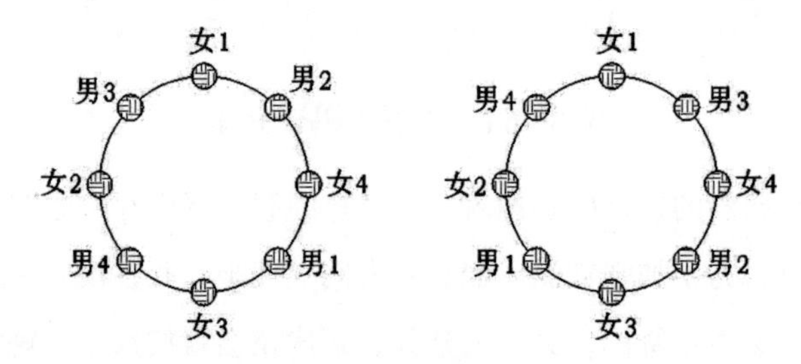

图 4-16

这样，按照“规定”坐法，4 对夫妻围坐共有 48×2=96（种）方法。

哇！他们要聚会 96 次，才能把所有的坐法坐遍！假如他们每月聚会一次，他们要聚会 8 年才能把所有的坐法坐遍。

这个问题可以推广到一般情况，n 对夫妻围坐的方法数 $M_n=2\cdot n!\cdot A_n$。

其中，式中 A_n 表示当女士们坐定后，n 位男士的坐法。有人研究，得到 $A_2=0$，$A_3=1$，$A_4=2$，$A_5=13$，$A_6=80$，$A_7=579$，$A_8=4738$，$A_9=43378$，$A_{10}=439792$。

假如有 5 对夫妻共 10 人围坐成“十全十美”的一桌，按“规定”共有 $2\cdot 5!\cdot A_5=2\cdot 5\cdot 4\cdot 3\cdot 2\cdot 1\cdot 13=3120$（种）不同的坐法。

倘若他们每月聚会一次，他们要聚多少年才能按“规定”坐遍？

课例 65 摸彩游戏你玩吗？

倘若花 4 元钱可以买一张门票，然后按下面的方法去摸彩：掷一次骰子，按照出现的点数拿相同数量的钱。此外，如果出现了 4 点，那就再掷一次，拿钱方法与前面相同。你愿意试一试吗？

由于一个骰子有六面，最多的点数是6，初看起来，似乎还是有利可图的。不过，先别急于做出决策，还是要分析一下。

对于这件事，我们可以采取两种行动，要么参加摸彩，要么不参加。如果不参加，就无所谓输赢，也可以说，这时净赢0元钱；如果参加摸彩，那么，情况就要复杂一些了。下面我们通过树状图来描绘一下这件事情。

在图4-17中，每一分支都表示可能出现的一种结果；后面的钱数是在相应情况下净赚的钱数。

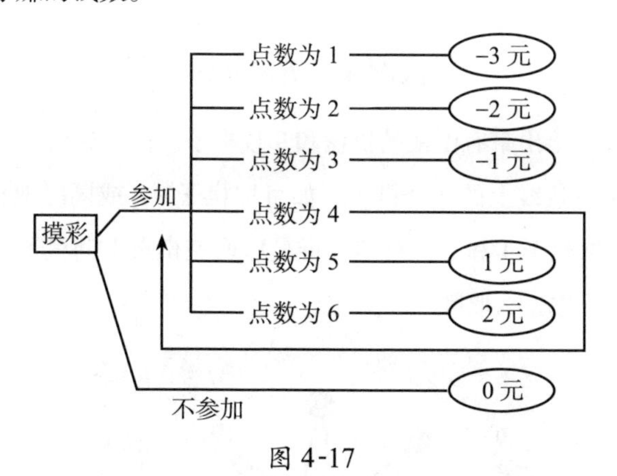

图4-17

在掷骰子的过程中，每一面出现的机会都是一样的，即各种点数出现的可能性（概率）都是$\frac{1}{6}$。现在我们来分别计算一下参加摸彩与不参加摸彩两种行动的期望值（指每一种可能净赚的钱数与相应的概率相乘，然后再将这些相乘后的值相加，即加权。通常人们总是希望所采取的行动获得最大的期望值）。

不参加摸彩只有一种结构——净赚0元。那么，净赚0元的概率是多少呢？是1。因而，不参加摸彩的期望值就是$1\times0=0$（元）。

参加摸彩的期望值应是

$$(-3)\times\frac{1}{6}+(-2)\times\frac{1}{6}+(-1)\times\frac{1}{6}+1\times\frac{1}{6}+2\times\frac{1}{6}+\frac{1}{6}\left[A+\frac{1}{6}(A+\cdots)\right]$$

其中$A=(-3)\times\frac{1}{6}+(-2)\times\frac{1}{6}+(-1)\times\frac{1}{6}+1\times\frac{1}{6}+2\times\frac{1}{6}=-\frac{3}{6}$。

所以参加摸彩的期望值即为

$$(-3)\times\left(\frac{1}{6}+\frac{1}{6^2}+\frac{1}{6^3}+\cdots\right)=(-3)\times\frac{\frac{1}{6}}{1-\frac{1}{6}}=-\frac{3}{5}。$$

可见，参加摸彩的期望值是负值，也就是说，试图通过参加摸彩来赚钱的可能性极小。

因此，对于这类游戏，我们如果选择具有最大期望的行动，就是不参加摸彩！

课例 66　九星联珠

如图 4-18，给出带有图案的棋盘和 9 枚棋子。两人轮流在上面取棋子，可以取 1 个或一条线上的 2 个棋子，如可取棋子 9，或同时取棋子 1 和 6，但不可以同时取棋子 1 和 2 。规定：谁最后取完棋盘上的棋子者获胜。你要先取还是后取？你怎么取胜？

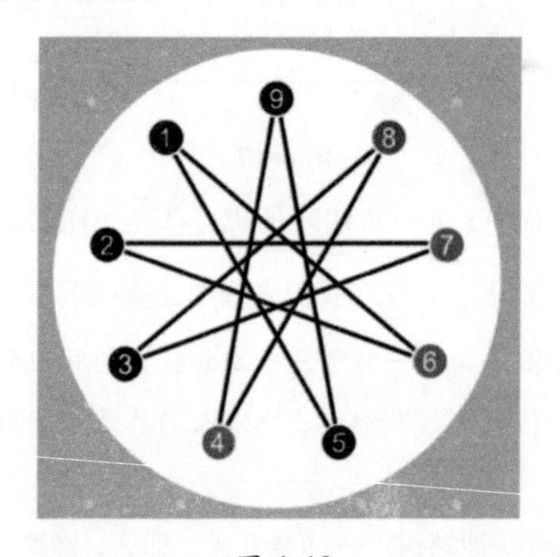

图 4-18

玩这个游戏，要引导学生学会从简单的问题入手的探索方法，培养学生的“对策”意识、观察能力和思维能力。

我们分析一下：留给对方相邻情形，如棋子 4 与棋子 5，必胜；留给对方 4 连情形，如棋子 3、棋子 4、棋子 5 和棋子 6，也必胜；留给对方“三平行”，如棋子 1 与 8、棋子 3 与 6、棋子 4 与 5，对方取“点”（1 个）你就取对称的“点”，对方取“线”（2 个）你就取对称的“线”，也必胜。所以，你要后取，就有必胜的策略：对方取 1 个棋子，你就取对面线上的 2 个棋子，如对方取棋子 9，你就取棋子 2 与 7；对方取 2 个棋子，你就取对面的 1 个棋子，如对方取棋子 2 与 7，你就取棋子 9。

第三节　玩能促美

数学之美，美不胜收。维纳说：“数学实质上是艺术的一种。”数学中充满着美的因素，运用审美法则在一定程度上可以帮助我们提高解题和研究问题的能力。

数学美感，能唤起良好的情感，就会让学生感到数学学习是十分有趣的，不觉得是一种负担，一种苦役，而是一种需要，一种享受。

罗素说：“数学，如果正确地看，不但拥有真理，而且也具有至高的美。”我试图让学生从玩开始感受数学的美感。

课例 67　滚动的圆

我在《中学生数理化》（高中版）1991 年 10 月号《创造能力的培养》一文中谈到这样一个例子及说明：“如图 4-19，圆 A 的半径为圆 B 的半径的三分之一，圆 A 从图上所示位置出发绕圆 B 做无滑动的滚动，问多少圈后圆 A 的圆心才第一次返回到它的出发点？（　）

（A）$\frac{3}{2}$　　（B）3　　（C）6　　（D）$\frac{9}{2}$　　（E）9

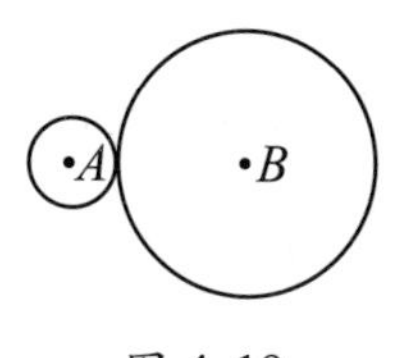

图 4-19

本题是美国主管高校入学考试机构命的一道题，命题者给出的标准答案是（B）。出人意料的是，有的考生竟指出供选择的五个答案都是错误的，正确的答案是4圈。正是这些考生具有大胆怀疑的精神，才能打破常规，给出正确的答案。同学们会证明吗？”

此问题引起广大读者的兴趣，不少人纷纷来信，有的说动手做了实验，有的说给出了“证明”，认为正确答案为3圈而不是4圈。这说明学生有怀疑精神，这是创造的萌芽；说明广大读者不仅读刊，而且对刊中的问题认真思索、解答。这使我十分兴奋。

来信太多了，我无法一一回复，我就写了一篇《是3圈还是4圈？》的短文，刊于《中学生数理化》（高中版）1992年3月号上。

我在文中谈了该题的解法，以帮助读者搞清这个问题。

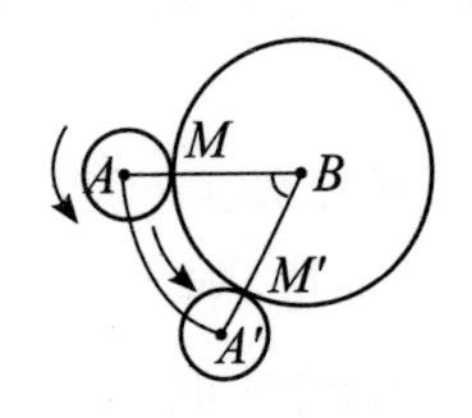

图4-20

如图4-20，设小圆半径为r，则大圆的半径为$3r$。当圆A绕圆B逆时针无滑动滚动到圆A'的位置时，半径AM在小圆A中逆时针旋转了一个弧度设为α，又$\angle ABA'=\varphi$（弧度），故此时AM按逆时针共旋转了（$\alpha+\varphi$）弧度，因此当圆A绕圆B做无滑动滚动一周时，$\varphi=2\pi$，而此时$\alpha=\frac{2\pi\cdot 3r}{r}=6\pi$，于是圆$A$中的半径$AM$共旋转了$8\pi$（弧度），即圆$A$滚动了4圈。

一般地，设大圆半径为R，小圆半径为r，当小圆绕大圆滚动一周时，$\alpha=\frac{2\pi R}{r}$，$\varphi=2\pi$，$\alpha+\varphi=2\pi\left(\frac{R}{r}+1\right)$，即小圆滚动了$\frac{R}{r}+1$圈。

如果问同学们：当小圆绕大圆做内滚动时，情况又如何呢？同学们可模仿上面的方法得出小圆滚动了$\frac{R}{r}-1$圈。

这个问题也可以这样来理解：当小圆绕大圆的滚动可以看作小圆自身的旋转运动与小圆绕大圆的旋转运动的合运动。外滚动时是同向旋转，故得$\alpha+\varphi$；内滚动时是反向旋转，故得$\alpha-\varphi$。当小圆绕大圆旋转一周时，总共旋转圈数应为小圆自身旋转圈数加上（外滚动）或减去（内滚动）绕大圆旋转的 1 圈。

难怪不少同学做实验总得到 3 圈的答案而忘了加上小圆绕大圆旋转的 1 圈，故正确答案是 4 圈。

这个问题，引发一个新的问题——圆滚动问题，即圆在曲线上滚动的周数问题，当然这“曲线”并不一定就是圆。

首先，我们从最简单的“圆在直线上滚动”的研究开始。

众所周知，若半径为 r 的⊙O 在直线 l 上自点 A 起滚动一周到点 B（如图 4-21），则 $AB=2\pi r$。反之，若半径为 r 的⊙O 在直线 l 上自点 A 滚动到点 B，则当 $AB=2\pi r$ 时，⊙O 在 l 上正好滚动了 1 周，即 $\frac{AB}{2\pi r}=1$。

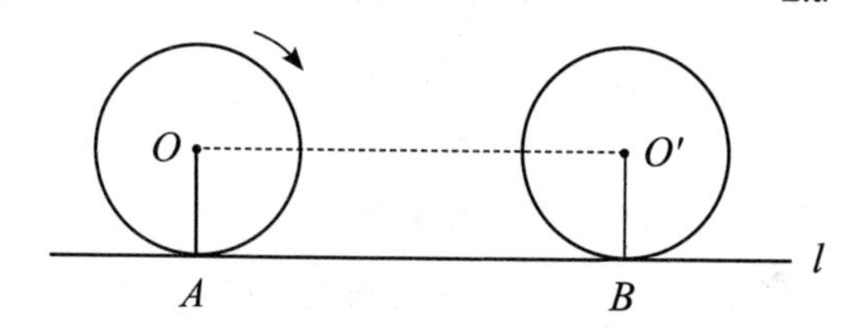

图 4-21

一般地，若半径为 r 的⊙O 在直线 l 上自点 A 滚到点 B，设 $AB=a$，则⊙O 滚动的周数 $n=\frac{a}{2\pi r}$。

此时圆心 O 平移到 O'，设 $OO'=a'$，则 $a'=a$。所以⊙O 滚动的周数 $n=\frac{a'}{2\pi r}$。

其次，我们研究“圆在折线上滚动的问题”。

情形一，当半径为 r 的⊙O 在图 4-22 的折线上滚动时，显然⊙O 在 AB 及 BC 上滚动可归结为“直线”的情形，不同在于点 B 处，由图 4-22 显见，当⊙O 在 AB 上滚动至点 B 处，又从点 B 处转到 BC 上滚动时，点 B 未动，而圆心已转过 OO'，$\angle ABC=\alpha$，则$\overset{\frown}{OO'}=\frac{180°-\alpha}{360°}\cdot 2\pi r=\frac{180°-\alpha}{180°}\pi r$。

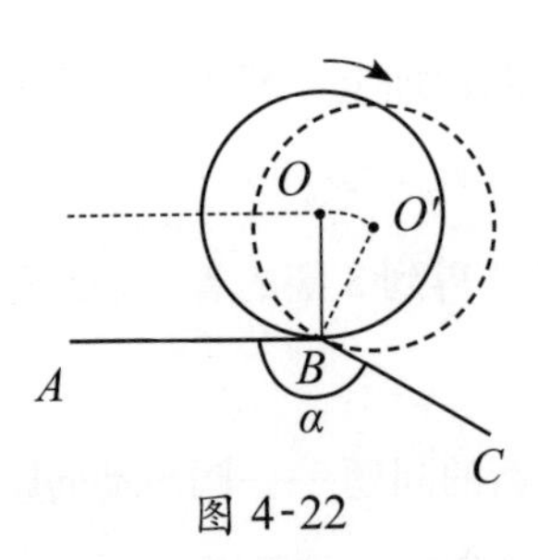

图 4-22

这说明，尽管此时⊙O在折线ABC上不发生位移，但⊙O本身仍滚动（转过了$\dfrac{180°-\alpha}{360°}$周）。

情形二，当半径为r的⊙O在如图 4-23 的折线上滚动时，同样，⊙O在AB及BC上滚动仍可归结为圆在直线上滚动，不同仍在点B处，由图 4-23 可知，当⊙O的圆心O位于$\angle ABC$的平分线上时，⊙O刚滚动到AB上的T处，但实际上却同时滚到BC上的T'处（跳过了$\overset{\frown}{TT'}$），设$\angle ABC=\alpha$，则$\overset{\frown}{TT'}=\dfrac{180°-\alpha}{360°}\cdot 2\pi r=\dfrac{180°-\alpha}{180°}\pi r$。

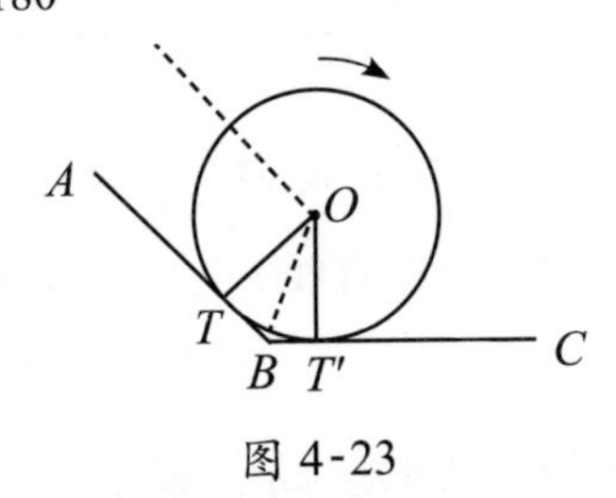

图 4-23

这说明⊙O在图 4-23 的折线ABC上滚动时，由T到T'并不发生滚动，即少滚动了$\dfrac{180°-\alpha}{360°}$周。

设⊙O在图 4-22 或图 4-23 的折线ABC上滚过的路线长为X，圆心O的位移为p，则⊙O滚动的周数$n=\dfrac{p}{2\pi r}\pm\dfrac{180°-\alpha}{360°}$（当如图 4-22 时取“+”，当如图 4-23 时取“−”）。

再次，我们研究“半径为r的⊙O在周长为p的凸多边形上滚动的问题”。

情形一，⊙O在凸多边形外滚动（如图 4-24），显然这类滚动可归结为

“折线情形一”的问题，又因为“折线情形一”的问题中 $180°-\alpha$ 相当于凸多边形某一个内角（$=\alpha$）相邻的一个外角，而凸 n 边形外角和为 360°，所以⊙O 在凸多边形外滚动周数为 $n=\frac{p}{2\pi r}+1$（p 为凸多边形周长）。

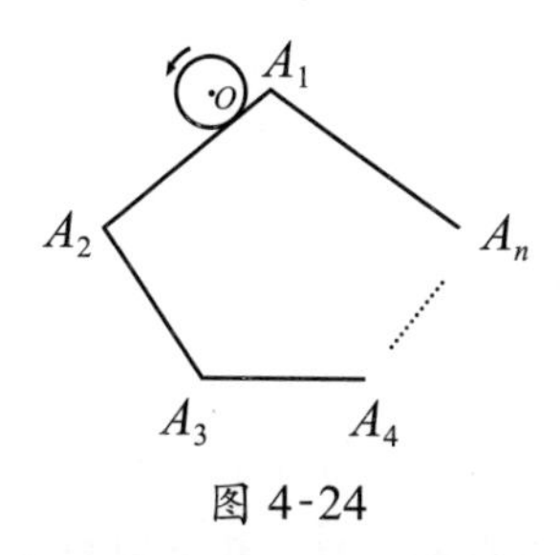

图 4-24

情形二，⊙O 在凸多边形内滚动（如图 4-25），同样地我们可求得 $n=\frac{p}{2\pi r}-1$（p 为凸多边形周长）。

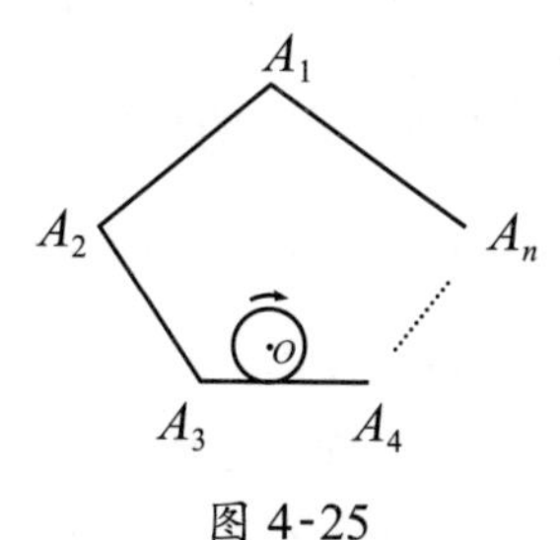

图 4-25

现在又回到研究“圆在圆上滚动的问题”了。

当正 n 边形边数 $n\to+\infty$ 时，正多边形→圆。由上述讨论易知：

当半径为 r 的⊙O' 在半径为 R 的圆外滚动时（如图 4-26），$n=\frac{2\pi R}{2\pi r}+1=\frac{2\pi\ (R+r)}{2\pi r}$。

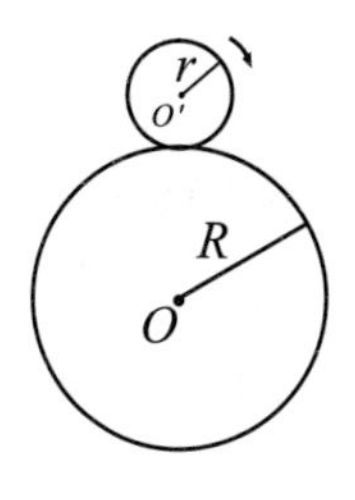

图 4-26

当半径为 r 的⊙O' 在半径为 R 的圆内滚动时（如图 4-27），$n=\frac{2\pi R}{2\pi r}-1=\frac{2\pi(R-r)}{2\pi r}$ $(R>r)$。

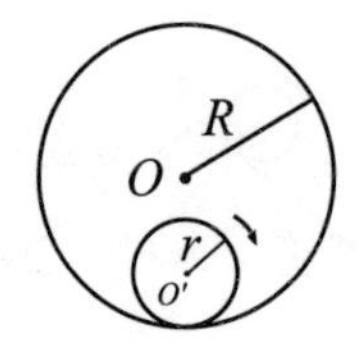

图 4-27

殊途同归，我们从另一角度，得到了与上文一致的结论。

正当我对获得的结论兴奋不已时，我又想起好像还有读者问道：如果圆在椭圆、双曲线、抛物线等曲线上滚动，情况又如何呢？

我预感到这也许不是一个简单的问题，“革命”尚未成功，我等仍需努力！

课例 68　最美的数学等式

读数学史的书籍时，读到这样的介绍：国际数学家大会，曾经就“最美的数学等式”进行投票，结果数学等式“$e^{i\pi}+1=0$”胜出。

八十年代的高中数学课本里，在“复数”这章里有一节选学内容“复数的指数形式”，选学内容高考是不考的，所以绝大多数数学老师不会去上这节内容。

因为我知道复数的指数形式：$e^{i\theta}=\cos\theta+i\sin\theta$。

令 $\theta=\pi$，则 $e^{i\pi}=-1$，移项即得出最美的数学等式：$e^{i\pi}+1=0$。

因此，我每次上到这部分内容时，都很激动，迫不及待地想把这个“最美的数学等式”介绍给学生，还心血来潮地写了篇科普文章，讲这个最美的等式。

我把最美的等式介绍完后，离下课还有五六分钟，我故意问学生：“任老师就这个等式，写了一篇科普文章，你们信吗？”学生有的说“信”，他们相信老师的功底，也有的说“不信”，他们觉得一个等式怎么还能写出一篇文章？

那时没有投影仪，没有复印机。我就拿出我抄好的文章，请班级朗读最好的苏枫同学帮我念。苏枫念了起来：

文章标题是：数苑中的“五朵金花”，作者：任勇老师。

学生微笑，我也坐在边上微笑。

苏枫继续念：

在万紫千红的数的大花园中，有五朵瑰丽的花朵——0，1，i，π，e。欣赏这五朵花，你将得到美的享受；透过这五朵花，你可以窥视五彩缤纷、雄伟神奇的数学世界。

0，1，i，π，e是无穷无尽的“数花”中的“花魁”，是数学史上划时代的符号，它们如同宇宙里无数行星中最明亮的五颗巨星。

1是人类认识的第一个数，它标志着数学的诞生。有了1，就有了其他的数，也就有了数学法则和数学结构。在数学概念中，1是高楼的基石，没有1的基础，就没有2以上的累进数。1是有效数字的起头，又是无限数字的归宿。数学如此，世界万物亦然。

0诞生在印度，成长在阿拉伯，足迹遍布全世界。它是正负数的分水岭，是水和冰的界碑；它是实数中唯一的中性数。它是无中的有，又是有中的无；它是内在的有，又是特定的无。

0和1朝夕相伴，一歌一舞，配合默契。在二进位制和逻辑代数中，它们双双在一起，创造了电子时代的智能世界。

神奇的$\sqrt{-1}$（用字母i表示）并非虚无缥缈。局外人看它，玄而又玄，是蓬莱仙境中的海市蜃楼；局内人看它，实在真切，是雄伟壮丽的复数大厦的支柱。在实际生活中，我们找不到它的对应物；在自然科学和工程技术中，到处出现它的身影。数学科学有了它，就脱掉了幼稚之气而生长成熟；科学技术有了它，就蓬勃兴旺，使人类文明社会不断发展。

π有尖尖的脑袋，它无声无息地钻进了每一扇窗户，每一个烟囱，每一间厨房，每一家工厂，它真是无孔不入。它是圆周率的记号，却与曲线、角度等有密切关系。祖冲之对它的研究，给中华民族带来光荣；欧拉建立弧度制，使它的内容更加丰富。它有巨大的魔力，数千年来吸引着无数的科学家为它贡献毕生的精力；它又有极高的威望，以它的精确度来衡量人类各个时代的数学水平。

e 具有高雅庄重的风度。如果仅仅认为它只是自然对数的底数，那么未免显得肤浅；在自然科学中，它的内容极为丰富。从定义看，它是无穷级数的和；就实质说，它是宏伟壮观、严整精密的大自然结构的产物。以普通人看来，它是一个简单的常数；在科学家眼里，它是数中的精灵。人类探索它的奥秘越多，人类就越聪明。

π 和 e 是一对孪生兄弟。它们有个性，π 与曲线相好，e 与万千气象结下友谊；它们又有共性，是无理数，又是超越数。我们无法计算出它们的确切值，只能用无穷形式来表示。如果你用尺规能画出它们的长度，那么你在世界上就创造了奇迹——其实是不可能的。

奇妙而有趣的是，欧拉以其惊人的天赋和敏捷的分析，给出了整个数学中最卓越的等式：

$$e^{i\pi}+1=0$$

它是自然界的神奇巧立和人类聪明智慧的综合产物，是数学中的一大杰作。数苑中的“五朵金花”竟能开在同一树枝上，不可谓不绝！难怪数学家说：“数学实质上是艺术的一种。”

知识的海洋是无穷无尽的，愿你像“π”那样富有钻劲，像“i”那样富于幻想，像“e”那样联系实际，一切从“0”开始，从眼前迈开第“1”步，沿着崎岖的道路，在知识海洋里，勇敢地探索和追求吧。

苏枫读完后，全班学生情不自禁地鼓起掌来，并纷纷要抄下这篇文章。班长刘星对我说：“任老师，这篇文章让我们先分割成多份，大家轮流抄，以后新抄一份还你。”已经是上午放学的时候了，全班人不肯离去，生怕离去就抄不到了。我在被学生真情感动的同时，也品味着当教师的幸福。我赶忙对刘星说：“你们尽管拿去抄，我留有底稿。”

第二天上课，我对学生说：“同学们可以试写数学小品文：$f(x)$。”

我还故意激学生，说：“我若是语文老师，就出这道题，作为高考作文题，背景绝对公平。”

是啊，哪个高中生不知 $f(x)$ 呢？

课例 69　神秘玫瑰

让学生感受数学之美，有时是很简单的一件事，繁花曲线规就能画出美丽的图案。没有繁花曲线规，也能画出美丽的图案。

我让学生用圆规将圆周 15 等分，标出 15 个点（如图 4-28），任意两点都连接线段，看看会有什么结果?

图 4-28

训练学生的专注力好像开始了，还有学生对“任意两点”的认识也开始了。

画着画着，一条美丽而神奇的曲线呈现在学生的眼前了——一朵神秘的玫瑰（如图 4-29）。

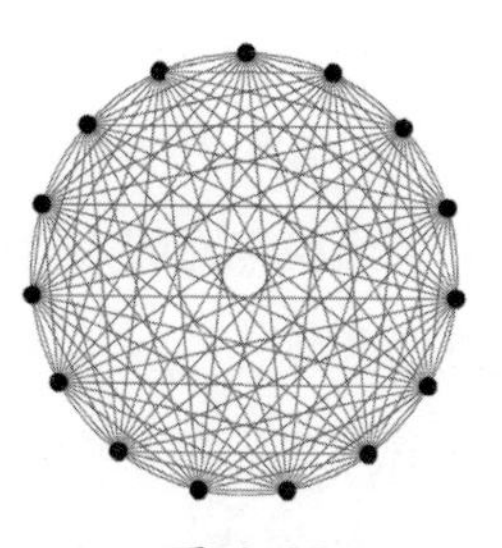

图 4-29

课例 70　四等分圆

思维是人类特有的一种精神活动。孔子说“学而不思则罔”，意思是说“只读书而不思考，就等于没有读书”。

发散思维，即求异思维，是从一到多的思维，它往往是从一个问题、一个条件、一个已知事项出发，沿着不同的方向，从不同的角度，去寻求不同的答案。

其特殊，表现为思维活动的多向性；

其功能，表现为可不断挖掘深层信息，创新思路和方法；

其操作，表现为由点到线，由线到网，由网到体的思维境界。

有人说，发散思维是“思维与灵魂的对话”，也有人说，发散思维训练，可以让人深深体味到“纸上得来终觉浅，心中悟出方知深”的真谛。

发散思维训练，有许多方法和典型例题，就数学而言，我觉得“四等分圆面积”问题，就是一个很好的“题根”。

问题：将一个半径为 r 的圆分成四个面积相等的部分，请尽可能多地设计分割方法，并分析哪些方法可以用尺子和圆规画出。

我们相信，如图 4-30，①是全班同学都会想到的分割方法，②和③的分割方法也不是很难想到的。

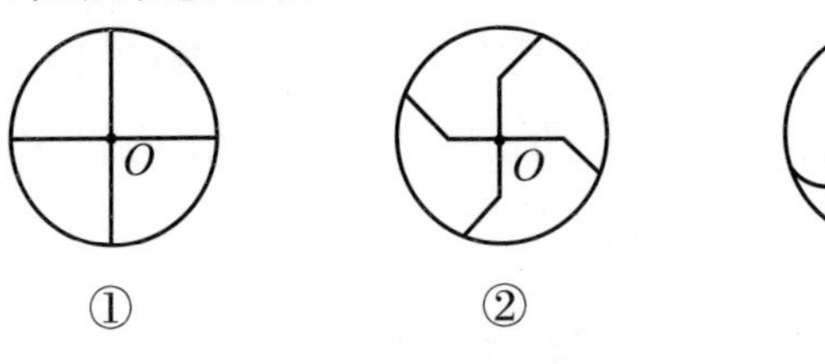

图 4-30

哲学家歌德曾风趣地说：“经验丰富的人读书用两只眼睛，一只眼睛看到纸的话，另一只眼睛看到纸的背面。”

教师要引导学生找规律、抓本质，揭示图 4-30 的实质是：由圆心 O 与圆周上一点“任意连线”，将连线连续三次向同一方向旋转 90 度，即“一般性地解决了这类问题”，再见图 4-31 ①，特别说明，这条“连线”可以是曲线，只要这条曲线尺规能画出，则可以由尺规分割。这种分割法，其实可以画出无数种。

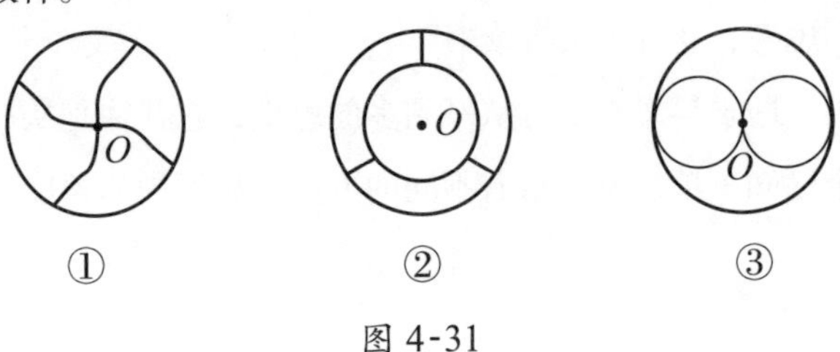

图 4-31

但，上述方法仍无突破“全等”的情形。

能否突破“全等”的情形，分割成“不全等”的情形呢?

我相信，学生一定能发现，半径为$\frac{r}{2}$的圆面积是原来圆面积的$\frac{1}{4}$。

沿着这条线索，可得到图 4-31 ②和③。

教师此时要给学生“极大的鼓励”，因为他有突破。

还能沿着这思维再挖一点吗?

学生跃跃欲试，全班突然安静下来，突然，有个学生叫道“我有了”。

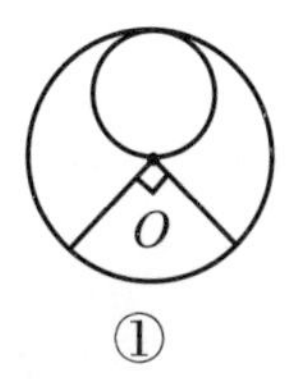

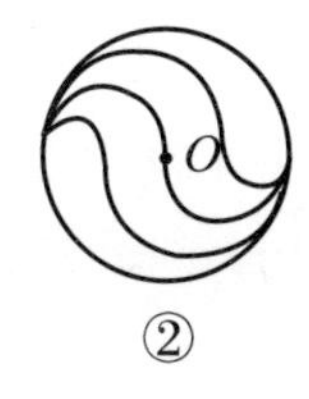

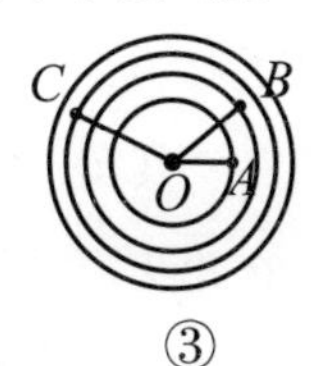

图 4-32

图 4-32 ①的构造令我惊愕，也令全班同学惊愕！继而全班同学情不自禁地鼓掌，这是“对他智慧的最高赞赏”，从而让学生体会到了“探索的快乐”和“成功的快乐”。

“先告一段落，再往别处想。”教师启发道。

一会儿，就有了图 4-32 的②和③，②是很美丽的，③是很有创意的。

图 4-30 ①②③和图 4-32 ①②是可以用尺规画出来的，图 4-32 ③ 呢?

不难算出，$OA=\frac{r}{2}$，$OB=\frac{\sqrt{2}r}{2}$，$OC=\frac{\sqrt{3}r}{2}$。如何用尺规画出它们呢? OA 是容易画出的，我们就以$\frac{r}{2}$为半径画圆 O，如图 4-33 ①。

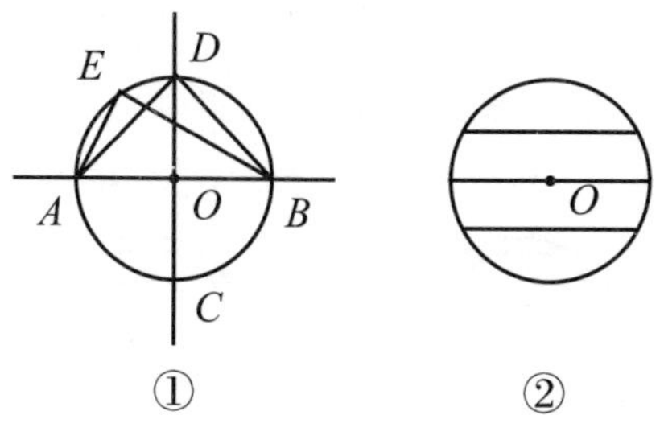

图 4-33

直径为 AB，再画线段 AB 的垂直平分线交圆 O 于 CD，以 A 为圆心，$\frac{r}{2}$ 为半径画弧交圆 O 于 E，连接 AD、BD、BE，则 $BD=\frac{\sqrt{2}r}{2}$，$BE=\frac{\sqrt{3}r}{2}$。这样，我们就可以以 O 为圆心，分别以$\frac{r}{2}$、$\frac{\sqrt{2}r}{2}$、$\frac{\sqrt{3}r}{2}$为半径画圆，得到图 4-32 ③。

受前面分割的启发，有学生画出了图 4-33 ②，思维简捷，又有创意！但一计算，发现还不能用尺规画出，因为涉及圆周率。

我风趣地说："谁能只用尺规画出来，他就在世界上创造了奇迹！"学生们兴奋起来了。

我接着说："其实，那是不可能的，它是几何三大不可能问题。"因为我不想让学生在此花费太多的精力。

学生思维打开后，我不失时机地进行启发，希望学生再发散、再联想。于是又有了不少的新发现：图 4-34 中①②③是可以用尺规画出的，④⑤⑥虽创意新颖，但不能用尺规画出。

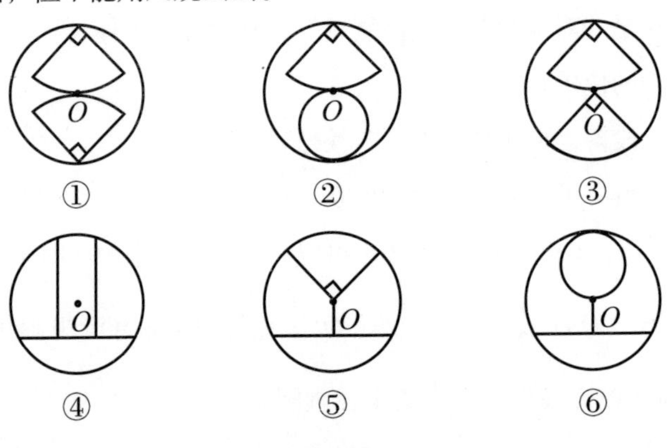

图 4-34

一石激起千层浪。学生思如泉涌，个个开动脑筋，或组合构造，或另辟蹊径，或"胡思乱想"，又得到如图 4-35、图 4-36 的 12 个图形。

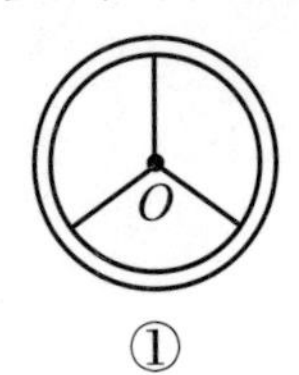

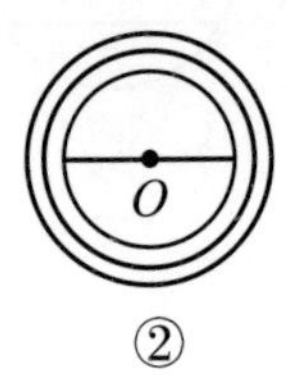

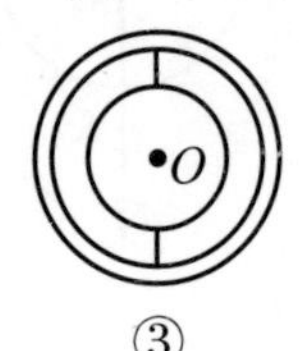

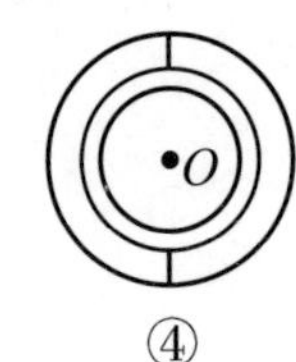

图 4-35

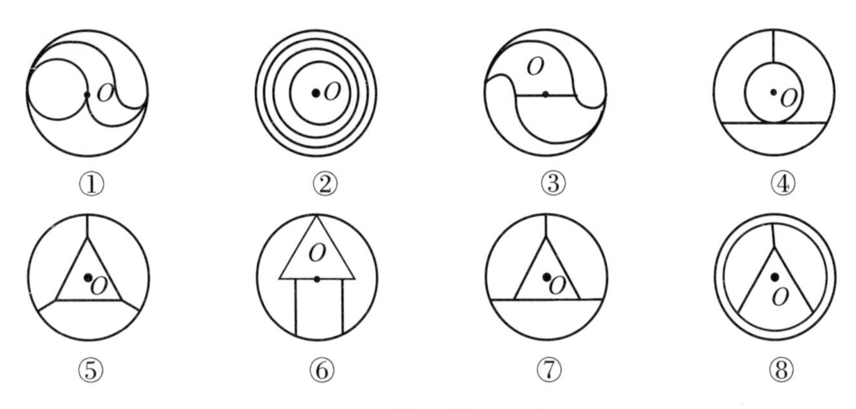

图 4-36

这时，又有学生指出，许多分割还可以有新的“小变化”，如图 4-35 ①中的三条线段不一定均为线段，也可以是“相似的曲线”；类似的，图 4-35 ②中的线段，图 4-35 ③中的线段 ，图 4-36 ③中的线段；图 4-35 ④中的最里面的小圆不一定“同心”，只要“内含”或“内切”即可。

这样说来，我们又可以得到无数种分割方法。

我正得意于、陶醉于这节课的颇多意外收获时，一个学生又大声叫了起来：“老师，有很多图形可以‘动’！”“哪些图形可以动？又怎么动？”我惊喜，佯装自己也没弄明白，便笑眯眯地问。

学生答：“图 4-32 ③的每个圆都可以动，不必同心，只要相对内含或内切即可。”我惊叹：“哇，动起来真漂亮！”

另外又有不少学生补充说：“那图 4-35 ③中间的圆可沿线段所在直线上移动。”“图 4-35 ④也可动。”

“图 4-33 ②可以动！”一个数学学得不太好、平时不善发言的学生，也憋不住发了言。他还给出了 4 个变形图（如图 4-37）：

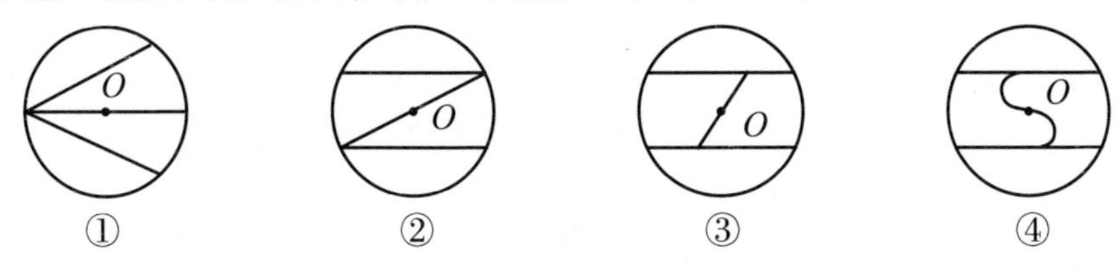

图 4-37

有学生反驳道：“这几个图尺规画不出。”我抢过话头，说：“虽然尺规画不出，但想法很有创意，很有价值！”我特别强调“很有”。学困生的“偶尔闪光”，是需要教师充分表扬和肯定的。

我看“发散”得差不多了，觉得该“收心”了，要归纳总结了，在归纳中类比，在类比中再发现新的分割法。

总结可从面积为圆面积$\frac{1}{4}$的“基本元素”的组合。

图4-38中的阴影部分为“基本元素”：

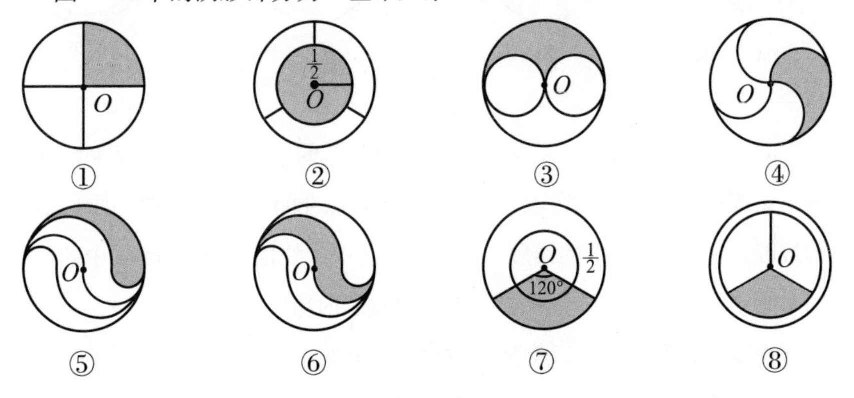

图 4-38

（1）一个“基本元素”的四次组合：情况太少。

仅有图①和④这类。

（2）两个“基本元素”的组合：异彩纷呈。

图4-38中⑤~⑧和图4-39中①~⑥，这10个图形是同一个“基本图形”的二次使用。

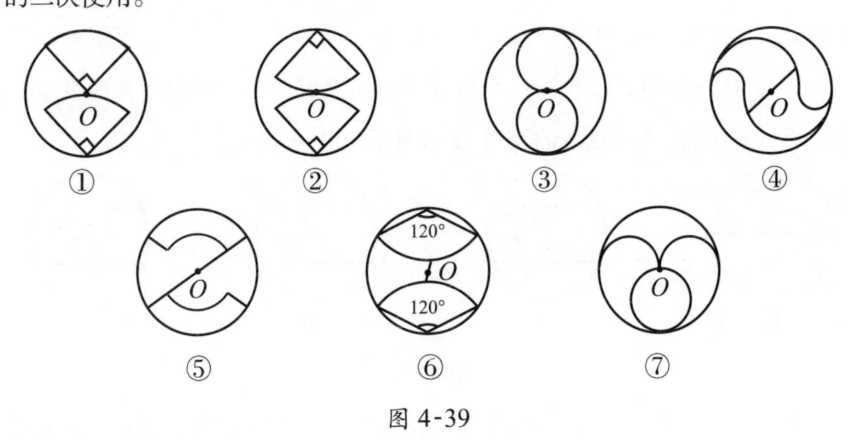

图 4-39

这时有学生说，图 4-39 中⑤和⑥还可以变化：“基本图形”还可以“转”（如图 4-40）。

图 4-40

图 4-39 中⑦和图 4-41 中①～④是三个不同的“基本图形”的组合。

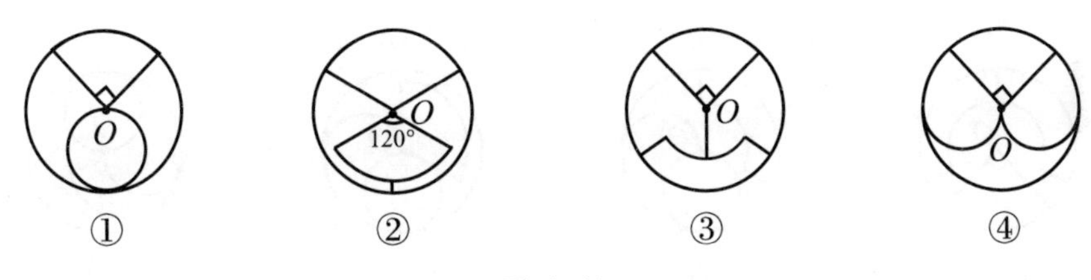

图 4-41

一个“直角扇形”与其他“基本图形”的组合已经“眼花缭乱”了。

下面考虑“半径为$\frac{1}{2}r$的圆”与其他“基本图形”的组合（如图 4-42），前面已经重复的图 4-39 ⑦、图 4-41 ①等不再列出。

图 4-42

其他“扇形”“扇环”的组合还有（如图 4-43）：

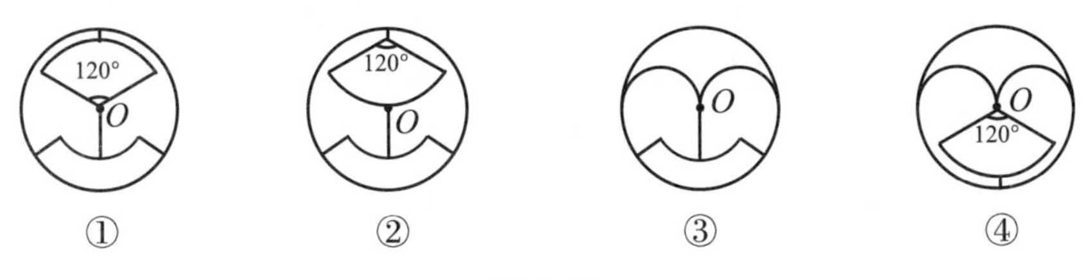

图 4-43

（3）三个“基本图形”的组合：巧夺天工（如图 4-44）。

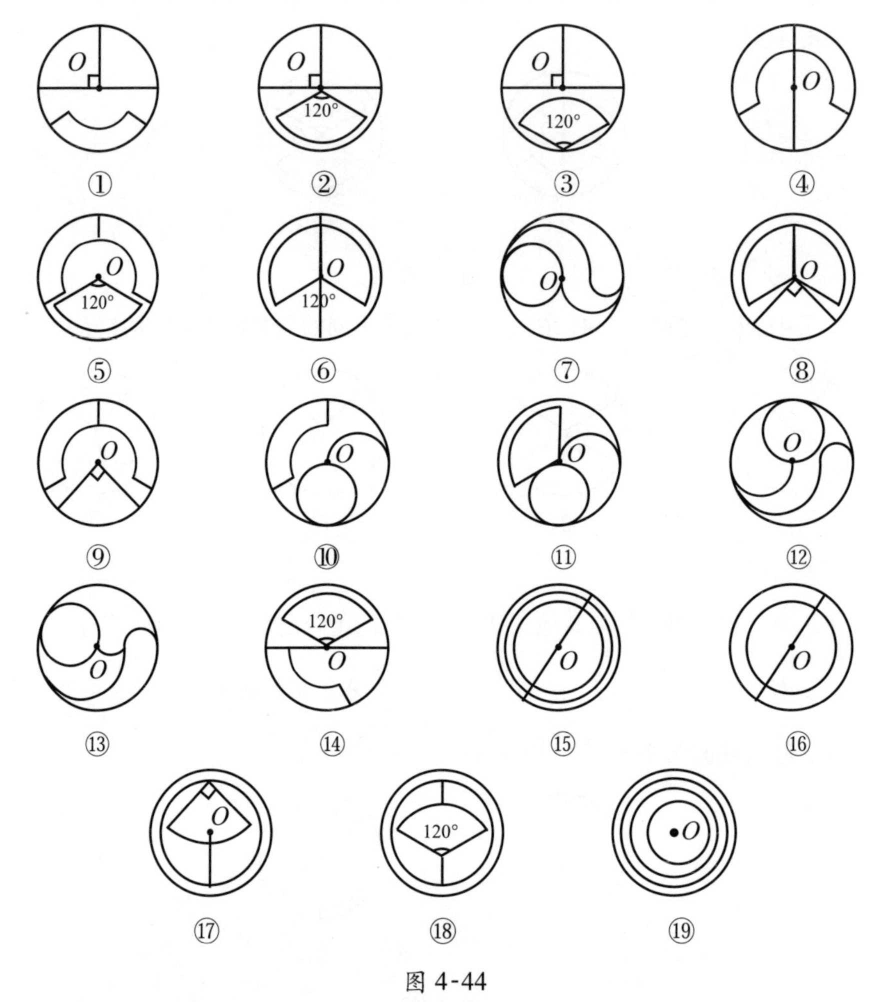

图 4-44

肯定还有许多新的可用尺规画图的分割法。

我问学生，可否增加一些限制条件，学生纷纷作答。

变 1：用尺规将一个圆的面积四等分，且分割线必须通过直径的两个端点 A 和 B。

变 2：用尺规将一个圆的面积四等分，且分割后的四个图形全不相同。

……

显然满足变 2 的分割方案有图 4-44 中⑦、⑩、⑪、⑫、⑬、⑭、⑲ 等。

这时，有位前面一直没有发言的学生举手要求发言，说：“老师，可能还有好多新的分割法。如果把下面图中的阴影也作为‘基本元素’的话。”

该生索性走上讲台，画了起来（如图 4-45）。

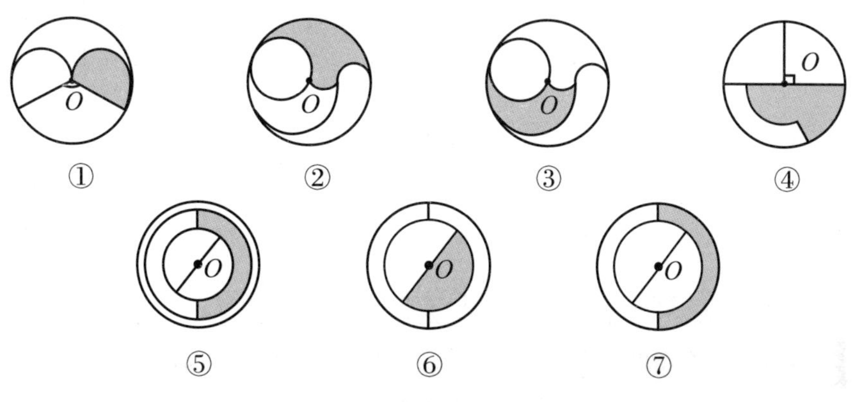

图 4-45

哇！全班惊叫声一片，我也惊奇、激动。

是啊，这样一来，又可以组合出更多的新的分割方法。

该生再次走上讲台，仅取图 4-45 ⑦中的“基本元素”，随便画了几个（如图 4-46）。一边画还一边说：“图 4-46 ⑥分割的图形全不同！”

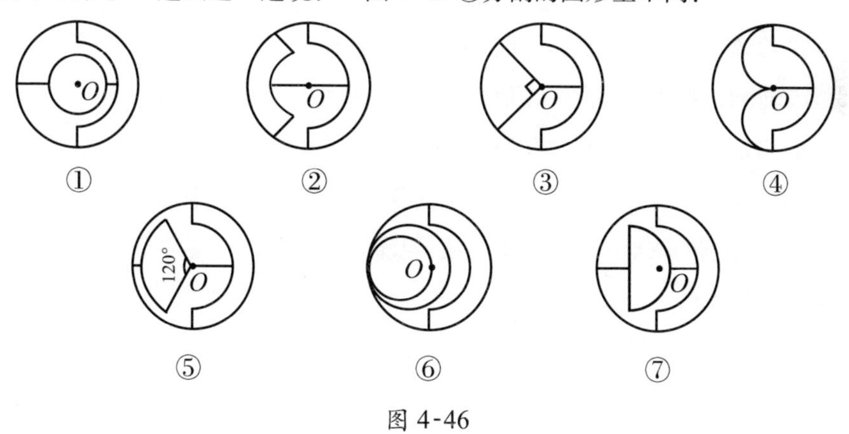

图 4-46

该生还不过瘾，又画了一个图 4-47，还说此图尺规可画，因为$r<\sqrt{2}r<\frac{3}{2}r$。

图 4-47

全班又是一片掌声。

过了一个多月，一个学生发来邮件，说他又发现了新的分割法，如图 4-48。

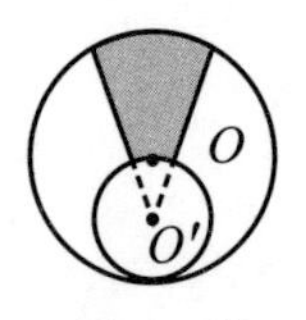

图 4-48

该生还通过计算，说明可尺规画图，计算如下：

由 $S_{阴}=\frac{x}{2\pi}\cdot\pi\left(\frac{3r}{2}\right)^2-\frac{x}{2\pi}\cdot\pi\left(\frac{r}{2}\right)^2=\frac{1}{4}\pi r^2$，得 $x=\frac{\pi}{4}$。

又是一个全新的创举！我激动不已，准备第二天上课时向全班“庄严宣布”。

我立即打电话，向这位学生祝贺！充分肯定他的探索精神。

我随即把这个新发现，写进自己的教案本。

忽然，我发现这种分割“有问题”！

为了不伤这位学生的心，当晚我没有再给这位学生打电话，我要让他再高兴一个晚上，或让他自己发现“有问题”，他若当晚自己没找出，第二天，我会让他自己找出“漏洞”，他若找到了，我将再赞美他一次。

读者朋友们，你发现“漏洞”了吗？

又过了一个多月，又有一个学生找我，说他找到了一种分割法，可以有无数种“分割的图形全不同”的方法，我睁大眼睛想找“漏洞”，我惊叹！我找不到漏洞！

什么是理想的课堂教学？有许多评价方法。

我认为，就数学课堂而言，学生走进课堂时，应当“满怀希望，面对问题”，而学生走出课堂时，则“充满自信，怀抱好奇”。因为他们还有许多问题，需要进一步探索，进一步解决。

课例 71　四联蜂窝

“四联蜂窝”问题，小学生就可以玩，中学生可以玩“五联蜂窝”，当然也不能绝对，经常出现小学生比中学生玩得更好的情况。只要学生感兴趣，玩得来，教师就可以适度超前玩起来。事实上，许多数学之玩，是没有年龄界限的。

给出正六边形木块 35 块，除去旋转、反射相同的情况，我们用 2 块正六边形得到 1 种拼块，用 3 块正六边形得到 3 种拼块，如图 4-49。所谓拼块，就是两个正六边形至少要有一条边重合。用 4 块正六边形，你能得到几个拼块？

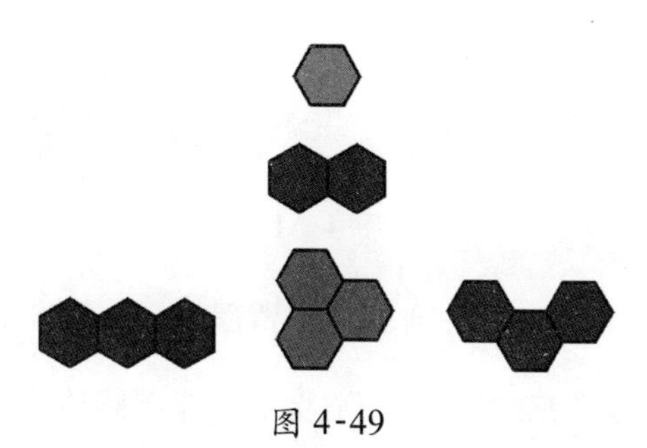

图 4-49

常有家长带着孩子来我家，我曾让孩子玩这个游戏，我发现，孩子玩得比家长要好，这也证实了我前面的观点。

孩子们玩着玩着，就感受了旋转、反射，就初步体验分类，至于观察和思维能力的训练，自然也少不了。

如图 4-50，共有 7 个拼块，“一个都不能少”不容易，“一个也不能多”也要注意。这就是数学“分类讨论”中常说的“不重复，不遗漏”。

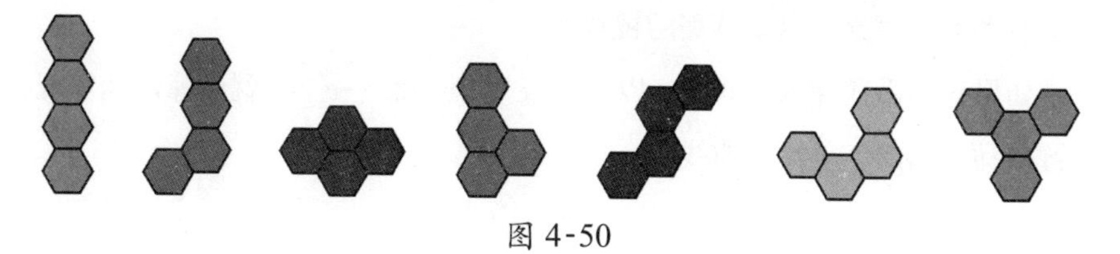

图 4-50

“五联蜂窝”本质上与“四联蜂窝”是一类问题，只是难度加大了，若要培养学生或孩子的专注力、意志力、耐心精神，那就让他们玩吧。如图 4-51，共有 22 个拼块多人比拼，看谁“拼”得多。每一种拼块，都具有各自的“形态美”。

图 4-51

课例 72　手臂摆动

我们无论在数学美感的发掘上，还是在数学美感的运用上，都做得还不够。换句话说，研究“数学教学中数学美感”的问题，并在数学教学中加以应用，有着宽广的前景。

许多老师都执教过“正弦函数的图像”这节课，教学生怎么画正弦函数的图像。许多学生都有“学数学究竟有什么用”的疑问，“为画图像而画图像”，其实我们完全可以用身边的现象揭示数学之用和数学之美。

就说跑步吧，运动员在跑道上奔跑，手臂随步伐摆动起来。远远看去，上下摆动的手臂给人以动感美的视觉效果。

如果我们做些深入的研究，以数学眼光“透视”一下，就会惊奇地发现，手臂摆动“画出”美丽的曲线。

究竟是什么曲线呢？

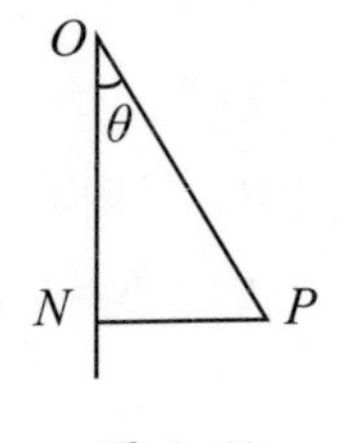

图 4-52

如图 4-52，我们以 ON 代表手臂的垂直位置，当手臂摆动至 OP 位置时，设 $\angle PON=\theta$ 为摆动的幅角。PN 表示 P 点离开直线 ON 的水平距离，设 $OP=r$ 为后臂的长度。

通常情况下，人的手臂摆动的最大幅角为 $\theta_0=\frac{\pi}{4}$，摆动中 $PN=r\sin\theta$，则摆动到最大幅角时 $PN=r\sin\theta_0$。

设 $a=r\sin\theta$，由于幅角 θ 随时间 t 改变，因此，θ 与 t 成正比。设 T 为摆动周期，即手臂完成一个摆动所需的时间。

我们列出一个表：

t	0	$\frac{T}{4}$	$\frac{T}{2}$	$\frac{3T}{4}$	T
PN	0	a	0	$-a$	0

根据上表，我们就可以画出手臂摆动“画出”的曲线（如图 4-53）。

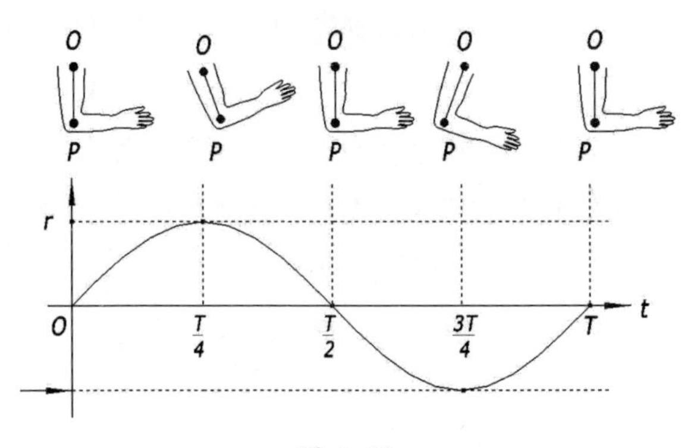

图 4-53

哇！一条我们熟知的正弦曲线！

我们期盼更多的充满美感的“秀气”的数学课！

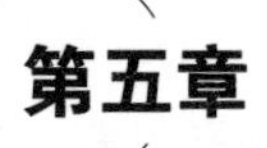

第五章

玩味数学——玩出价值

后生可畏

数学之“玩”，我和学生玩着玩着就“玩”出了“文化”。这里讲的“文化”指的是魅力无穷的数学文化。数学文化是什么？是数学之趣，是数学之史，是数学之美，是数学之思，是数学之用，是数学之奇，是数学之语，是数学之探……我们不仅能玩着游戏学数学，还能玩着游戏品数学文化。

爱因斯坦曾说：“教育，就是忘记学校教给我的一切知识之后，所剩下的东西。”这剩下的东西，就是能力，就是素养，就是学生一生中最重要的东西。

时代在发展，世界在变化。“如何培养学生的核心素养”，已成为世界主要国家关注的话题，我国也发布了《中国学生发展核心素养》的总体框架和基本内涵。数学核心素养包含数学抽象、逻辑推理、数学建模、数学运算、直观想象、数据分析六个方面。数学学科核心素养的培养，可以通过学科教学和综合实践活动课程来具体实施。我以为，走向“玩味”之境的数学之“玩”，完全可以“玩出”素养。

有许多游戏的例子能够说明探索数学、游戏或智力问题所需要的思维过程的相似性。数学史上经常出现这种情况，思考一个像游戏似的有趣问题，往往会产生新的思维模式。从这个角度说，我们的数学之“玩”就像经历了数学家之“探”的过程，我们玩着玩着也许就“玩出”一个未来数学家。

第一节　玩出文化

数学文化，简单地说，是指数学的思想、方法、观点，以及它们的形成和发展；拓展一下就把数学家、数学史、数学美和数学的“横向联系”融了进去。数学的文化价值体现在：数学是打开科学大门的钥匙；数学是科学的语言；数学是思维的工具；数学提供一种思想方法；数学充满理性精神；数学与艺术有密切的关联。

数学是一种文化。

数学之玩，有意而为也好，无意渗透也罢，都流淌着数学文化的精髓。

课例 73　猜谜也能用数学

猜谜指导

小时候，父母所在单位经常举办猜谜活动，我是每场必到的。灯谜独特的魅力和包罗万象的百科知识深深地吸引了我。在谜场上我学到了不少知识，增长了智慧，同时也对所学课程产生了浓厚的兴趣，因此，我小时候的学习成绩一直不错。

中学毕业以后，我就“上山下乡”了。在那个年代，多少人在疯狂地损耗，而我出于对谜语的爱好，在知青队里经常搞猜谜活动，既给队里枯燥的生活带来了乐趣，又使自己充实了不少知识。

刚恢复高考，我抱着“学好数理化，走遍天下都不怕”的思想参加了高考，并考上了数学系。高考中我的文科成绩也较好，这里也有灯谜的一份功劳。

读理科是挺辛苦的，课余猜谜，既调剂精神，又不乏乐趣。若逢节假日，或奔出校园，活跃于谜场，或在校内悬挂谜条，主持谜会，生活过得富有意义。宿舍里的“床上会议”也多半是在谈谜中度过的。学友们称我是“理科中的文才”，而我则深深感到：“数年寒窗伴灯谜，学习猜谜两相益。”

到了中学当老师，灯谜更派上了用场。我是班主任，便在班级中经常举办谜会，活跃学生课余生活，充实第二课堂内容，收到“寓教育于娱乐之中，增知识于谈笑之间，长智慧于课本之外”的效果，受到领导、师生和家长的好评。

更有绝的，我上数学课时对学生说，我们能用数学来猜谜。学生不信，我出一谜题让大家猜：“天没它大，人有它大（猜字）。”

有学生猜出了谜底。

我接着说，其实全班同学都能猜出，学生更不信！

我说，我们用方程来猜谜吧。

设谜底“它”为 x，依谜面之意有

$$\begin{cases} \text{天} - x = \text{大} \\ \text{人} + x = \text{大} \end{cases}，\quad \text{则} \begin{cases} x = \text{天} - \text{大} = \text{一} \\ x = \text{大} - \text{人} = \text{一} \end{cases}，\quad \therefore x = \text{一}。$$

学生惊愕，怎么不知不觉就把谜底“解”出来啦！

接着，我又出一谜“知难相逢叹别离（猜字）”让学生猜，有不少学生猜出。

x= 知 + 难 − 叹 = 雉。学生掌声四起。

读者朋友，你看到那个被减去的“叹”字吗?

那天的数学作业，我特地布置了一道猜谜题：“各有风格（猜字）”。

效果还真明显，第二天几乎全班学生的谜底都为“枫”字。

学生已经会这样猜谜了：x+ 各 = 风格，所以 x= 枫。

我上“集合概念”时，我先出一谜题：“刘邦闻之则喜，刘备闻之则悲（猜字）。”

我风趣地说，设 A={刘邦闻之则喜}，B={刘备闻之则悲}，引导学生回忆，学生七嘴八舌，说 A 里有什么什么，说 B 里有什么什么，我说往大处想，进一步启发，我们的任务是什么？是求 $A \cap B$ 啊！有学生想到“羽”，对刘邦而言“项羽之死”是喜，对刘备而言“关羽之死”是悲。我进一步启发道：“交是什么？”学生答道：“羽之死”。

忽然一学生叫道：“谜底是‘翠’，‘翠绿’的‘翠’。”我故意问：“何解？”学生自豪地回答：“‘羽之死’就是‘羽卒’，合起来为‘翠’。”全班又是一阵掌声。

那天数学作业的谜题为：“四五六八九（猜七字俗语）。”读者不妨猜猜看。

我上“无穷递缩等比数列”一课时，课前在黑板上写上：

$$\frac{2}{3}\text{（猜成语）}$$

学生好奇，怎么有这样的谜，分数做谜面？我神秘地说：“算一算，就能猜中！”

$\frac{2}{3}=0.666\cdots$，学生一时还没反应过来，我进一步启发道：“6，汉字怎么写？”

学生中传来了“陆续不断”的声音，待大家悟出谜底之意时，掌声、笑声渐起。

我顺势大声说：对，6（陆），续，还不断！这就是

$$0.6，0.06，0.006，\cdots$$

这就是这节课要讲的“无穷递缩等比数列”。至今学生见到我时，还有一些学生提到当年的这节课。

课例 74　汉诺塔

中小学数学教师，都应该和学生玩“汉诺塔”游戏。小学生可玩，中学生可玩，其实大学生也可玩，各有各的玩法，各有各的视角。小学生玩的更多的是兴趣，是手脑并用，是初识递推；中学生玩的更多的是探寻规律，是提出猜想，是归纳证明；大学生玩的可能是递归算法和数学文化。

不论哪个学段玩，都要讲“汉诺塔”这个问题来源于印度。

传说在印度佛教圣地贝拿勒斯圣庙里，安放着一块黄铜板，板上插着三根宝石针，其中一根从下到上放着从大到小的64片金片，这就是所谓梵塔（如图 5-1）。昼夜都有一个值班的僧侣，按下列法则移动金片：一次只能将一片金片从一根针上移到另一根针上，而且小片永远在大片的上面。当64片金片全都从一根针移到另一根上时，世界就将在霹雳一声之中毁灭。

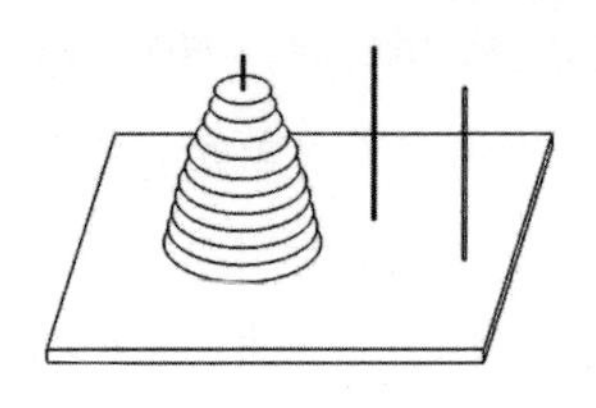

图 5-1

这个故事纯属传说，但是用数学方法探求梵塔移动的次数倒是蛮有意思的。

设把 n 片金片全都移到另一根针上所要移动的次数为 $f(n)$。

当 $n=1$ 时，$f(n)=1$。

当 $n>1$ 时，为了移动 n 片，必须先把上面的 $n-1$ 片移到另一根针上，要移动 $f(n-1)$ 次；再把最下面的大片移到第三根针，最后用 $f(n-1)$ 次把第三根针上的 $n-1$ 片移到第三根针上。

这样得到 $f(n)=2f(n-1)+1$，即 $f(n)+1=2[f(n-1)+1]$，于是数列 $\{f(n)+1\}$ 是首项为 $f(1)+1=2$，公比为 2 的等比数列，因此 $f(n)+1=2^n$，$f(n)=2^n-1$。

由此可知，当 $n=64$ 时，需移动 $2^{64}-1$ 次才能把 64 片金片移到另一根针上。这是一个多大的数字呢？

一年总共有 $60\times60\times24\times365.25=31557600$ 秒，假定僧侣们每秒移动一次，昼夜不停，也需 5800 多亿年才能完成。按照现代宇宙进化论，地球是在大约三十亿年前由不定性物质形成的，而太阳系的寿命约为五百亿年。

因此，还没等僧侣们移完，地球早就“寿终正寝”了。

这个问题看上去似乎不太难，但真的操作起来还是比较烦琐的，不信的话读者可以试一试。

美国人工智能专家拉南（Ranan.B.B）在考虑汉诺塔问题如何操作时，提出一种出人意料的简单方法，移动金片时只须遵循下面两步操作：（1）第1片金片（最小的）永远按固定方向移动；（2）其余的金片只须移到它允许移动的位置。

这一发现，使数学家、人工智能专家和机器人工程师都目瞪口呆了！

比如3片金片的情形，最小的一片永远按照A，B，C，A，B，C，⋯方向顺序移动，其余的只须移到它允许移动的位置即可。具体操作如下：①（$A\to B$）；②（$A\to C$）；①（$B\to C$）；③（$A\to B$）；①（$C\to A$）；②（$C\to B$）；①（$A\to B$），至此金片全部移至B。

如图5-2，这里①，②，③表示金片号码，$A\to B$表示该金片从A移至B等。

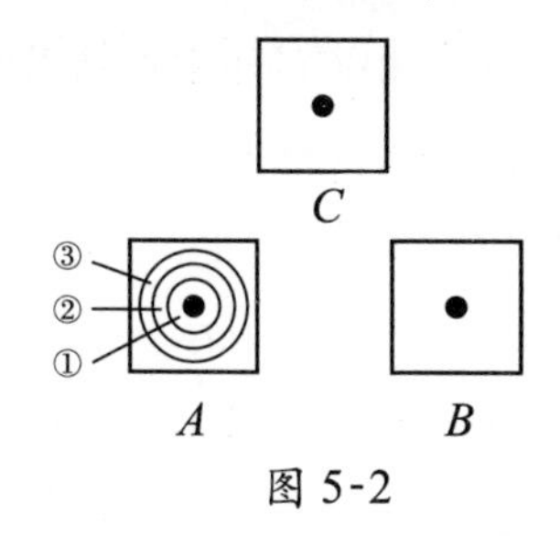

图 5-2

对一个古典问题的创新探索，是数学家的一种精神。

课例75　黑白木块

给出一些黑色和白色正方形木块，请将这些木块自上而下相连摆放，当n=1，2，3，4时，在所有不同的摆放方案中，黑色正方形不相连的摆放方案如图5-3所示。

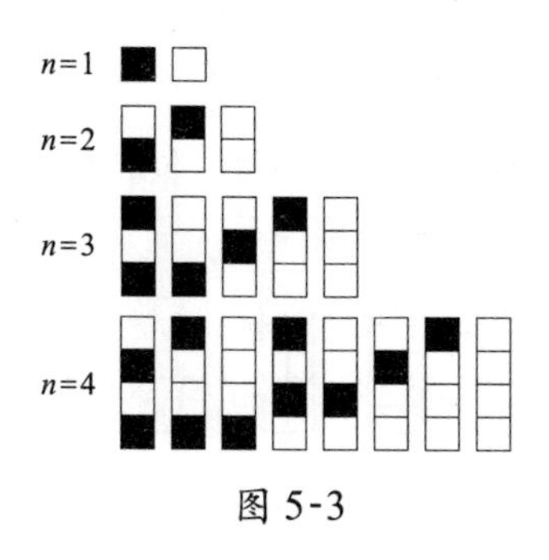

图 5-3

由此推断，当 $n=6$ 时，黑色正方形互不相连的摆放方案共有____种，至少两个黑色正方形相连的摆放方案共有_____种。

这是 2011 年高考湖北卷理科第 15 题，被普遍认为是具有“数学文化”背景的高考题。

我们分析一下：设自上而下相连的正方形摆放的方案数是 a_n，当 $n\geqslant 3$ 时，这种摆放方案包括两种情形：第 1 个正方形摆白色，则后面的（$n-1$）个正方形的摆放颜色方案数是 a_{n-1}；第 1 个正方形摆黑色，则第 2 个正方形必须摆放白色，后面的（$n-2$）个正方形的摆放颜色方案数是 a_{n-2}。所以 $a_1=2$，$a_2=3$，$a_n=a_{n-1}+a_{n-2}$（$n=3$，4，5，…），发现这是斐波那契数列：2，3，5，8，13，21，34，…

$a_6=21$；因为给 n 个自上而下相连的正方形的黑色或白色摆放方案数为 2^n，所以至少两个黑色正方形相连的摆放方案数为 2^n-a_n。当 $n=6$ 时，$2^6-a_6=64-21=43$。

又见“斐波那契”！学生非常兴奋，“有多少数列题能走向斐波那契？”

我顺势让学生回顾一下“课例 35 爬楼梯问题”中的“镜头 5：砌砖问题”。

如图 5-4，给出长 2 个单位、宽 1 个单位的“砖”（用木块代替）6 块。

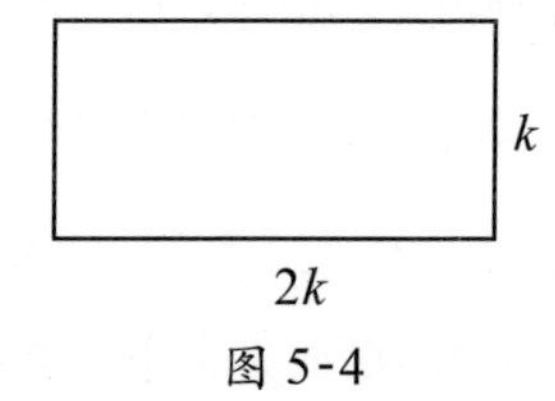

图 5-4

如图 5-5，可以有 3 种不同方式砌成长 2 个单位、宽 3 个单位的矩形。请问，可以有多少种不同方式砌成长 2 个单位、宽 6 个单位的矩形？

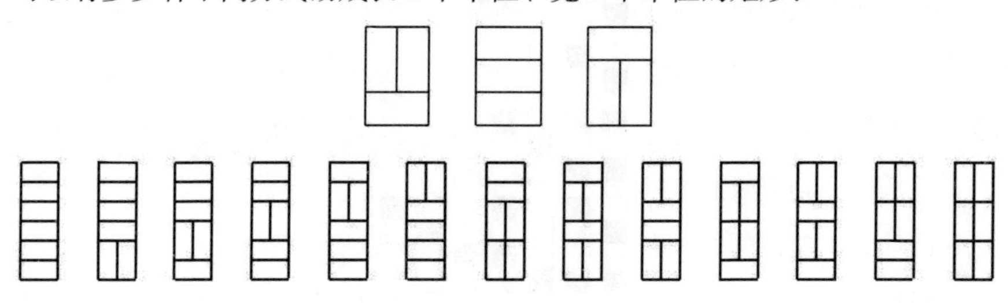
图 5-5

我们动手砌，耐心砌，不重复不遗漏地砌，共有 13 种不同的砌法。如果给你 7 块砖、8 块砖……你还有耐心砌吗？看来“动手”是不行了，必须“动脑”。

设 n 块砖共有 a_n 种不同的砌法，第一块砖有“横放”和“竖放”两种情况：“横放”时，其余的砖共有 a_{n-1} 种不同的砌法；“竖放”时，用了 2 块砖，其余的砖共有 a_{n-2} 种不同的砌法。故 n 块砖的砌法数 $a_n=a_{n-1}+a_{n-2}$（n=3，4，5，…），啊！这就是斐波那契数列。

小链接：斐波那契，中世纪意大利数学家，是西方第一个研究斐波那契数的人，并将现代书写数和乘数的位值表示法系统引入欧洲。其写于 1202 年的著作《计算之书》中包含了许多希腊、埃及、阿拉伯、印度，甚至是中国数学相关的内容。

课例 76　厦门中秋博饼

以厦门为代表的一方闽南地区，在中秋期间盛行一种称为“博饼”的游戏。

相传三百多年前，为驱荷复台，民族英雄郑成功在厦门操练水师。郑成功部将洪旭为宽慰士兵们的思乡情，筹划中秋“博饼”活动。让全体将士以博会饼之乐一解思乡之愁。会饼模仿四级科举制，设“状元”一块、“对堂”（榜眼）二块、“三红”（探花）四块、“四进”（进士）八块、“二举”（举人）十六块、“一秀”（秀才）三十二块，共计六十三块，暗含七九六十三之数，以求吉利。因为九九八十一是帝王数，八九七十二是千岁数，郑成功封过“延平王”，所以用的是六十三之数。

我从山区来到厦门，第一次玩“博饼”时，异常兴奋。一是这游戏内涵太丰富，有拼搏，要进取，讲平等，显自由；二是这可以成为一个很有趣的数学研究性问题，于是“数学视角下的中秋博饼”小课题在我头脑中形成了。

条件：一副 6 枚的骰子，一副碗。

活动：一次性将 6 枚骰子掷入碗中，看骰相。

研究：为了研究方便起见，我们将骰子 6 个面的点数用 1，2，3，4，5，

6六个数字来代替，并用1×6的表格表示骰相。N_i表示出现机会数，$i=1,2,\cdots,16$。

我们知道，一枚骰子有 6 个面，即有 6 种状态，6 个骰子就有 $6^6=46656$ 个状态。

下面我们按民间习俗，从“大”到“小”计算各种骰相出现的机会。

状元插金花：骰相

4	4	4	4	1	1

$N_1=C_6^2=15$。

六勃红：骰相

4	4	4	4	4	4

$N_2=1$。

遍地锦：骰相

1	1	1	1	1	1

$N_2=1$。

六勃黑：骰相

X	X	X	X	X	X

$X=2$，3，5，6。

$N_4=C_4^1=4$。

五红：骰相

4	4	4	4	4	X

$X=1$，2，3，5，6。

$N_5=C_6^1\cdot C_5^1=6\times 5=30$。

五子带一秀：骰相

X	X	X	X	X	4

$X=1$，2，3，5，6。

$N_6=C_6^1\cdot C_5^1=30$。

五子：骰相

X	X	X	X	X	Y

X，$Y=1$，2，3，5，6，且 $X\neq Y$。

$N_7=(C_6^1\cdot C_5^1)\cdot C_4^1=120$。

状元：骰相

4	4	4	4	X	Y

X，Y=1，2，3，5，6，且 X，Y 不能同时为 1。

$N_8=C_6^2\cdot(5^2-1)=360$。

对堂：骰相

1	2	3	4	5	6

$N_9=P_6^6=720$。

三红：骰相

4	4	4	X	Y	Z

X，Y，Z=1，2，3，5，6。

$N_{10}=C_6^3\cdot 5^3=2500$。

四进带二举：骰相

X	X	X	X	4	4

X=1，2，3，5，6。

$N_{11}=C_6^2\cdot C_5^1=75$。

四进带一秀：骰相

X	X	X	X	4	Y

X，Y=1，2，3，5，6，且 $X\neq Y$。

$N_{12}=P_6^2\cdot C_5^1\cdot C_4^1=600$。

四进：骰相

X	X	X	X	Y	Z

X，Y，Z=1，2，3，5，6，且 $X\neq Y$，$X\neq Z$。

$N_{13}=C_6^4\cdot C_5^1\cdot 4^2=1200$。

二举：骰相

4	4	W	X	Y	Z

W，X，Y，Z=1，2，3，5，6，且 W，X，Y，Z 不能都相等（都相等则为四进带二举）。

$N_{14}=C_6^2\cdot(5^4-5)=9300$。

一秀：骰相

4	U	V	X	Y	Z

U，V，X，Y，Z=1，2，3，5，6，且 U，V，X，Y，Z 不能都相等（都相等则为五子带一秀），也不能其中四个相等（四个相等则为四进带一秀），也不能各不相同（各不相等则为对堂）。

$N_{15}=C_6^1 \cdot 5^5-30-600-720=17400$。

注：这里指的是“纯”一秀，即扣除了五子带一秀（30）、四进带一秀（600）和对堂（720）。

罚黑：骰相

U	V	W	X	Y	Z

U，V，W，X，Y，Z=1，2，3，5，6，且 U，V，W，X，Y，Z 不能有四个（四个相等则为四进）、五个（五个相等则为五子）、六个相等（六个相等则为六勃黑或遍地锦）。

$N_{16}=5^6-1200-120-5=14300$。

用 N_i 除以 46656，就是相应骰相的概率，如一秀的概率为 17400/46656 ≈ 0.37294238683；因为 $N_1+N_2+\cdots+N_{15}=32356$，所以中奖的概率为 32356/46656 ≈ 0.69350137174。$N_1+N_2+\cdots+N_{15}+N_{16}=32356+14300=6^6$。

按照一般“难者为大，易者为小”的游戏原则，“六勃红”或“六勃黑”不是应该更大吗？但厦门许多老人都说“状元插金花”是最大的，代表最为吉祥的意思。“六勃红”代表把明年的运势都用光了，而“六勃黑”代表一开头就霉运，不是好兆头。此外，“三红”的概率（2500/46656），要比“四进带二举”“四进带一秀”和“四进”之和的概率（1875/46656）都高，难怪博饼实战中“四进”难出，民间还有“四进没出，状元未定”一说。看来厦门中秋博饼的骰相的“大”与“小”，还不完全是数学说了算。

课例 77　回文年说回文数

1991 年是回文年。所谓回文年，指的是该年份顺读与倒读完全一样。如 1881 年、2002 年、2112 年都是回文年。

1991 年，我还在龙岩一中教书，当时就想写一篇关于回文数的数学科普文章，打算寄给省里的《科学与文化》杂志，连文章的题目都想好了——《欣逢回文年，话说回文数》。

当时不知忙什么，这篇文章没有写成。后来心想，没关系，到 2002 年再写也不迟。1996 年我调往厦门双十中学当老师，来厦门要“打拼”啊，爱拼才会赢。一拼，拼到了 2002 年。一拼，到了厦门一中当校长。新官上任，我忙着打理学校的各种事务。到了那年 12 月，我忽然发现，我的回文情愫“尚未完成”，我“仍需努力”，不然 2002 年就要过去了，下一个回文年——2112 年，我可能赶不上了。

于是，工作之余，我再一次钻进“回文世界”，再一次研究回文数。有点成果了，就想去“传播”。可是当校长啦，没有自己的班级。我跟一位比较好说话的数学老师说，想找个机会给他班的学生开个讲座。那位数学老师听后，激动地说：“特级教师开讲座，太好啦，我教的两个班都来听。”

于是，在学校的阶梯教室里，我开讲了，讲的题目是《回文年说回文数》，节选如下。

2002 年是回文年，2002 年就要过去了，我抓紧时间借林老师的班给同学们开个讲座。

回文是一种使用词序回环往复的修辞方法。对联中有“回文联”，如“客上天然居，居然天上客。”诗词中有“回文诗”，如苏东坡的《题金山寺》：“潮随暗浪雪山倾，远浦渔舟钓月明。桥对寺门松径小，巷当泉眼石波清。迢迢绿树江天晓，霭霭红霞海日晴。遥望四边云接水，碧峰千点数鸥轻。”同学们将此诗倒读，同样韵味无穷。数学中有“回文式”，如 $12\times231=132\times21$，$18\times891=198\times81$ 等，“回文式”有许多有趣的性质。更为有趣的是数学中的“回文数”，如 1991，2002，36963，435868534 等，它像一座“迷宫”，“迷”雾重重，诱人神往。

数学家发现，在回文数中，平方数是非常多的。如 $121=11^2$，$484=22^2$，$676=26^2$，$12321=111^2$，同学们还能再写出几个来吗？一个整数的 3 次方、4 次方也有类似的情况。如 $343=7^3$，$1331=11^3$，$1367631=111^3$，$14541=11^4$，等等。一个整数的 5 次方、6 次方……能得到回文数吗？这方面的探索令人失望，现在还没有谁发现存在回文数的 5 次方数，也没有发现次数更高的回文数。因此，数学家们猜想：当 $k>4$ 时，任何大于 1 的整数 a，a^k 都不是回文数。

若一个回文数又是一个立方数的话，它的立方根几乎可以肯定也是一个回文数，例如：$1331=11^3$，$1030301=101^3$，$1367631=111^3$。对于回文数的 4 次方数更是如此，例如 $14641=11^4$。于是人们猜想：所有的回文数 4 次方数的 4 次方根也都是回文数。因为人们即使用计算机进行验证，都还没有找到反例。

数学家还发现，取任意一个自然数，把这个数的数字倒过来写（如 17 写成 71），并将这两个数相加，若所得的和数不是回文数的话，再加上它倒过来写的数，重复这个步骤一直到获得一个回文数为止。例如，当分别取数 17、75、59 时，由算式 $17+71=88$；$75+57=132$，$132+231=363$；$59+95=154$，$154+451=605$，$605+506=1111$。人们验证过很多数都得到了回文数。于是数学家又提出一个猜想：不论开始采用什么数，在经过有限步骤后，都会得到一个回文数。这就是著名的“回文数猜想”。它至今仍然是个谜：说它正确，却无法证明；说它不正确，又找不出反例。

196 很可能是人们要找的反例，因为有人用计算机对这个数进行几十万步计算，仍然没有出现回文数，但是却没有人能证明它永远产生不了回文数，探索仍在进行。

数学家还特别研究了既是素数又是回文数的数（称为“回文素数”），如 101，757 等。虽然数学家们相信有无穷多个回文素数，但这也是尚无证明的猜想。

数学家还注意到，在回文素数中像 181，191；919，929；30103，30203 这样成对出现的情形，这些数对中除了中间的数字都相同，而中间的数字又是相邻的整数，称为“回文素数对”。数学家猜想回文素数对也是无穷的。

充满猜想的回文数真像一座小小的迷宫，它到底隐藏着多少个有趣的秘密？我寄希望于同学们，总不要等到下一个回文年——2112 年，回文数之谜才被人们揭开吧？

应该说，讲座很成功，激发了学生学习数学和探索数学奥秘的兴趣。一个例证是，作为年级备课组长的林老师，又在 2002 年 12 月 31 日那天下午，特地安排年级其他 4 个班级的学生听了这个讲座。

那一夜，我睡得特别香。

课例 78　“茶七酒八”恰相宜

生活中，我们容易见到各种圆柱形的易拉罐及水杯，在设计这些圆柱形易拉罐和水杯时，至少要考虑到下列因素：美观、实用、顾客视觉心理、产品材料。其中的“产品材料”就是“当体积一定时，怎样的设计能使表面积最小”。每一罐都省一点点包装材料，长此下去，就能节省大量成本，同时也有利环保，符合“低碳生活”。

考虑 1：预装 250 ml 饮料的圆柱形易拉罐，忽略包装材料的接缝，请你设计最省包装材料的方案。

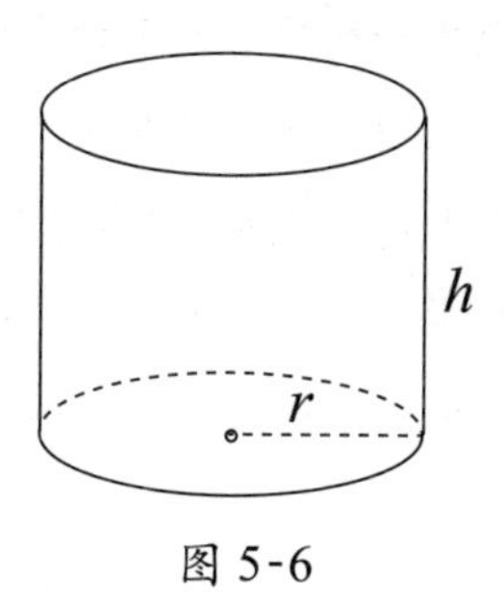

图 5-6

就一般情形而言，如图 5-6，我们设圆柱底面半径为 r，高为 h，表面积为 S，容积为 V，则有

$$V=\pi r^2 h,\ S=2\pi r^2+2\pi rh,\ \therefore\ r^2 h=\frac{V}{\pi},$$

$$S=2\pi r^2+2\pi rh=2\pi r^2+\pi rh+\pi rh\geqslant 3\pi\sqrt[3]{2r^4h^2}=3\pi\sqrt[3]{2\left(\frac{V}{\pi}\right)^2}\text{。}$$

当且仅当 $2\pi r^2=\pi rh$，即 $2r=h$ 时，表面积最小。

回到实际问题，有 $250=\pi r^2(2r)$，$r=3.414$ cm，$h=6.828$ cm。也就是说，设计成底面半径为 3.414 cm，高为 6.828 cm 的圆柱形易拉罐即可。当然，在

具体设计时，有些因素也还要注意一下，比如有些易拉罐底面会略向内凸、饮料并没有充满罐（上面还有部分气体）等等。

考虑 2：类似上面的问题，我们研究无盖的圆柱形水杯。

此时有 $V=\pi r^2h$，$r^2h=\dfrac{V}{\pi}$，

$S=\pi r^2+2\pi rh=\pi r^2+\pi rh+\pi rh\geqslant 3\pi\sqrt[3]{r^4h^2}=3\pi\sqrt[3]{\left(\dfrac{V}{\pi}\right)^2}$。

当且仅当 $\pi r^2=\pi rh$，即 $r=h$ 时，水杯表面积最小。

有趣的是，你到超市去看无盖水杯，大多与我们的研究不符，何故？仔细一想，如果有 $r=h$ 的无盖水杯，则杯口太大，喝水时水很容易从边上流出，但如果这种容器不需要端起来的话，设计 $r=h$ 的无盖圆柱形容器，就能节省材料，我们发现了圆柱形饭盒、圆柱形果盒、圆柱形烟灰缸，基本上符合我们的设计。

考虑 3：细观易拉罐，会发现两个底面所用材料要比侧面所用材料坚硬，经调查得知：有相当一部分饮料包装的底面的单位造价是侧面造价的 2 倍左右，在底面和侧面造价不同的情况下，又会有什么结论呢？

我们设圆柱底面半径为 r，高为 h，容积为 V，侧面单位造价为 a，底面单位造价为 $2a$，易拉罐总造价为 y。于是，我们有

$$
\begin{aligned}
V=\pi r^2h，\ y&=a\cdot 2\pi rh+2a\cdot 2\pi r^2=a\pi\ (2rh+4r^2)\\
&=a\pi\ (rh+rh+4r^2)\\
&\geqslant a\pi\cdot 3\pi\sqrt[3]{4r^4h^2}=3\pi a\sqrt[3]{4\ (r^2h)^2}\\
&=3\pi a\sqrt[3]{4\left(\frac{V}{\pi}\right)^2}=3a\sqrt[3]{4\pi V^2}
\end{aligned}
$$

当且仅当 $rh=4r^2$，即 $h=4r$ 时，易拉罐表面总造价最小。

市场上有不少易拉罐大体符合这一结论。

考虑 4：小朋友吃冰激凌时，是用一个锥体容器（设“容器”也可以吃）来装，俗称“火把”。当锥体容器的表面积（即圆锥体的侧面积，设为 S）一定时，请设计一种锥体，使其容积最大。

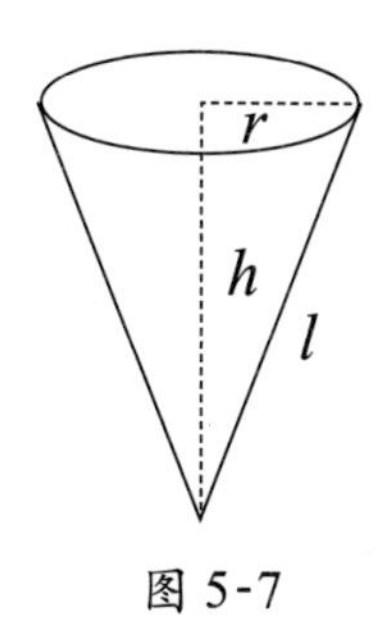

图 5-7

如图 5-7，我们设圆锥底面半径为 r，母线长为 l，高为 h，则由 $S=\pi rl$ 有 $rl=\frac{S}{\pi}$，

$$V=\frac{1}{3}\pi r^2h=\frac{1}{3}\pi\sqrt{(rl)^2r^2-r^6}=\frac{1}{3}\pi\sqrt{\frac{S^2}{\pi^2}r^2-r^6},$$

令 $y=\frac{S^2}{\pi^2}r^2-r^6$，则 $y^2=\left(\frac{S^2}{\pi^2}r^2-r^6\right)^2=r^4\left(\frac{S^2}{\pi^2}-r^4\right)^2$

$$=\frac{1}{2}\cdot 2r^4\cdot\left(\frac{S^2}{\pi^2}-r^4\right)\cdot\left(\frac{S^2}{\pi^2}-r^4\right)$$

$$\leqslant\frac{1}{2}\left[\frac{2r^4+\left(\frac{S^2}{\pi^2}-r^4\right)+\left(\frac{S^2}{\pi^2}-r^4\right)}{3}\right]^3$$

$$=\frac{4S^6}{27\pi^6}。$$

当且仅当 $2r^4=\frac{S^2}{\pi^2}-r^4$，即 $r^2=\frac{S}{\sqrt{3}\pi}$时，锥体容器有最大值。此时$\frac{l}{r}=\sqrt{3}$，圆锥容积的最大值为 $\frac{S}{9\pi}\sqrt{2\sqrt{3}\pi S}$。

“易拉罐及水杯设计”在我的头脑中还未淡去之时，我在用水杯喝茶时忽然想到一个问题：生活中喝茶时，往往水杯并未完全倒满，民间就有“茶七酒八”之说。一个无盖的圆柱形水杯，当茶水未倒满之时，要使表面积最小，圆柱体的高 h 还是等于其底面半径 r 吗?

如图 5-8，我们设圆柱形水杯盛定量为 V 的水，杯的高度为 h，要求水倒入杯中离杯口的高度为 a，如何设计圆柱形水杯，使其表面积 S 最小?

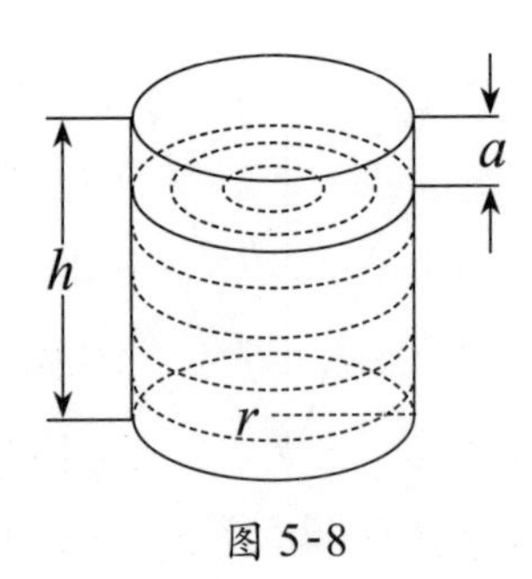

图 5-8

分析如下：$V=\pi r^2(h-a)$ ，$h=a+\dfrac{V}{\pi r^2}$

$$S=\pi r^2+2\pi rh=\pi r^2+2\pi r\left(a+\frac{V}{\pi r^2}\right)=\pi r^2+2\pi ra+\frac{2V}{r}$$

$$=\frac{m\cdot\pi r^2}{m}+\frac{n\cdot 2\pi ra}{n}+\frac{k\cdot 2V}{kr}$$

$$=\underbrace{\left(\frac{\pi r^2}{m}+\cdots+\frac{\pi r^2}{m}\right)}_{m\text{ 项}}+\underbrace{\left(\frac{2\pi ra}{n}+\cdots+\frac{2\pi ra}{n}\right)}_{n\text{ 项}}+\underbrace{\left(\frac{2V}{kr}+\cdots+\frac{2V}{kr}\right)}_{k\text{ 项}}$$

$$\geqslant(m+n+k)\sqrt[m+n+k]{\left(\frac{\pi r^2}{m}\right)^m\cdot\left(\frac{2\pi ra}{n}\right)^n\cdot\left(\frac{2V}{kr}\right)^k}$$

$$=(m+n+k)\sqrt[m+n+k]{\frac{\pi^m\cdot(2\pi a)^n\cdot(2V)^k}{m^m\cdot n^n\cdot k^k}\cdot r^{2m+n-k}}$$

要使最后这个式子为定值，必须有 $2m+n-k=0$ 且满足$\dfrac{\pi r^2}{m}=\dfrac{2\pi ra}{n}=\dfrac{2V}{kr}$的 r 存在。验证令 $m=1$，$n=1$，则 $k=3$ 的情形，可得 $r=2a$，$S_{\min}=5\sqrt[5]{\dfrac{16\pi^2V^3a}{27}}$，进一步求得 $h=4a$。

这个美妙的结论，让我惊喜万分！

因为我发现$\dfrac{h-a}{h}=75\%\in[70\%, 80\%]$，难道民间早就发现了这个最值问题？

我立刻上网搜索“茶七酒八的来历”，得到最佳答案如下：

在我国习俗中，把茶水或酒斟入杯盅，以多少为宜，是有讲究的。所谓“茶七酒八”是指主人给客人倒茶斟酒时，茶杯、酒杯满到什么程度而说的。

主若以茶待客，则以倒七分为敬，不宜过满。以便客人端茶杯饮用时，不至于因茶水外溢而失礼。而且还有一定的科学道理：茶杯倒七分茶水，茶水的面距离杯口有一定空间，茶水的清沁芳香就不容易失散。在饮茶前，就能闻到浓郁的茶香，茶水也不至于烫着客人的嘴唇。

若以酒敬客，斟酒以斟到八分程度为好，不能斟满了。这与以茶待客的道理是一样的，如果酒斟得太满，客人端杯时，杯中的酒容易溢出而失礼，而且酒斟八分，对贪杯者来说还是一种提示。如果主人把客人杯中的酒斟得太满或溢出，那不只是失礼行为，易被人认为是对客人的一种戏弄，使客人无法端杯或迫使客人俯首而饮。

原来如此！看来这“茶七酒八”中所暗藏的数学玄机还未被大多数人发现。

第二节　玩出素养

“数学素养”的通俗说法是：“把所学的数学知识都排除或忘掉后，剩下的东西。”“数学素养”的学术说法是：数学学科核心素养由数学抽象、逻辑推理、数学建模、直观想象、数学运算、数据分析素养构成。

我和孩子们玩 10 来个数学游戏，我就能看出这些孩子的“数学素养”，哪些孩子推理能力弱，哪些孩子空间感差，哪些孩子思维单一等，这样就可以有针对性地弥补和强化。让孩子们继续玩，充满激情玩，吸取教训玩，动脑动手玩，玩着玩着就玩出数学素养了。

课例 79　谁更高一些?

有 100 个身高不一样的人，任意排成一个 10×10 的方阵：横的叫行，竖的叫列。先从每行的 10 个人中，挑选出这一行里最高的一个人，这样 10 行先挑出 10 个“长子”，并从这 10 个“长子”中选出最矮的一个，把这个人叫“长子里的矮子”；然后让他们各自回到自己原来的位置上去。再从每一列的 10 个人中，找出这一列里最矮的一个人，10 列里便有 10 个“矮子”；然后，在 10 个“矮子”中选出最高的一个，把这个人叫作“矮子里的长子”。

现在问你：“矮子里的长子”同“长子里的矮子”相比，究竟谁高？你能判断出来吗？

游戏时，我们可以把100个棋子比作人，棋子上的数字（可以夸张地标上1~100）表示身高，100个棋子随机放进棋盘上的孔里。

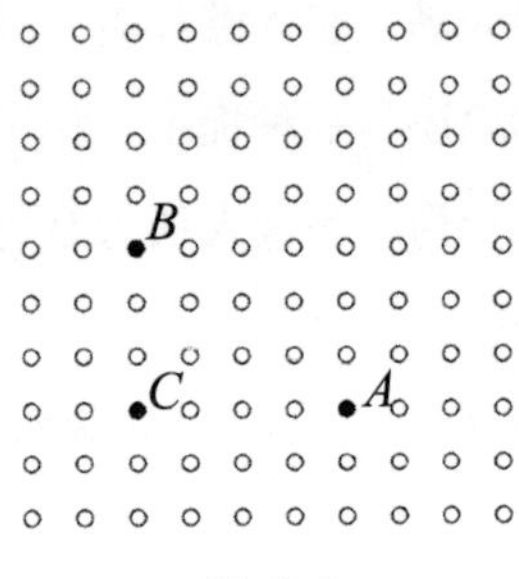

图5-9

为了叙述方便起见，让我们把“长子里的矮子”设定为A，“矮子里的长子”设定为B。由于这100个人高矮不一，排列又是完全任意的，所以A与B在任何位置上都可能出现，但总不外乎以下四种情况：

（1）A与B在同一行里。这时，尽管A是长子里的矮子，但在同一行里，他总是最高的，所以A的身材还是要比B的身材高。为了方便起见，让我们简单地记为$A>B$，以下也用这种记法，不再一一说明。

（2）A与B在同一列里。同样理由，尽管B是矮子里面的长子，但在同列中，他总是最矮的，所以$A>B$。

（3）A与B既不在同行，也不在同列（如图5-9）。这时，我们总可以找到一个C，使它既与A同在一行，又与B同在一列。那么，由于A与C同行，且A是这一行中的长子，所以$A>C$。类似地可推出$C>B$，因此又有$A>B$。

（4）A与B正好是同一个人，$A=B$。

从以上的分析可见，除A与B是同一个人以外，无论何种情况，“长子里的矮子”总比“矮子里的长子”要高。

玩这个游戏，主要是让学生初识“辅助元”思想，培养学生分类能力和一种思维方式。

上面的文字，记录了我在教室里和学生玩的一个课例；下面的文字，记录了我在工作中的一个片段。

暑期学生军训，许教官邀请我前去观看。

高一学生共有 900 人，排成 30×30 的方阵，即每一行 30 人，每一列 30 人。一眼望去，还挺壮观的。

我问陪同我的教物理的高一年级主任纪老师，如果从每一列中选一位最高的人（如遇有多人同为最高者，则可任选其一），然后再从这 30 位各列最高者中选出一位最矮者（如遇有多人同为最矮者，则亦任选其一），此人命名为“高中矮”。类似地，我们从每一行中选一位最矮的人（如遇有多人同为最矮者，则可任选其一），然后再从这 30 位各行最矮者中选出一位最高者（如遇有多人同为最高者，则亦任选其一），此人命名为“矮中高”。“高中矮”和“矮中高”，你觉得谁更高一些？

纪老师说，学生高矮不等，排列又会有变化，要看具体情况，很难说哪个更高一些。

我说：“找一个‘交叉者’，就能比出谁高谁矮了。”

“‘交叉者’？”纪老师若有所思。

我继续说：“我们设‘矮中高’在第 i 行，‘高中矮’在第 j 列，第 i 行与第 j 列交叉处的人我们称之为‘交叉者’。因为‘矮中高’是第 i 行最矮的，‘高中矮’是第 j 列最高的，故有‘矮中高’≤‘交叉者’≤‘高中矮’。‘高中矮’更高些。”

纪老师一脸兴奋地说：“‘交叉者’就是你们数学中所说的‘辅助元’啊！有了‘辅助元’，问题就迎刃而解啦！”

我也一脸兴奋地说：“‘辅助元’就像一座桥，一座通往成功的桥。”

“我这就去考考教官！”纪老师边说边奔教官而去。

“别考教官，找机会考考学生！”我边说边追赶着纪老师。

课例 80　臭皮匠与诸葛亮

“三个臭皮匠，顶个诸葛亮。”这句谚语说的是集体的智慧能超越个人的智慧。

能不能用数学知识来解读这个结论呢？

我做了如下的探索：

诸葛亮很有智慧，假设他独立一人解决问题的概率为0.9，三个臭皮匠他们解决问题的概率都为0.5。

今诸葛亮独立研究某问题，三个臭皮匠组成一组也同时研究该问题。我们算一算诸葛亮和臭皮匠在同一时刻解决问题的各自的概率。

容易求得：$P_{一诸葛}=0.9$，

臭皮匠三人中，只要有一人解决问题，臭皮匠小组也就算解决了问题，故有：$P_{三皮匠}=1-(1-0.5)^3=0.875$。

哇，三个臭皮匠的智慧已经接近诸葛亮的智慧了！

如果三个臭皮匠中，有一个解决问题的概率为0.6的话，我们再算一算：

$P_{三皮匠}=1-(1-0.5)^2(1-0.6)=0.9$。

哇，三个臭皮匠的智慧已经等于诸葛亮的智慧了！！

如果三个臭皮匠各自解决问题的概率分别为0.45，0.55，0.60的话，我们再算一算：$P_{三皮匠}=1-(1-0.45)(1-0.55)(1-0.60)=0.901$。

哇，三个臭皮匠的智慧已经超过诸葛亮的智慧了！！！

刚才诸葛亮和臭皮匠解决的问题是一般性的问题，如果解决很难的问题，假设诸葛亮独立解决问题的概率为0.3，三个臭皮匠实在“臭”，他们解决很难的问题的概率分别是0.11，0.11，0.12，我们试算一算：

$P_{一诸葛}=0.3$，

$P_{三皮匠}=1-(1-0.11)(1-0.11)(1-0.12)=0.302952$。

哇，这么“臭”的三个臭皮匠解决难题的智慧竟然超过了诸葛亮！

如果遇上更“臭”的臭皮匠，他们的“智商”都仅有0.091，但是有四个臭皮匠，让我们看看四个臭皮匠的“合力”：

$P_{四皮匠}=1-(1-0.091)^4=0.31725971$。

哎呀！四个臭得不能再臭的臭皮匠，联合起来时，其能力已经超过诸葛亮啦！

请记住，集体智慧的结晶远远超过个人聪明能力！你不一定相信谚语，但你一定要相信数学！

课例 81　排队打水的省时之道

10 人各提一只水桶到水龙头前打水，已知注满第 i（$i=1, 2, \cdots, 10$）个人提的水桶需要 T_i 分钟，T_i 各不相同，请问：

当只有一个水龙头时，应如何安排 10 人的接水顺序，使他们总的花费时间（含接水时间）最少？这个时间是多少分钟？

当有两个水龙头可用时，应如何安排 10 人接水，使他们总的花费时间最少？这个时间是多少分钟？

我们知道，如果只有一个水龙头，把注满水需要的时间很长的那只桶排在前边，在它后面的人等待的时间之和会很大，可见应按所需时间由小到大来排，不妨设 $T_1<T_2<\cdots<T_{10}$，则接水的顺序应为（1）（2）（3）（4）（5）（6）（7）（8）（9）（10），其中（i）表示第 i 人。

这样，花费的总时间为：

$$T=T_1+(T_1+T_2)+(T_1+T_2+T_3)+\cdots+(T_1+T_2+\cdots+T_{10})$$
$$=10T_1+9T_2+8T_3+7T_4+6T_5+5T_6+4T_7+3T_8+2T_9+T_{10}。$$

下面我们证明 T 为最小值：

如果不按此顺序接水，而是按另一顺序（i_1）（i_2）（i_3）（i_4）（i_5）（i_6）（i_7）（i_8）（i_9）（i_{10}）来接水，其中 i_j（$j=1, 2, \cdots, 10$）$\in\{1, 2, \cdots, 10\}$，i_j 各不相同。

这样，花费的总时间为：

$$T'=T_{i_1}+(T_{i_1}+T_{i_2})+\cdots+(T_{i_1}+T_{i_2}+\cdots+T_{i_{10}}),$$

其中，$T_{i_1}\geqslant T_1$；$T_{i_1}+T_{i_2}\geqslant T_1+T_2$；$\cdots$；

$$T_{i_1}+T_{i_2}+\cdots+T_{i_{10}}\geqslant T_1+T_2+\cdots+T_{10}。$$

故有 $T'\geqslant T$。

这就证明了（1）（2）（3）（4）（5）（6）（7）（8）（9）（10）为序的总花费时间最少。

当有两个水龙头可用时，不妨设分配 $5+l$ 个水桶在 Ⅰ 号龙头接水，$5-l$ 个水桶在Ⅱ号龙头接水，$5>l\geqslant 0$。

设Ⅰ号龙头的排队为 i_1，i_2，…，i_{5+l}，Ⅱ号龙头的排队为 j_1，j_2，…，j_{5-l}。

则在Ⅰ号与Ⅱ号龙头接水的人总时间花费分别为：

$T_{\text{I}}=T_{i_1}+(T_{i_1}+T_{i_2})+\cdots+(T_{i_1}+T_{i_2}+\cdots+T_{i_{5+l}})$；

$T_{\text{II}}=T_{j_1}+(T_{j_1}+T_{j_2})+\cdots+(T_{j_1}+T_{j_2}+\cdots+T_{j_{5-l}})$。

10 人的总时间花费为：

$$T_{\text{I}}+T_{\text{II}}=T_{i_1}+(T_{i_1}+T_{i_2})+\cdots+(T_{i_1}+T_{i_2}+\cdots+T_{i_{5+l}})+T_{j_1}+(T_{j_1}+T_{j_2})+\cdots+(T_{j_1}+T_{j_2}+\cdots+T_{j_{5-l}})$$

$$\geqslant(T_1+T_2+\cdots+T_{10})+(T_1+T_2+\cdots+T_8)\quad(T_1+T_2)$$

$$=5(T_1+T_2)+4(T_3+T_4)+3(T_5+T_6)+2(T_7+T_8)+(T_9+T_{10})$$

因此，如下分配与排队总花费时间最少：

Ⅰ：（1）（3）（5）（7）（9）；Ⅱ：（2）（4）（6）（8）（10）。当然，其中（1）与（2），（3）与（4），（5）与（6），（7）与（8），（9）与（10）可以对调。

课例 82　智取口杯

与师共玩

这是一组可以和学生系列玩的涉及“数学拓扑”的游戏。

游戏 1：智取口杯。

给出一个带把柄的口杯和一条证件带，按图 5-10 摆放。

图 5-10

老师用手抓住证件带的一端，另一端扣在口杯柄上，问学生能把口杯取出来吗？

如图 5-11，把口杯柄上的绳扣扩大，并将它套过口杯即可。

图 5-11

至少三年级的学生是可以玩这个游戏的，实践中许多初中生受思维定式的影响，都不能“取出口杯”，还差点把绳子扯断。

游戏 2：智取三环。

给出一个带把柄的口杯和一条证件带，备 3 个圆形的闭环，按图 5-12 摆放。

图 5-12

老师把证件带的一端固定死，另一端扣在口杯柄上，证件带上还放进 3 个圆形的闭环，问学生能把这 3 个环取出来吗？

实践中真有不少玩过“游戏 1”的学生，很痛苦地探索怎么把“三环”取出来，当个别学生说出：“这不就是游戏 1 吗？”有人还没搞清楚怎么回事。

能说出“这不就是游戏 1”的学生，在我看来就具有“数学素养”——能触类旁通，“看许多题是一题”。刚才还在苦苦探索的学生就要注意啦！

“这不就是游戏 1”的潜台词是：你把口杯取出来（游戏 1）后，“三环”不就很容易取出来了吗？

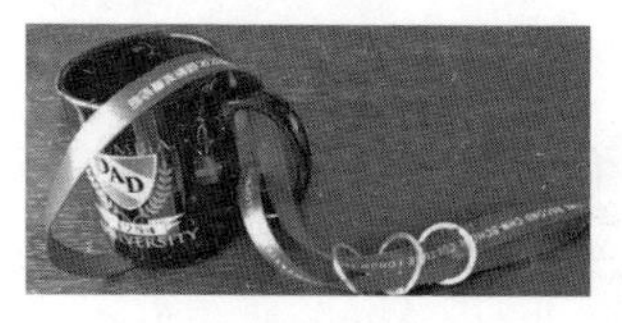

图 5-13

游戏 3：魔术针。

我给出图 5-14 的小道具——魔术针。

图 5-14

让学生把魔术针穿过衬衫的扣眼并把它系在扣眼上，如图 5-15。系完后，进行还原拆解。

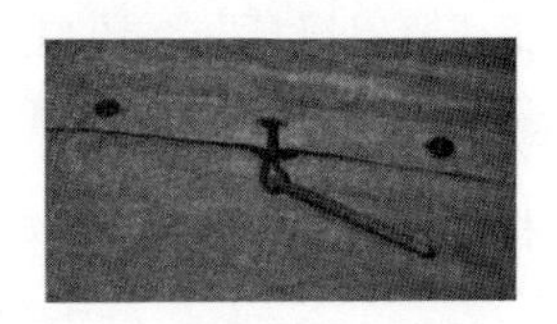

图 5-15

玩这种游戏，很难说小学生、初中生、高中生谁更厉害，玩这种游戏，玩的就是“素养”。玩过“游戏 1”的学生，如果有拓扑意识，会抽象思维——把衣服抽象成“证件带”、把魔术针抽象成口杯，就会再次喊出：“这不就是游戏 1 吗？”

反向脱解，也不是一件轻而易举的事，我在培训教师时，就有不少教师把魔术针系在扣眼上后，取不下来了。只好让魔术针挂在扣眼上，不好意思用手捂住来找我脱解。

游戏 4：智取衣服。

找一个证件带，把证件带扣在扣眼上，老师用手抓住证件带的一端，让学生设法把衣服取走，当然不能破坏扣眼。

如果学生能把衣服抽象成口杯，就能洞见“这不就是游戏 1 吗？”

游戏 5：智慧逃脱。

找一根长细绳，把细绳扣在老师衣服的扣眼上，学生用手抓住细绳的一端，老师问学生：“老师能逃脱吗？”

有学生说：“老师你把衣服脱下来，不就是上一题吗？”是啊！学生好厉害!

我逗学生:“老师脱衣服不好看,老师不脱衣服可以逃脱吗?”

如果学生能把老师抽象成杯身,把扣眼抽象成杯子的把柄,这个问题“不就是游戏 1 吗?”

游戏 6:结绳游戏。

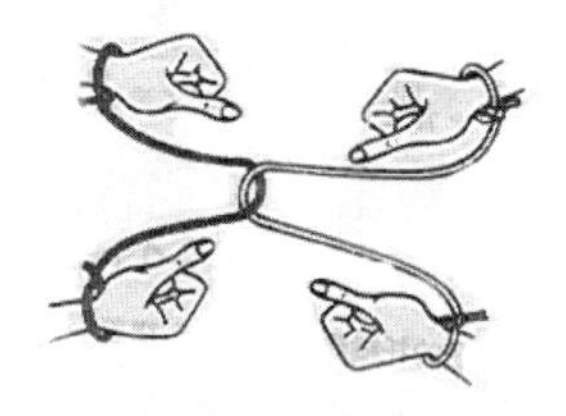

图 5-16

如图 5-16,用“手铐”将两个学生交叉扣在一起,“手铐”不打开,两个学生能分离开吗?

这个游戏的抽象度就比较大,小学生可以玩,玩出兴趣;中学生可以玩,不仅玩出兴趣,还要玩出高层次的抽象。

一只手上的“手铐”是一个“环”,我们可以把交叉过来的“链条”,从一方的一只手内侧穿过“环”,再绕过这只手的手掌,顺势轻拉,两人就脱离了。

读者朋友们,赶快找两根绳子做个“手铐”,大家一起玩一玩。

游戏 7:解绳环。

给出一个如图 5-17 所示的绳环,图中的人想把他手臂上的环取下来,但他不愿意把手从口袋里拿出来,也不愿意脱下马甲或者把绳环塞进口袋,那他该怎么办?

当然,老师若扮演“图中人”,能更吸引学生。

图 5-17

我相信，玩过前面游戏的学生，会很快解决这个问题（如图5-18）。

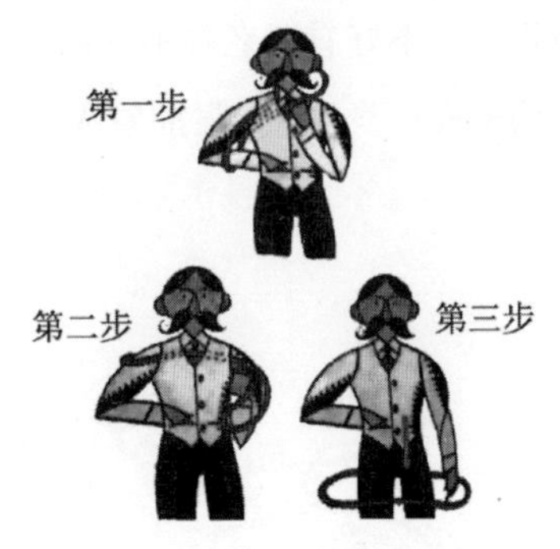

图5-18

游戏8：T恤反穿。

我和任何一届学生都会玩这个游戏：找一条软而结实的绳子，我的两只手腕被一根绳子系在一起（如图5-19），我穿着一件T恤，有没有什么办法，我能脱下T恤，把它的里面翻到外面，然后再穿上去呢？T恤是没有扣子的，而且绳子不许解开，也不许剪断。

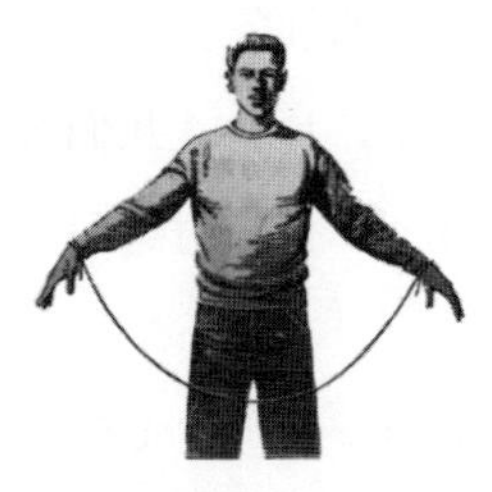

图5-19

我想让学生再次感受“数学拓扑”，再次感受数学的神奇，再次激发学生学习数学的兴趣。

我按照如图5-20的步骤，这件T恤就可以翻个面，全班学生惊喜、惊愕、惊叹。

第一步：我把T恤拉过头脱下，这样一来它就翻了个面，让它里面向外地挂在绳子上，如①所示。

第二步：我把T恤从它一只袖子中塞过去，这样它又翻了个面。现在它正面向外地挂在绳子上，如②所示。

第三步：我逆着把T恤脱下来时的做法，再把T恤套过头穿上。这就让

T 恤第三次翻了个面，使它反面朝外地穿在我的身上，如③所示。

T 恤反穿了。

我又问学生，刚才 T 恤胸前绣有学校名称的字样，在老师完成上述 3 个步骤以后，这些字样是贴着老师的前胸还是后背？

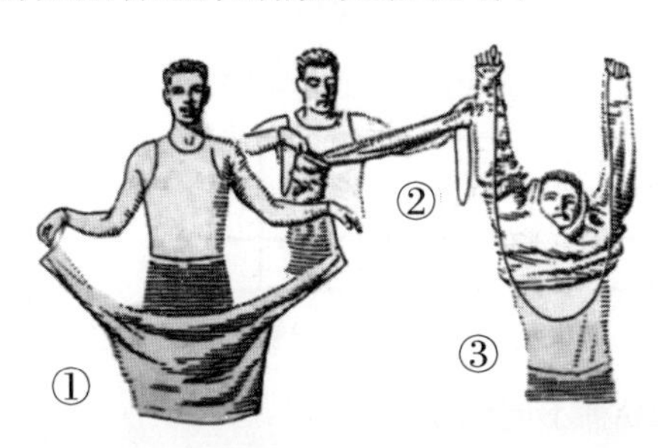

图 5-20

学生在玩游戏的过程中，不知不觉就学到了许多知识，比如上面的“T 恤反穿”所隐藏的知识就和“数学拓扑”有关，只是我们没有直接说“数学拓扑”，学生将来学到这个知识时，就立马反应过来了——我小时候玩过。

知识的获取，可以来自书本上，可以来自课堂中，但来自“玩”的过程印象是最深的，学得是最自然的。

课例 83　正方入长方

给出边长为 $3k$ 的正方形木块 3 块、边长为 $2k$ 的正方形木块 10 块、边长为 k 的正方形木块 40 块。用这些正方形木块拼成一个长 $5k$、宽 $3k$ 的长方形。一共有多少种不同的拼法（通过翻转能相互得到的拼法，算一种拼法）？

我观察学生如何拼？学生玩的过程，其思路好不好、对不对，尽收我的“眼底”，更入我的“脑海”。我们从学生的作业中，很难“看到”过程，而让学生“玩”，学生“玩”的过程，我们看得清清楚楚。

（1）有一个边长为 $3k$ 的正方形的有 3 种不同的拼法（如图 5-21）：

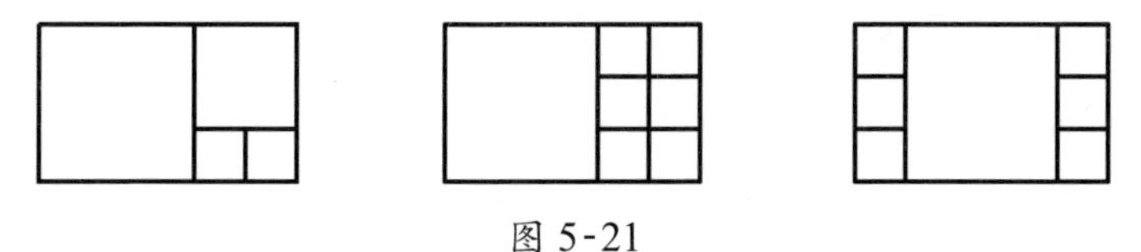

图 5-21

（2）有两个边长为 $2k$ 的正方形的有 4 种不同的拼法（如图 5-22）：

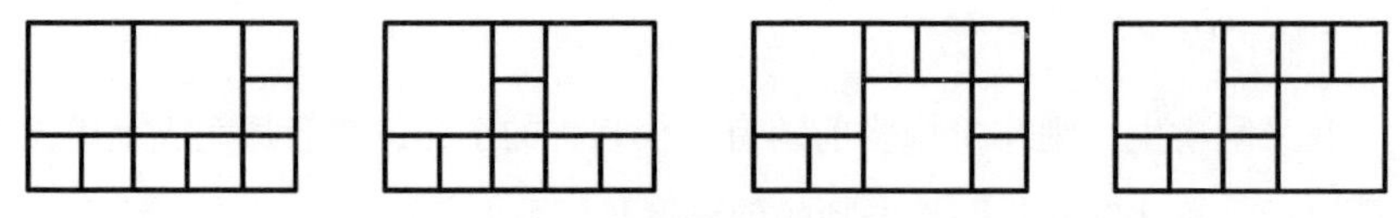

图 5-22

（3）其他情况有 3 种不同的拼法（如图 23）：

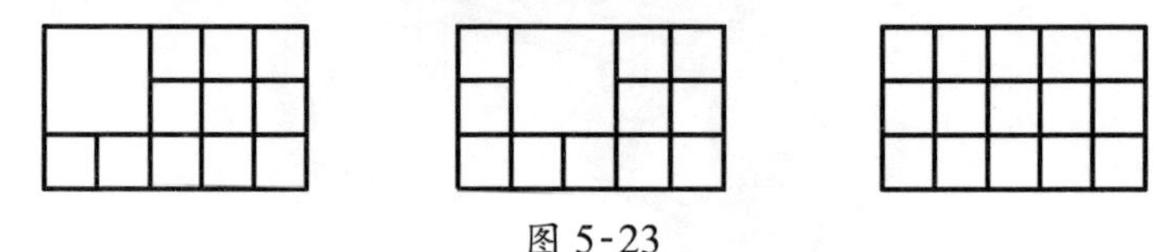

图 5-23

所以，一共有 10 种不同的拼法。

不知不觉中,学生进一步感受了正方形和长方形,感受了“对称”,理解“不重复，不遗漏”，学生的分类能力和思维能力也都得到了一次很好的训练。

站在一旁的我，也看到不同学生不同的“数学大脑”。

课例 84　玻璃球与魔幻酒杯

参加职业教育技能大赛，我看完西餐摆台比赛后，中午就在赛点休息。

我见桌上放了不少酒杯，顺手拿起桌上的装饰玻璃球问学生：“我把玻璃球放入酒杯，球能触及酒杯的底部吗？”

学生有的说会，有的说不会，有的说要看酒杯的形状。

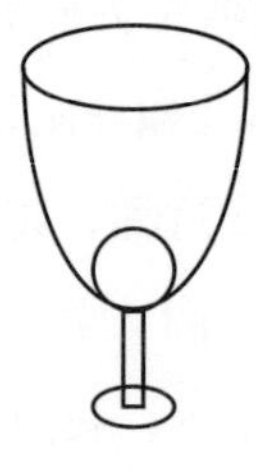

图 5-24

我们先研究由抛物线 $x^2=2py$（$p>0$）旋转而成的酒杯，我们把它称之为抛物线型酒杯。

我们所研究的问题，就轴截面来看是抛物线与圆，玻璃球要触及酒杯底部，即圆与抛物线只有一个公共点为抛物线的顶点。

显然，我们可设圆的方程为 $x^2+(y-r)^2=r^2$，

由 $\begin{cases} x^2+(y-r)^2=r^2 \\ x^2=2py \end{cases}$

消去 x 得 $y^2+2(p-r)y=0$，

此方程有且只有一个解，即 $y=0$，那么 $y+2(p-r)y=0$ 无解或解仍为 $y=0$。

$\because y\geqslant 0$，$\therefore p-r\geqslant 0$，$\therefore r\leqslant p$。

又 $r>0$，$\therefore 0<r\leqslant p$。

一个漂亮的结论：$0<r\leqslant p$。

我进一步问："这个酒杯啊，是个魔幻酒杯，现在变为双曲线形酒杯了，我们会得出怎样的结论呢？"

学生说要辩证分析，要算一算再说，于是大家一起研究：

若设双曲线方程为 $\dfrac{y^2}{a^2}-\dfrac{x^2}{b^2}=1$，则可设圆的方程为 $x^2+[y-(r+a)]^2=r^2$。

两方程消去 x 得 $(a^2+b^2)y^2-2a^2(r+a)y+a^2(a^2+2ar-b^2)=0$　　(*)

因为方程有且只有唯一解 $y=a$，所以我们可以类比联想，由多项式除法得到 $(y-a)[(a^2+b^2)y-a(a^2+2ar-b^2)]=0$，

由此方程有且只有 $y=a$，得 $r\leqslant\dfrac{b^2}{a}$，$\because r>0$，$\therefore 0<r\leqslant\dfrac{b^2}{a}$。

哇！又一个漂亮的结论：$0<r\leqslant\dfrac{b^2}{a}$。

既然是魔幻酒杯，既然研究了双曲线形酒杯，学生很自然地提出"椭圆形酒杯"问题。

大家埋头计算，圆满得出结论：

若椭圆方程为 $\dfrac{y^2}{a^2}+\dfrac{x^2}{b^2}=1\ (a>b>0)$，结论为：$0<r\leqslant\dfrac{b^2}{a}$。

若椭圆方程为 $\dfrac{x^2}{a^2}+\dfrac{y^2}{b^2}=1\ (a>b>0)$，结论为：$0<r\leqslant b$。

看到大家已经掌握了解决问题的"要领"，我顺势又说："现在酒杯变为圆形的了。"

有部分学生又埋头计算起来，另一部分学生笑了起来：“不用算了，显然若有圆形酒杯，轴截面方程为 $x^2+y^2=R^2$，玻璃球轴截面方程为 $x^2+y^2=r^2$，则结论为：$0<r\leqslant R$。”

“圆柱形的呢？”我话音刚落，就有学生答道：“若圆柱底面半径为 R，则结论同上，即 $0<r\leqslant R$。”

我顺势又问：“圆台（半径较大的底面在上端）呢？”学生一计算，又有新的结论：若圆台母线与底面所成的角为 θ，酒杯底面圆半径为 R，则结论为：$0<r\leqslant R/\tan\dfrac{\theta}{2}$。

“好！”我高兴地说。

此时大家的思维已经收不住了，有人说：“魔幻酒杯变为 Y 形酒杯啦！”大家回答：“永远触不到。”我故意问：“Y 的开口再大些，行吗？”大家回答：“再大也触不到！”

“什么时候才能触到呢？”我佯装不知，继续追问。

现场顿时安静下来。

一位之前没有发言的女生站了起来腼腆地说：“Y 形酒杯变为 T 形酒杯，那就永远能触到！”

现场又活跃起来了，大家都在想象那只 T 形酒杯。

第三节　玩出未来

未来，包括学生走向未来的学习内容和走向未来的所需能力。今天之玩，可以为学生后续的学习在有意无意间进行铺垫、适度体验和初步感受；今天之玩，更多的是为学生未来发展奠基，为未来储备科学素养、沟通能力、批判性思维、合作、创新、跨学科能力等。

课例 85　正方体顶点染色

如图 5-25，给出一个正方体框架，将这个正方体顶点用红蓝两色去染，共有多少种不同的染法？

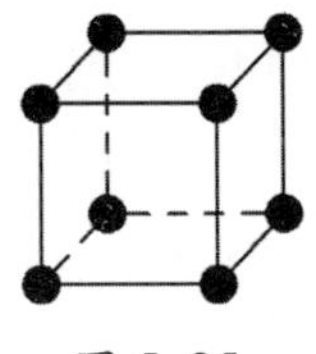

图 5-25

这是给初中生设计的一道游戏问题，游戏目的是让学生体验“不重复，不遗漏”意识，培养学生的耐心、细心和精心精神，培养学生的分类能力。不为中考，只为储备。

具体染色时，请注意规律变化方可避免重复和遗漏，由于正方体的对称性，许多看似不同的染法实际上是相同的。

如图 5-26，一共有 15 种不同的染法。

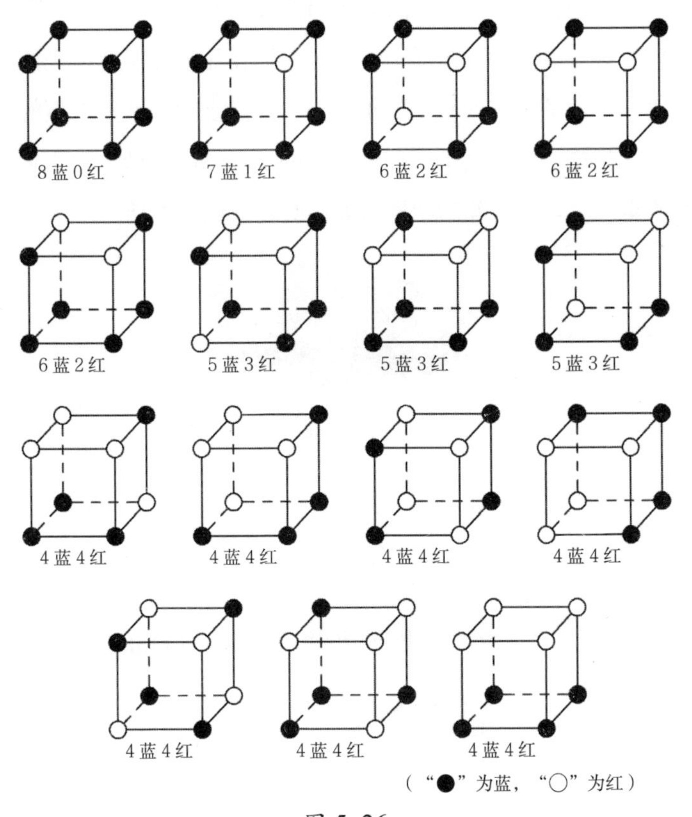

图 5-26

课例 86 书本的摩擦

如图 5-27，给出四本相同的书，用证件带套在第二本书的内页（比如从第 20 页到倒数第 20 页）。让学生用手抓住证件带把第二本书拉出来，问学生它上面的书和下面的书都能保持原位吗？

图 5-27

这是给初一年级的学生设计的小游戏题，主要是让学生感受物理的摩擦现象，体验物理也很好玩，为初二学习物理做铺垫。

下面的书不会移动，而上面的书将和拉着的书一起移动（如图 5-28）。原因在于摩擦力。摩擦力与正压力成正比，而正压力即是物体表面压在一起所产生的力。下面的书表面所受的正压力不仅是上面一本书产生的，而是上面的两本书产生的。因此这本书和最底下的一本书间的摩擦力比它和上面的书（就是那本被拉动的）间的摩擦力大，所以它保持不动。

图 5-28

物理是不是也很好玩！

我期盼数学教师都大气一些，因为数学的横向联系与纵向深入，都需要我们的教师大气。愿数学教师，能气度不凡、不落俗套，自觉成为有“文化”的数学教师，自觉成为“数学文化”的传播者，自觉成为有“文化”的教育者。

课例 87 圆环三连体

给出如图 5-29 圆环三连体，让学生想象一下，如果取下其中一个环，那会发生什么情况？任意两个环是相连的吗？三个环都相连吗？

图 5-29

不是说这样的题不难编成考题，教师更多的是通过怎样的趣题，让学生感受拓扑模型，体验数学的神奇，培养想象能力。

这样的趣题，基本上是不分学段的，不同学段的学生会有不同的感受。

答案是很神奇的！

取下任何一环，三个环都分离了；任何两个环不相连；三个环都不相连。

拓展一下，再给一个圆环四连体，如图 5-30，图中的四个环分别用数字编号为 1、2、3、4 号，剪断哪一个环，才能一举同时分开所有四个环呢？（答案：剪断 4 号环）

图 5-30

课例 88　高数弱化

数学和物理、化学同属于自然科学，然而数学另有自己的特点。物理、化学都没有初等、高等之分，从中学到大学没有分界的鸿沟，而学习数学却不能不分两步走：中学时讲初等数学，侧重在具体实用；大学里的高等数学，内容丰富，概括宽阔，立论抽象，应用广泛。由于数学学科的这种特点，往往形成，在中学里很少利用高等数学的内容、思想、观点和方法来指导中学数学教学，又使许多大学新生用初等数学的学习态度去对待高等数学，以致不能适应新的学习任务，甚至造成学习失败的现象。近年来，由于某些原因，我在中学教学的同时，经常接触高等数学知识，因此，我根据我校学生的特点，注意加强高等数学的内容、思想、观点、方法和中学数学的联系，使教学活动搞得生动活泼，取得了较好的教学效果。

下面看一个具体的例子。在学习“一一映射”一课时，课前创设情境，提出问题：“如图 5-31，劣弧$\overset{\frown}{AB}$上的点和弦 AB 上的点哪个‘多’？”学生大多认为$\overset{\frown}{AB}$上的点多。

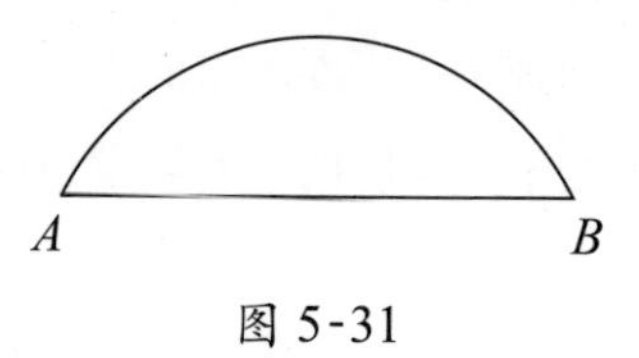

图 5-31

我说，一样多，学生感到惊讶，接着我从映射谈起。引出课题，讲解概念，解决问题，末了再提出问题。

“M={劣弧$\overset{\frown}{AB}$上的点}，N={弦 AB 上的点}，能否建立从 M 到 N 上的一一映射？”

引导学生找出几种建立对应的方法（如图 5-32），f_1：$\overset{\frown}{AB}$上一点 $P \to P$ 在弦 AB 上的射影 P'；f_2：$\overset{\frown}{AB}$上一点 $P \to OP$ 与$\overset{\frown}{AB}$的交点 P'（O 为$\overset{\frown}{AB}$所在圆的圆心；……进而指明，“……弦 AB 上的点与$\overset{\frown}{AB}$上的点一样‘多’”）

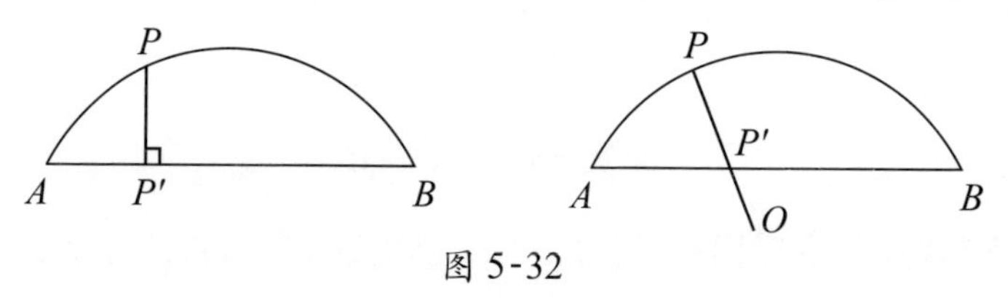

图 5-32

我还告诉学生：

“这里讲的‘多’与‘一样多’只是一种直观的描述，同学们将来有机会学到数学家对它的精确的描述。有兴趣的同学，课后我们还可以进行探讨。”这里渗透了《实变函数论》的最基础的知识。

我们知道不少趣味数学题和数学竞赛题都有着较深刻的高等数学的理论背景和实践背景，并对解法做全面的分析和融会贯通的理解之后，才能提高分析问题和解决问题的能力。如“韩信点兵”问题，不仅涉及剩余定理，而且在计算机的结构中起了大作用；“称球问题”：十二个球在天平上称三次，找出其中唯一的坏球来（实际上可以处理十三个），这看起来是个数学游戏，实质上是信息论中的一个重要例子。“周游世界”“地图染色的四色猜想”和“哥尼斯堡七桥问题”等都是饶有趣味的图论问题。有目的地引导学生去思考这些问题，是可以培养一些较高水平的数学人才的。又如，中学数学竞赛题的主要来源有：高等数学问题或方法的简化、变形；命题者研究初等数学的心得；某些初等数学题的推广、变形等。因此，在数学竞赛的辅导时，除注意打好基础外，还要适当扩大知识面，如数论、函数方程、递归关系、几何变换、组合数学、图论、覆盖问题、逻辑运算、概率论等高等数学的有关内容，这将有助于开阔学生知识视野，培养数学尖子。

读者再看我写的《“聚沙”一定“成塔”吗？》一文，学生将来如果学了高等数学中的“无穷级数”后，会有更深刻的理解。作为中学生，我们主要是引发好奇、激发兴趣，对“无穷级数”有初步认识。

“聚沙成塔”是一句大家熟知的成语，说的是把细沙聚集成宝塔，比喻积少可以成多，勉励人们凡事要持之以恒，终成大观。

如果用数学眼光读此成语，就别有一番情趣了。

情境之一：如果我们把塔看成由无数细沙聚成的，那么，甲每天聚沙 1 千克，成年累月无休止，并传之子子孙孙，的确可以成塔，因为

$1+1+1+\cdots$

这个加法算式中加数的个数无限增加，所得的和可以比任何指定的大数还要大。

事实上，只要每天聚同样多的沙，就一定能成塔。

如果有人说：“只要每天聚沙不止，就一定能成塔。”你赞同吗？

情境之二：乙第 1 天聚沙 1 吨（不少），第 2 天聚沙$\frac{1}{2}$吨（也不算少），第 3 天聚沙$\frac{1}{4}$吨，第 4 天聚沙$\frac{1}{8}$吨，第 5 天聚沙$\frac{1}{16}$吨……每天聚沙是前一天的一半，长年累月聚沙不止，并传之子子孙孙，能聚成塔吗？

在式子 $1+\frac{1}{2}+\frac{1}{4}+\frac{1}{8}+\frac{1}{16}+\cdots$ 中，虽然加数的个数无休止地增加，和也无休止地增加，但实际上这个和永远不会超过 2。因为

$$1+\frac{1}{2}+\cdots+\frac{1}{2^{n-1}}=\frac{1-\left(\frac{1}{2}\right)^n}{1-\frac{1}{2}}=2\left(1-\frac{1}{2^n}\right)=2-\frac{1}{2^{n-1}}<2。$$

乙虽然每天聚沙不止，但由于每天所聚的沙都比前一天少，所以总和不超过 2 吨，假设某塔需用 3 吨沙来聚，如此聚沙是不能成塔的。

数学眼光如此深邃、神奇！

那么，是不是说：“如果每天聚比前一天少的沙，就一定不能成塔。”

情境之三：丙第 1 天聚沙 1 千克（很少），第 2 天聚沙$\frac{1}{2}$千克（更少），第 3 天聚沙$\frac{1}{3}$千克（越来越少），第 4 天聚沙$\frac{1}{4}$千克……长年累月不休止，并传之子子孙孙，能成塔吗？

只靠感觉不行，要思考。

思考 1：为什么甲聚沙不止，能成塔。

思考 2：为什么乙聚沙不止，却不能成塔。

看上去，丙与乙聚沙不止的差别并不大，因而丙也是不能聚沙成塔的。

但是，错了！

我们对 $1+\frac{1}{2}+\frac{1}{3}+\frac{1}{4}+\cdots$ 做出如下的分析：

$$1+\frac{1}{2}+\frac{1}{3}+\frac{1}{4}+\cdots=1+\frac{1}{2}+\left(\frac{1}{3}+\frac{1}{4}\right)+\left(\frac{1}{5}+\frac{1}{6}+\frac{1}{7}+\frac{1}{8}\right)+\left(\frac{1}{9}+\frac{1}{10}+\cdots+\frac{1}{16}\right)+\cdots>1+\frac{1}{2}+\frac{1}{2}+\frac{1}{2}+\frac{1}{2}+\cdots$$

其中每个括号中的分数的和大于$\frac{1}{2}$，并且括号的个数无限，这一串分数的和当然也就超过任何大的数了。

这就是说，如果丙第 1 天聚沙 1 千克，第 2 天聚沙$\frac{1}{2}$千克，第 3、4 天共聚沙超过$\frac{1}{2}$千克，第 5、6、7、8 天聚沙超过$\frac{1}{2}$千克……如此聚沙不止，丙还是可以聚沙成塔的。

如此看来，成语“聚少成多”和“聚沙成塔”还是不尽相同的。“聚少”一定“成多”，但“聚沙”不一定“成塔”。

课例89　方框放币

如图5-33所示的方框内，放满100枚一元的硬币，另备6~7枚一元硬币。问学生：还能不重叠再放进硬币吗？最多能放几枚硬币呢？最好还能给出证明。

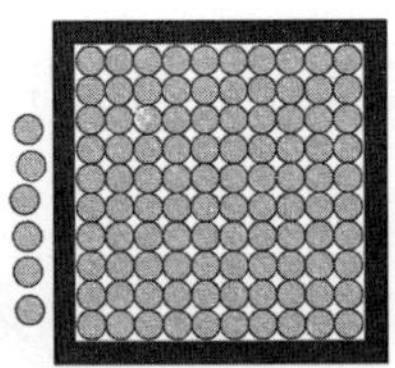

图 5-33

如果是和小学生玩这个游戏，只要摆放就行，不必要进行证明。在于培养小学生的观察力、想象力和思维能力。

如果是初中生，就要求在摆放后进行严格证明，除了培养观察力、想象力和思维能力外，还要培养学生的论证能力。

（1）先探索放入105枚硬币（如图5-34）。证明如下：

$$0.5+5\sqrt{3}+0.5<1+5\times1.7322=9.661<10$$

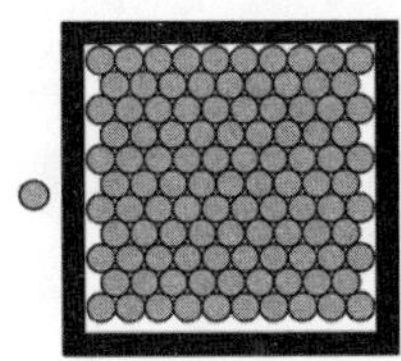

图 5-34

（2）再探索放入106枚硬币（如图5-35），证明如下：

$$0.5+4\times\sqrt{3}+2.5<3+4\times1.7322=9.9288<10$$

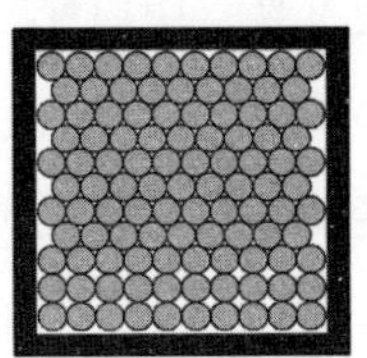

图 5-35

（3）能放入 107 枚硬币吗？不可以了，证明如下：

$$0.5+7\times\frac{\sqrt{3}}{2}+3.5>4+7\times0.86=10.02>10$$

综上，最多能放 106 枚硬币。

等学生读到高中时，我会将这个问题拓展到空间，在 $10\times10\times10$ 的木箱里，最多可以放多少个直径为 1 的球？你信不信，竟然可以放 1254 个球，增加了四分之一以上。

课例 90　换色游戏

给出 3×3 棋盘，棋盘上摆放如图 5-36 ①的黑白棋子。我请学生每次可以更换同一行或同一列 3 个棋子的颜色。白的换成黑，黑的换成白。问能否通过有限次的“换色”，变成图 5-36 ②的样式。

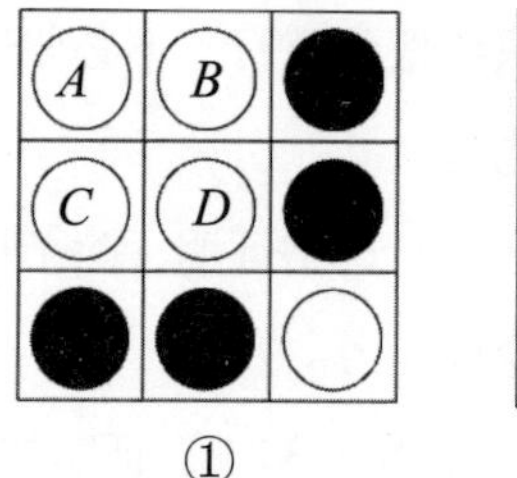

①

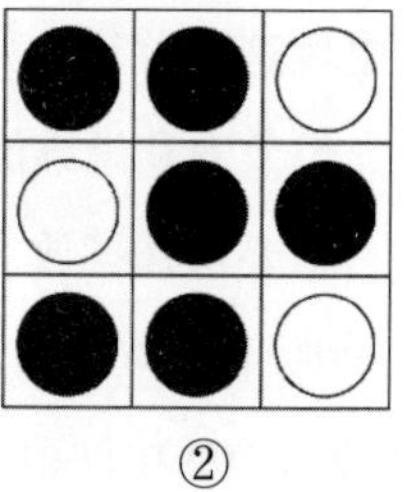
②

图 5-36

聪明的学生在几次尝试失败之后，一定会猜到结论是否定的。对于否定的结论，直接证明很困难，我们尝试利用反证法。

假设不然，图①能通过“换色”变为图②。不妨设第 1，2，3 行棋子分别施行了 a，b，c 次换色；而第 1，2，3 列棋子，分别施行了 x，y，z 次换色。显然，每个棋子是既接受了行的变色，又接受了列的变色。于是：

棋子 A 经过 $a+x$ 次的颜色变换，由白变黑；

棋子 B 经过 $a+y$ 次的颜色变换，由白变黑；

棋子 C 经过 $b+x$ 次的颜色变换，保持白色；

棋子 D 经过 $b+y$ 次的颜色变换，由白变黑。

A、B、C、D 四颗棋子共经过 $(a+x)+(a+y)+(b+x)+(b+y)=2(a+b+x+y)$ 次变换颜色的操作，这显然是个偶数。但实际上从图中可

以看出 A、B、C、D 四个棋子所作过的总变色次数只能是奇数。这是因为偶数次的操作绝不可能把四个白子变为一白三黑。这一矛盾表明题中所说的“换色”是不可能的。

这是让学生在玩中感受“反证法”的经典游戏，同时也是培养学生的奇偶分析意识和论证能力的好游戏。

第六章

数学之玩——玩无止境

爱拼才会赢

朋友们常问我，退休后做什么？我感觉退休后，研究的东西还不少，多年的实践、沉思和积累，似乎在这一刻要“爆发”出来。

猜谜，寓教育于娱乐之中，增知识于谈笑之间，长智慧于课堂之外。我爱猜灯谜，退休后到一所学校去推广“每日一谜”，师生都非常喜爱，效果奇好，逼着我写成了《猜谜让学生灵性生长》一书。

《优秀教师悄悄在做的那些事儿》一书，十分畅销，加印了19次，出版社让我写一部校长的，这不，《优秀校长悄悄在做的那些事儿》出版了。这下好了，出版社说，三本书才能算小丛书，再写一本“家长”的，读者想必知道书名了吧？

我沉迷于数学益智器具研发，前段时间沉下心来，一下研发出从幼儿园到高中的380多个数学益智器具，目前正在课题学校实验，前段培训做了个

《思维是可以玩出来的》的讲座，好评如潮。

有了这些新的数学益智器具，我的数学之“玩”又玩疯了。其一，我和我三岁多的外孙女玩，一副扑克牌就能玩出观察力、记忆力、想象力、思维力、辨别力等，我惊奇地发现儿童的数学视角是何等的不同，是有巨大的可开发的“玩的空间”；其二，我的忘年之“玩”，我和幼儿园的小朋友、小学生、中学生玩，小学生玩得很嗨，中学生反而不太会玩了——因为他们忙于应试数学，其实孩子们都是很有灵性的；其三，我和教师们玩，到中小学去和教师们玩，到师范大学去和未来教师玩，其乐融融。

我现在出门，都会背个小包，为了放东西方便。其实，小包里更多的是放各种益智小器具，走到哪就玩到哪，传播我的“数学之玩”，我会这样一直玩下去，玩无止境。

第一节　亲子互玩

玩出聪明娃　　　　这个你也会？

我和三岁半的外孙女玩益智游戏和简单的数学游戏，积累了我对学前儿童数学思维的认识，有了这些积累和认识，我“研发”了可供幼儿数学思维熏陶的许多新的小课例。

课例 91　玩牌

几张扑克牌，就可以和外孙女玩。我想让她观察方块 A，让她看得“清清楚楚明明白白”，也就是说“看清 A 的位置和方块的形状”，我把方块 A 转了 180°（如图 6-1），让她再观察，和刚才看到的有什么不同，她说是一样的，嗯，有点图形的感觉了。

第一次看到的　　旋转后看到的

图 6-1

接着我让她观察黑桃 A，她看清后，我把黑桃 A 转了 180°（如图 6-2），让她再观察，和刚才看到的有什么不同，她说是黑桃倒过来了，嗯！很棒的！

第一次看到的　　旋转后看到的

图 6-2

我激她，说我们玩难一点的，她说“好的”。这次玩两张的，我说：“你认真看，然后背过身去，我在两张中找一张转 180° 后，你转回身来看，说出我转了哪张？”（如图 6-3）。

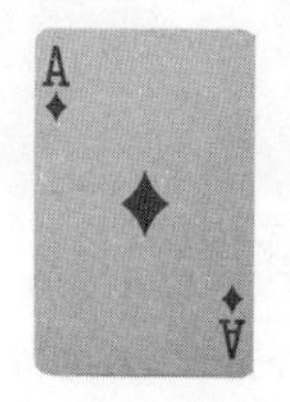

第一次看到的　　旋转后看到的

图 6-3

她很快就说出是黑桃 A，我说你怎么知道，她说黑桃朝下了。我说我们再玩一次（如图 6-4），她转过身来看后，说了句“没转”，我说“转了”。她似乎想起了什么，大声说“外公转了方块 A”，全家人掌声响起！

第一次看到的

旋转后看到的

图 6-4

我说你来转，外公来说你转了哪张。你当老师，外公当学生。玩了一会儿后，我发现外孙女对玩两张扑克牌觉得有点“没意思”时，再次激她，我们玩三张的，她说三张怎么玩？我说也是你看后转过身，外公翻转一张，你转回身说出翻转了哪张？我们玩得很嗨，轮到她“当老师了”，没想到这位“老师”竟然对我说：“看清楚啦，转过身去，我要翻转两张。”

图 6-5

哇！我惊讶——这位“老师”太厉害了！不要小看儿童，儿童在不经意间，还真玩出了很有意思的数学之味。

我本想和她再玩四张的，后来一想，这不就是一道中考题吗？今天已经颠覆我的认知了，今天不能再玩这个问题了，等她大一点再玩。

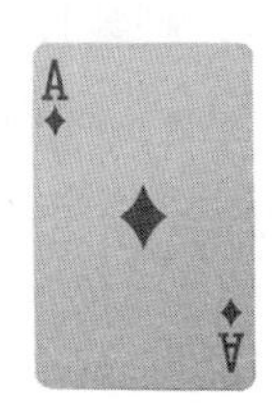

图 6-6

课例 92　连线

我找来 4 枚编号①①②②的棋子，放在白纸上。我对外孙女说，我们来连线，①连①、②连②，但两条线不能相交。她一看，随手一画就画好了（如图 6-7）。

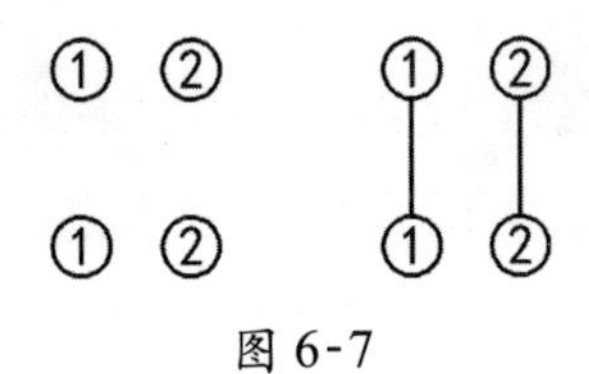

图 6-7

我笑着说，那是做准备活动，我把棋子①②交换一下，你会吗？我再次强调，不能相交。她问了一句，线条可以转弯吗？我内心甚喜，连说可以可以。

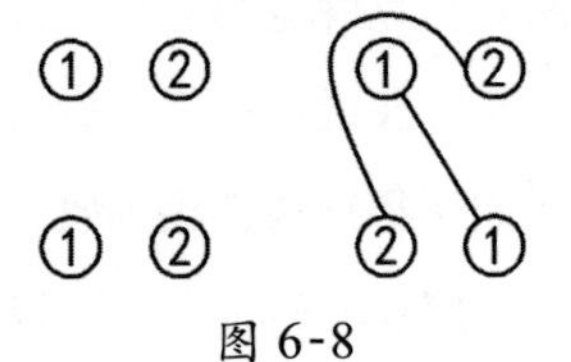

图 6-8

她画好了（如图 6-8），激动地叫了起来："妈妈我会画不相交的线了。"我女儿跑来一看，连夸孩子真棒！

"历史"似乎又有相似的一幕，我对外孙女说，我们来玩三个的，其实就是给出①①②②③③六枚棋子，随机排列连线。

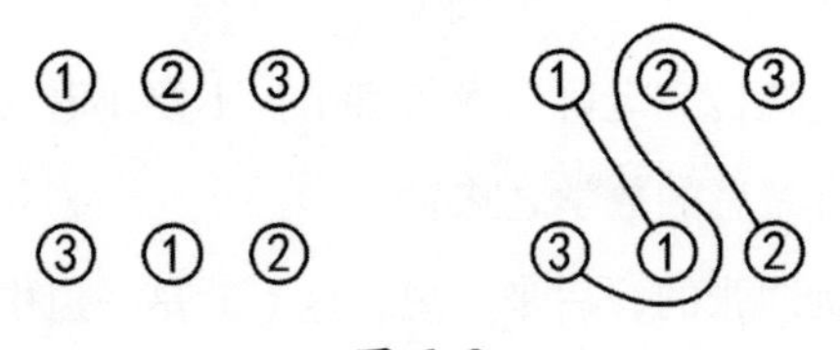

图 6-9

如图 6-9，玩三个也难不倒她。我趁她吃东西时，赶紧打印了马丁·加德纳的书中的一道趣题——"不和睦的邻居们"（如图 6-10），等她吃完东西后，让她画线：大房邻居从前门出，左边邻居从右门出，右边邻居从左门出，有围墙哦，邻居们行走的路线不相交。

图 6-10

当天，她没能画出邻居们行走的不相交的路线。过了好一段时间，她想起了这道题，试着“出门”，试了几次，终于成功了（如图 6-11）！

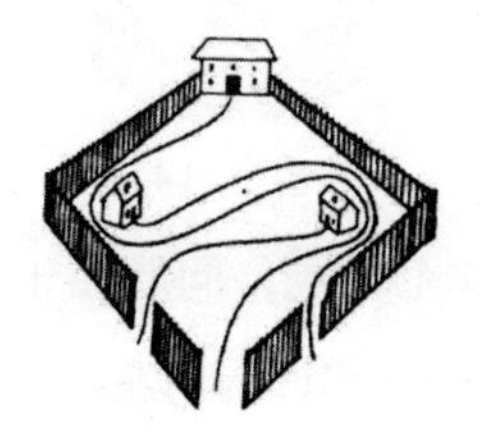

图 6-11

再过一段时间，我找来一块白板，在上面标注如图 6-12 所示的字母，让她在白板上画线，让 A 连接 A，B 连接 B，C 连接 C，D 连接 D，E 连接 E，这些线不能交叉。

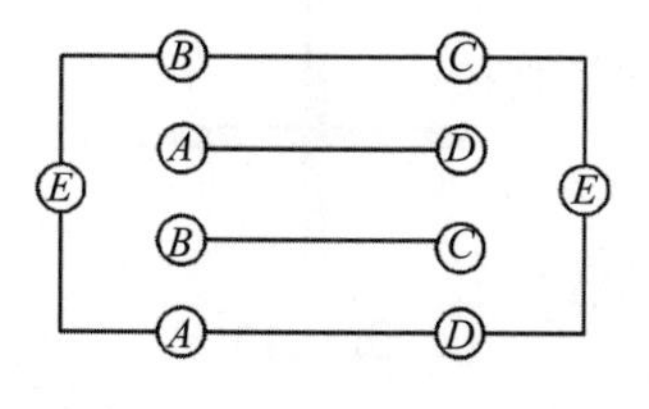

图 6-12

玩这道题，是有一定难度的，玩的目的在于培养她的观察能力和思维能力，图 6-13 是答案。

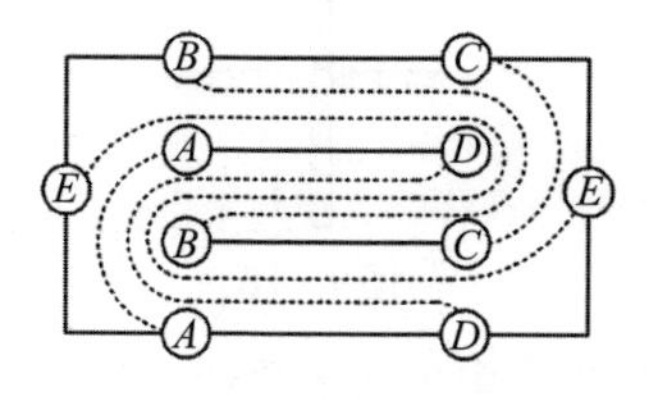

图 6-13

课例 93　交换位置

如图 6-14，半圆形的凹槽里，放置编上 1，2，3 号码的乒乓球，现在凹槽的两端各滚来了一个乒乓球 1，2，为了交错通过，凹槽壁上恰好有一个乒乓球大小的凹洞，可是不巧的是，那个洞里居然还有一个乒乓球 3，怎样让乒乓球 1，2 交换位置呢？

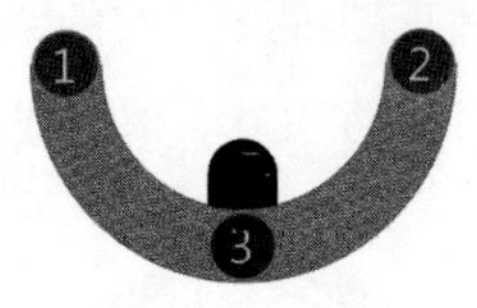

图 6-14

一般小朋友都会解决这个趣题，问题在于谁能走出最少的步数：3 左→2 左进凹洞→3 右→1 右→2 出凹洞向左→1 左→3 左进凹洞→1 右。

课例 94　巧变正方形

一次外出吃饭，在等餐时，我找来 4 片小木条，摆出图 6-15 的样子。问外孙女，请移动一片小木条，形成一个正方形，你会吗？

图 6-15

没玩过这个问题的小孩，一般没办法“形成一个正方形”，这很正常。多数人，包括成人往往思维定式，也未能成功。

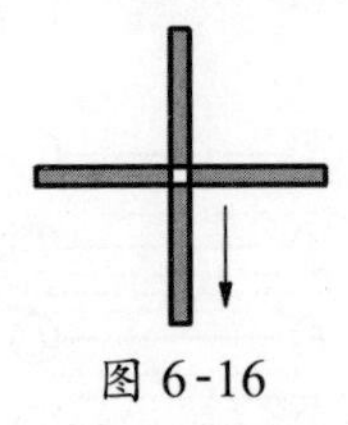
图 6-16

当我轻轻地将下面那片小木条向下移动一点点，在各片小木条的尾端之间会形成一个小小的正方形（如图 6-16）。外孙女的眼睛一亮，原来是这样！我让她学着移移看，领悟了，她就会移了。之后再让她移，我故意改变小木条的摆放位置（如图 6-17，读者请注意看小木条中间的不同处），她都能一一移对。

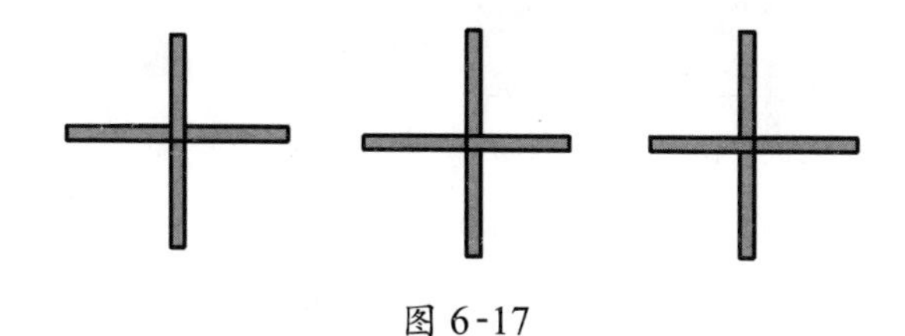

图 6-17

饭吃了一段时间，外孙女突然说，其实这也是正方形，下面这块小木条还可以这样移动（如图 6-18）。

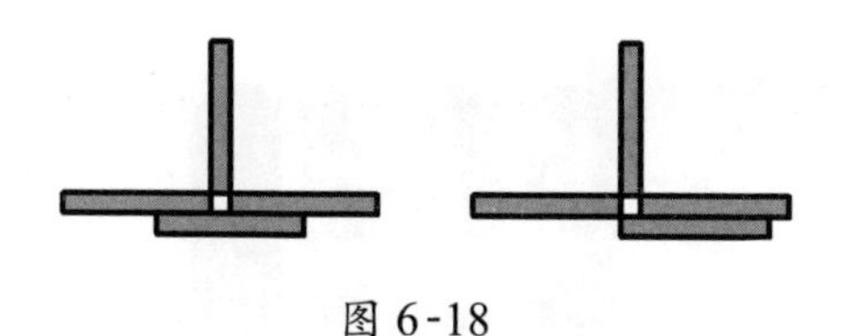

图 6-18

没错啊！的确“只移动一片小木条”，我的答案中竟然没有这种思路，没有这个答案！“还可以这样移动”，儿童的“另类思维”，让我惊叹！

回到家里，外孙女还“迷恋”这 4 片小木条，又兴奋地跑来对我说，其实也能这样移（如图 6-19），她把上面那片小木条向下轻轻推一点，再退回去，“只移动一片小木条”，形成一个正方形。我再次被儿童的独特视角所震惊，立即放下手头的所有事情，集中精力把儿童的“创新故事”记录下来。

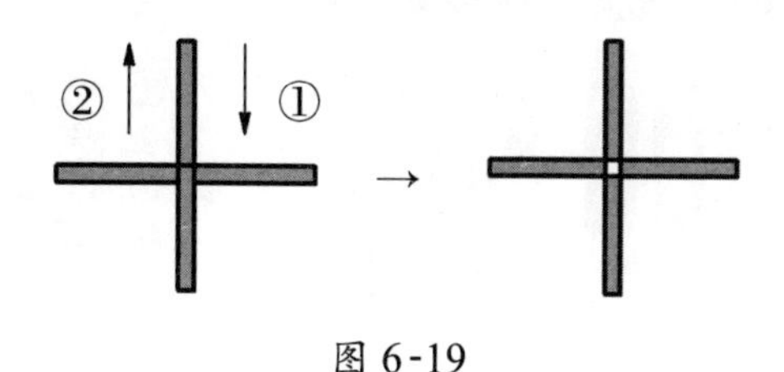

图 6-19

课例 95 数字卡片

我找来厚一点的纸片，做了带有色彩的模板和写有数字的圆片，所有的圆大小一样（如图 6-20）。我问外孙女，你能否将右图数字 1~6 放入左图的圆中，使得左图任意两个竖条恰好有一个共同的数字？

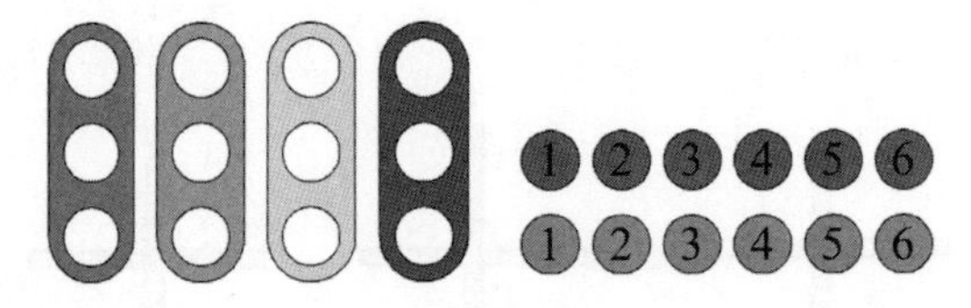

图 6-20

玩的目的就是让外孙女理解“恰好有一个共同的数字”，培养她的观察能力、分析能力、理解能力和推理能力。

其实，孩子大多是很灵的，这个问题我曾经让不少孩子做，基本上没有问题。

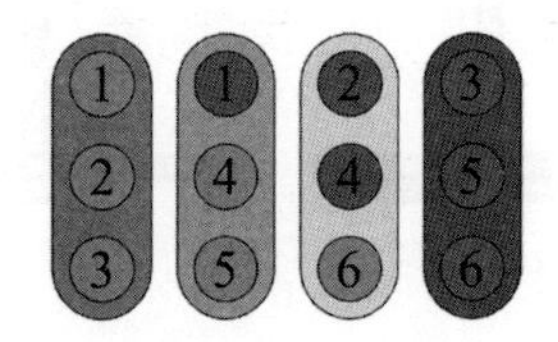

图 6-21

我增加圆片数量，让孩子们做，感觉也难不倒他们。如图 6-22，左边是游戏题，右边是答案之一。

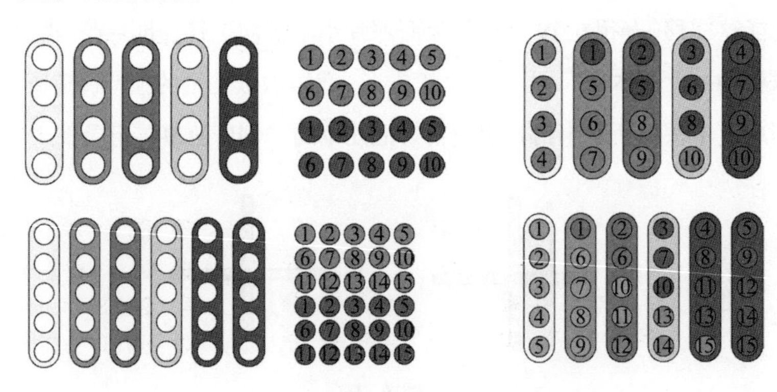

图 6-22

课例 96　长大一点是啥样?

培养孩子的智力，发展孩子的能力，不一定都要玩“高大上”的玩具，生活中时时可以玩起来，处处都有小道具（如一堆石头、一些圆片等）。

我把家中围棋的棋子拿出来，我拿一些，也给外孙女一些。我说我先摆放第 1 堆、第 2 堆和第 3 堆，让她按我的摆放模样摆出第 4 堆。其实，我讲的“模样”就是想让她懂得“找出规律”。

情形：我放好了前三堆，让外孙女摆放（如图 6-23）。我先是看到她懂得在底层摆放 4 个，心头一喜，这孩子有点感觉了；接着看到她的小手在倒数第二层摆放时懂得“错位”，懂得“错位”摆放 3 个了。这孩子此时应该是真看懂“长大”的样子了！就这样她摆放好了第 4 堆。

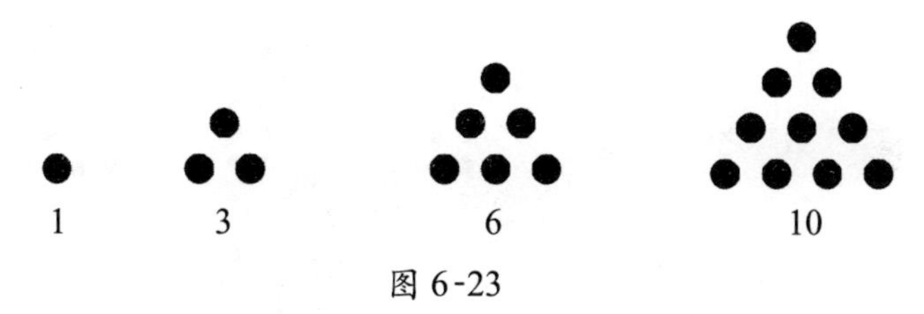

图 6-23

我心里想，这是“三角形数”啊，前几年还出现在高考题里呢，当然高考题是要考生计算第2016堆总共有多少个棋子，而我只是让孩子看懂“长大”的样子。儿童就是儿童，一般人是从上层往下层摆放，你看这孩子竟然是先摆第 4 层的那 4 个，我想孩子的大脑一定是发现“长大”到第 4 堆时的底层就是 4，先摆好“4”再说，剩下的摆放就简单了。这何尝不是一种合理的思维？

游戏还在持续进行，我说我再摆放前 3 堆，让外孙女摆放“长大”后的第 4 堆。

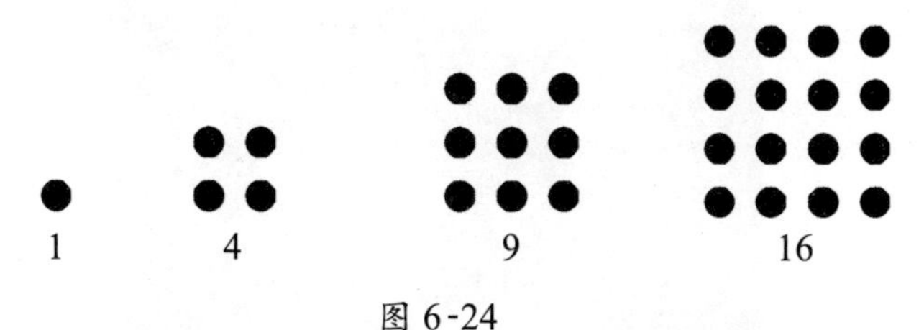

图 6-24

如图 6-24，这是“四边形数”，感觉她这次摆放得更快了。可以了，三岁多的孩子，已经不得了了，那天就不再玩这类游戏了。等她再长大些，我再和她玩五边形数、六边形数和一些“整合”出来的各种“数阵”。等她再长大些，我再和她玩三棱锥数、四棱锥数……

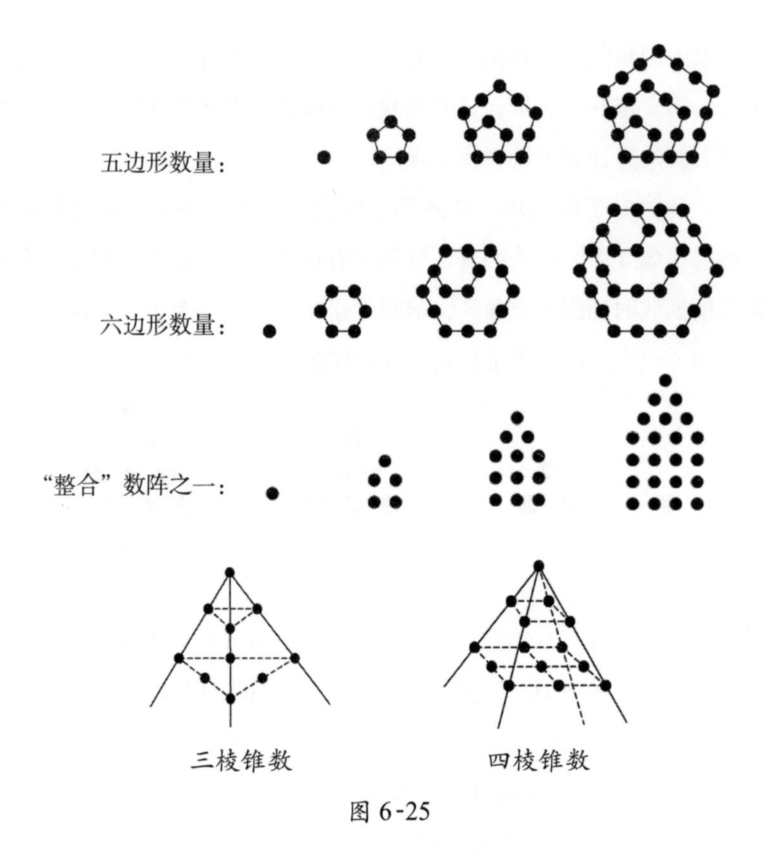

图 6-25

第二节 忘年乐玩

忘年之玩

我的数学之玩，这些年因媒体宣传，被家长点赞，在讲座中传播和有书籍出版，渐渐地被越来越多的人知晓，有不少校长和老师让我到他们学校直接和学生玩，有一些家长把孩子带到我家来玩，有外地朋友知道我要去他们那儿，就把他们的孩子带到宾馆来玩。我和幼儿园的小朋友玩得不亦乐乎，我和小学生玩得痴迷着魔，我和中学生玩得欲罢不能。我还和年轻的家长一起玩，他们在玩中加深体验了“思维是玩出来的”。

我的忘年乐玩，让孩子和家长受益，我也在乐玩中感觉自己年轻了。

课例 97 骰子日历

这是我在新加坡教育考察时在商店看到的一个玩具——万年历，如图 6-26 有三根小长方体木条，分别用中英文标上一月至十二月。左边的骰子六个面分别标上 0，1，2，3，4，5；右边的骰子六个面分别标上 0，1，2，6，7，8。我一看就觉得这个玩具是可以玩出很多“数学思维”出来的，我决定买，可折算成人民币要 300 元，贵了点，我用手机拍下来，回到厦门自己做了一个。这个玩具可以和各个学段的孩子玩。

图 6-26

怎么玩呢?

玩法之一：让幼儿园的小朋友摆出一年中的任何一个日子，如自己的生日、爸爸妈妈的生日、六一儿童节等。

每个孩子都能摆出所要的日子，年年可用，天天可用，所以叫“万年历”。

玩法之二：问小学生，左边的骰子标有 1，右边的骰子要不要标有 1？

学生答：要，否则不能摆出 11 日。（评：我要的就是这种回答，学生已经有反向思维的意识了）

玩法之三：继续问，左边的骰子标有 2，右边的骰子要不要标有 2？

学生答：要，和前面的道理一样。（评：小学生已经有了“同理可证”

的意识了）

玩法之四：继续问，左边的骰子标有 3，右边的骰子要不要标有 3？

学生答：不要，因为没 33 日。（评：不是很严密的回答，但老师可以补充，因为 3 在十位数时只有 30 和 31 日，右边的骰子要有 0 和 1）

玩法之五：继续问，左边的骰子标有 0，右边的骰子要不要标有 0？

玩到这时，就有点意思了。大约一半学生说“要”，另一半学生说“不要”。我在给教师的讲座中，和教师们讲到这个游戏时，也大致是一半说“要”一半说“不要”。

有学生这样回答：要，如果右边没有 0，那么“万年历”要摆出 01，02，03，04，05，06 的日子，就去掉 6 个面，至少 07 无法摆出了。所以右边的骰子要有 0，把右边的骰子的 0 放在左边，这样就可以摆出 07 了。

回答得很完整！这对一个小学生来说，是很不容易的，充分体现了“反证法”思想。

玩法之六：问小学生或中学生，左边的骰子标有 0，1，2 了，再标上 3，4，5；右边的骰子也标有 0，1，2 了，再标上 6，7，8，那么 9 怎么表示呢？

在这样的问题面前，小学生和中学生很难说谁更厉害些。大多情况是，大家先愣了一下，接着笑着回答：“把 6 倒过来就是 9”。真是“天无绝人之路”啊！

其实，这个玩具，可以编成一道中考题，比如两个骰子六个面上的数字有多少种情况？也可以编成一道高考题，把两个骰子摆成 01 状，请问中间相邻的两个数有多少种可能？

课例 98　钓鱼游戏

一副扑克，可以演示神秘莫测的数学魔术，可以演绎妙趣横生的数学游戏，可以演算兴趣盎然的数学问题，让学生在娱乐中得到思维的启迪，体味数学的无穷魅力。

我当初中班主任时，讲台的抽屉里一定会有几副扑克牌，随时可以拿出来和学生玩；我现在出门的背包里，除了“伸手要钱”——身份证、手机、钥匙、钱包（卡包）外，还有一些益智小器具——其中必有扑克牌。

我到某初中，给学生讲《有点不一样的数学》，就先和学生玩扑克游戏。

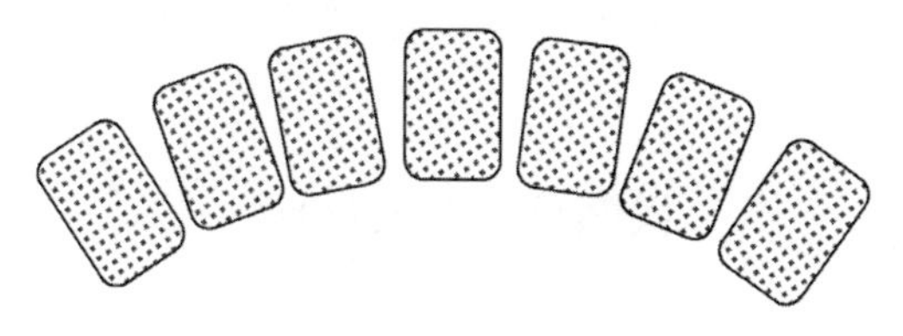

图 6-27

我取一叠扑克牌（共 n 张），当众洗过后，请一位学生从中随意抽取一张，这就是“鱼”。我让其他同学也认好这张“鱼”牌后，我将“鱼”插入牌叠中的某个位置。然后我把最上面一张牌丢开，把第二张牌移到牌叠的最底下；又把第三张牌丢开，把第四张牌移到牌叠的最底下；如此下去，一直做到手中只剩一张牌为止。这时，奇迹出现了：

原来，剩下的这张牌，竟然就是“鱼”！

学生觉得好神奇，要我再表演一次。我说增加一点难度，我故意把手放在背后和学生们玩，奇迹再次出现。

我问学生，你们知道游戏的秘密在什么地方吗？

我说这里面就有数学，这就是“不一样的数学”。让学生感受数学在扑克牌魔术中的应用，感受数学的魅力，激发学生学习数学的兴趣，培养学生反向推理能力。

我告诉他们，魔术贵在手法，但理在数学。我只要把“鱼”插入牌叠中的某个特定的位置就行了，这个位置对于我来说是心知肚明的。

我们来推理一下，事实上，采用反向推理不难发现，如果

$$n=2^k+m \ (m \leqslant 2^k)$$

那么，“鱼”牌应插在原来牌叠的第 $2m$ 张位置。

特别地，当 $n=2^k=2^{k-1}+2^{k-1}$ 时，“鱼”牌应插在原牌叠的第

$$2m=2\times 2^{k-1}=2^k=n$$

张的位置，即放于牌叠的最底下。

例如，当 $n=36$ 时，$m=4$，$2m=8$，即“鱼”牌应插在原牌叠的第 8 张，

当他拿出 36 张牌时，就记住这个“8”了；当 $n=32$ 时，$m=16$，$2m=32$，即“鱼”牌应插在原牌叠的最底下。

我建议这个班的同学们，回家玩给爸爸妈妈看，或者找机会玩给其他班的同学看。

课例 99　奇怪的电梯

十年前，有位家长带孩子来我家，想让我给孩子讲一些学习方法。家长说孩子聪明，但不专心、不耐心，耍小聪明，有点傲气。

我利用我家的围棋板，又做了个 1×8 的硬纸片（如图 6-28），等孩子一来，我就和孩子玩。

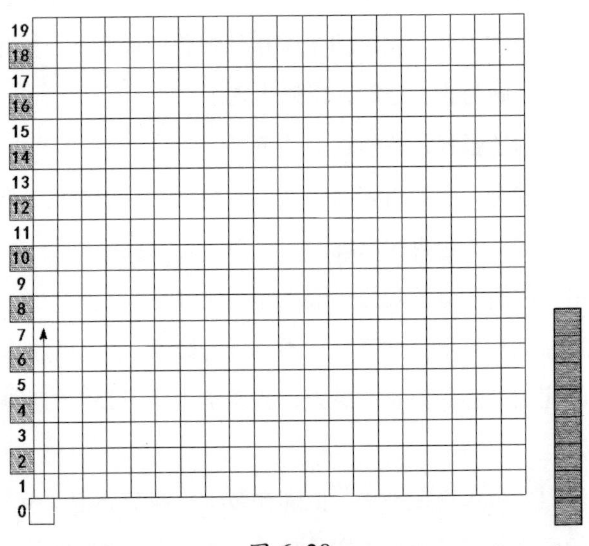

图 6-28

我虚拟了一个“故事情节”：一栋 19 层的大厦只安装了一部奇怪的电梯，上面只有“上楼”和“下楼”两个按钮。“上楼”按钮可以把乘梯者带上 8 个楼层（如果上面不够 8 个楼层，则原地不动），“下楼”的按钮可以把乘梯者带下 11 个楼层（如果下面不够 11 个楼层则原地不动）。用这样的电梯能够走遍所有的楼层吗？从一楼开始，你需要按多少次按钮才能走完所有的楼层呢？你走完这些楼层的顺序又是什么呢？

孩子一下子傻了，说哪有这样的数学题啊？我说你都读初一了，这是小学生的题啊——适度压一下这孩子的傲气，来，咱们一起动手操作一下——要走遍 19 层是要“专心 + 耐心”的。

我说，可以走遍所有的楼层哦。最少的步骤是 19 步，我让孩子拿着硬纸片，在围棋板上上下下移动，移到的，记录一下。

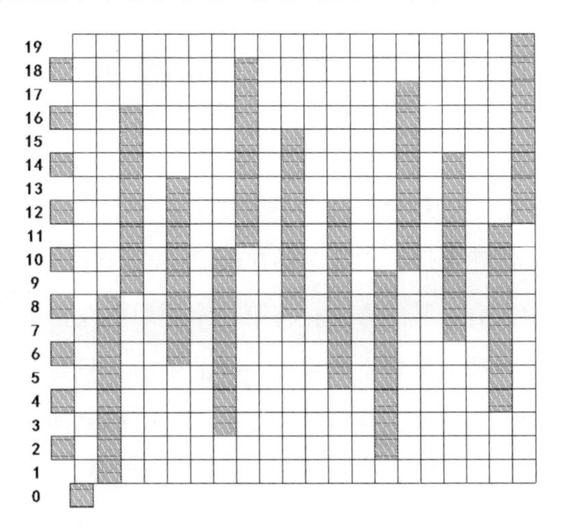

图 6-29

孩子有点不耐烦了，我说“这是很经典的数学题”，静下心来，我们一次一次移。移到位的，我就帮他记一下（严格讲，应该让孩子自己记录，这次就先帮他一下），最后我们终于成功了！顺序如下：0–8–16–5–13–2–10–18–7–15–4–12–1–9–17–6–14–3–11–19。其中，12“上”，7“下”。

借着这道“动作题”，我们开始了“学习认真为先，思维为要”的交流与分享，孩子收获很大。之后，这孩子每年来我家里玩一次，玩之后我就和孩子谈一些学习方法，谈一些奋斗目标，谈一些人生之路，玩着玩着，谈着谈着，孩子 2020 年高考考进了清华大学。

课例 100　划分面积

我到一所初中学校听课，那节课老师讲“中心对称图形”，课后老师特地留了 30 分钟给我，让我给学生讲点什么？我事先并没有准备要讲的内容。既然上了讲台，我就和同学们“玩”了起来。

我随手拿起学生桌上的一本书，在黑板上画了一些半径不一的硬币（如

图 6-30），让两个学生轮流将硬币不重叠地放在这本书上，谁不能再放，谁就输了，你有赢的策略吗？

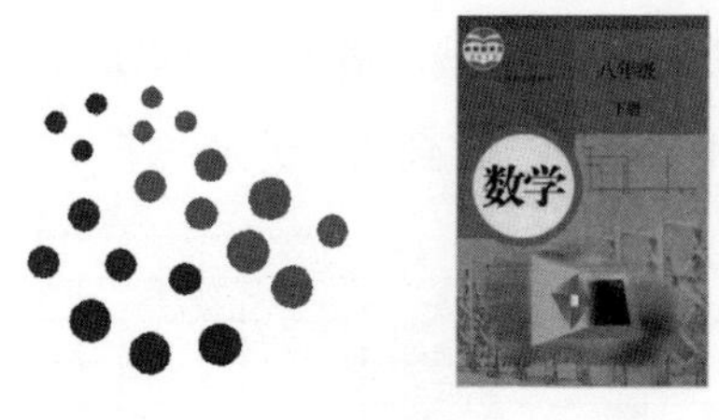

图 6-30

学生开始觉得这个老师有点怪，不讲数学，一上来就玩游戏，当他们悟出胜出的策略时，恍然大悟："任老师在玩'中心对称'。"

是的。先放的人有必胜的方法：将第一个硬币放在正中心，然后，在对方放硬币处的中心对称的位置上放半径一样的硬币，只要对方有位置放，你就有位置放。值得一提的是，这题也可以利用轴对称原理获胜，将第一个硬币放在正中心，然后，在对方放硬币处的轴对称的位置上放半径一样的硬币，这"轴"可选平行于书本边缘的一条直线。因这节课强调"中心对称"，所以我没讲"轴对称"策略，留给该班老师以后择机讲。

接着，我在黑板上画出图 6-31，并画出两个 1×2 的木块。我说："这也是两人游戏，两人分别持有木块各 18 个，轮流在图中的网格上放置木块，谁无法再放谁就算输，如何取胜？"

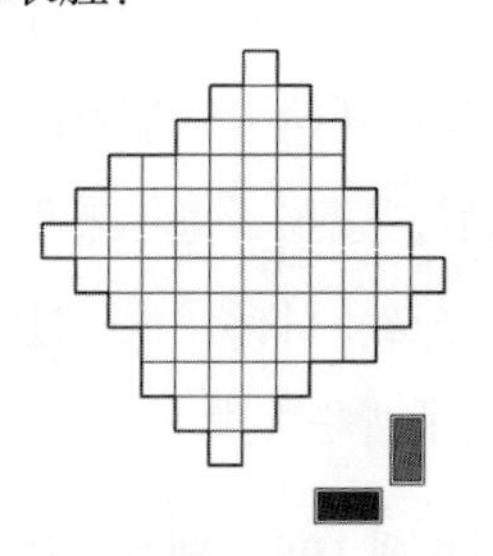
图 6-31

话音刚落，不少学生思维定式，说"先放会赢"。我说："来，同学们先放，我后放……"忽然间学生发现"上当了"，纷纷改口说"后放会赢"。我顺势指出："题中点滴差异，解答面目全非。"前一题和这道题，基本原理都是利用"中心对称"思想，但因"玩法"有细微差别，策略也就随之而变。

就此题而言，图纸网格是中心对称图形，但“中心”无法放木块，所以后放者有必胜策略。

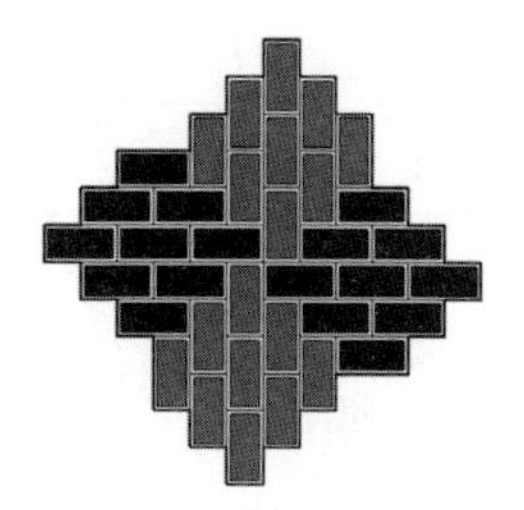

图 6-32

再接下来，我在黑板上画了 10 个圆（如图 6-33），边画边说：“我出一道中考题。”这 10 个大小一样的面积为 1 的圆彼此外切，过其中的两圆心 A、B 连一直线将全部圆分成两部分，这两部分图形面积各是多少？我故意说：“这道题能‘一望而解’吗？”学生说：“这怎么可能？”

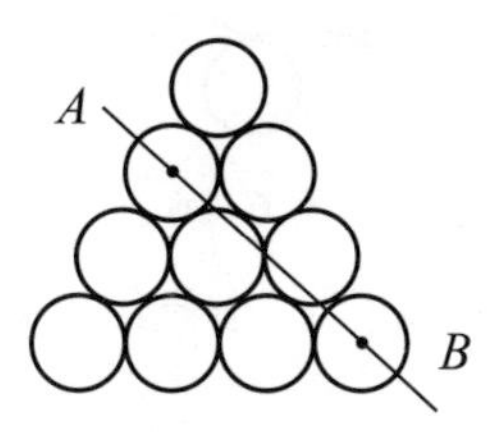

图 6-33

如图 6-34，当我把图形中的四个圆画上阴影后，全班学生恍然大悟，说：“直线 AB 上方的面积为 4，直线 AB 下方的面积为 6。”我顺势说：“‘一望而解’了，是吧？这怎么不可能！”

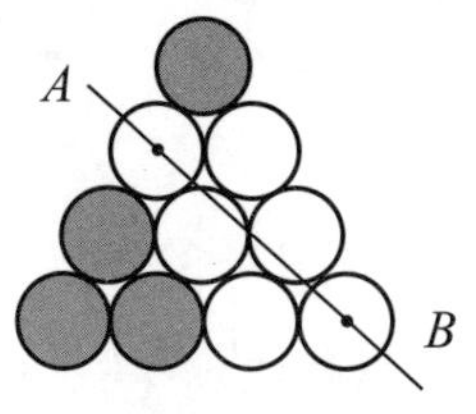

图 6-34

学生再次恍然大悟，这就是考查“中心对称”的题，真的可以“一望而解”。

我看学生兴头上来了，顺势又画了个“L”形，说用一条直线平分其面积，你能有几种方法？

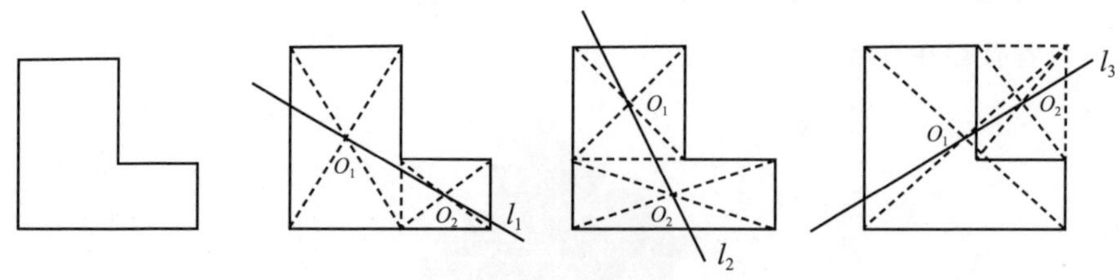

图 6-35

如图6-35,前两种划分方法,利用中心对称原理和“等量加等量其和相等”原理，学生容易画出，第三种划分方法，利用中心对称原理和“等量减等量其差相等”原理，多数学生没想到。

感觉学生还不过瘾，我又在黑板上画了 5 个等圆（如图 6-36），还是用一条直线平分其面积，问学生能有几种方法?

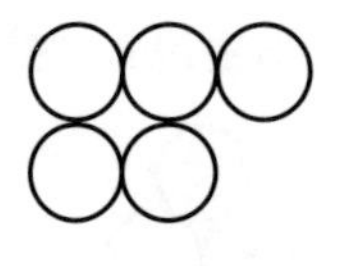
图 6-36

被激活的学生这下“聪明多了”，分别给出如下划分方法（如图 6-37）:

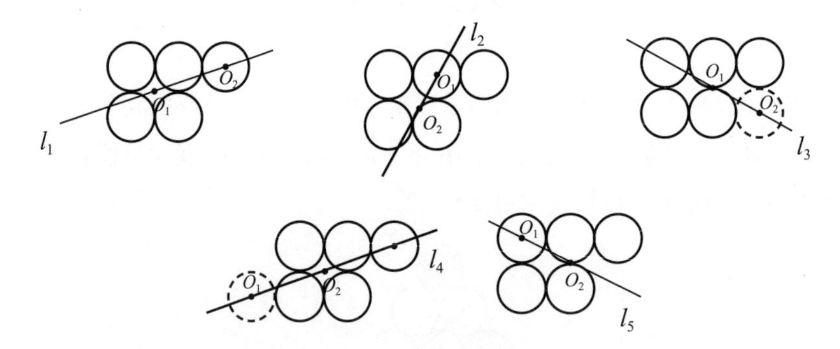

图 6-37

其中两个画虚圆的 l_3、l_4、虽然分别与 l_5、l_1 重复了，但虚圆的引入，就是一种创新。

学生以为他们的划分方法已经“尽善尽美”了，我说：“还可能有新的划分方法。”学生们怎么也想不出有新的划分方法，我说：“我们不是做过上面那道题了吗？我们就可以通过在两组圆外画外接矩形，并将划分的直线穿过这两个矩形的中心找到不同的答案（如图 6-38）。”

学生惊愕，他们的“尽善尽美”并不完美，竟然漏了两种划分方法。

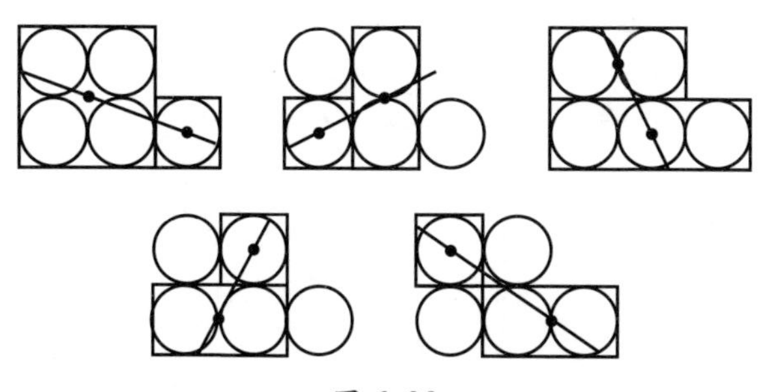

图 6-38

课例 101 粘正方体及其他

不少高中生，对学习立体几何有畏惧感。如果在小学阶段“玩”一些与“空间”有关的游戏，绝大多数学生到了高中，不仅少有畏惧感，反而喜爱探索空间问题。

四年级以上的小学生来我家，我就会和他们玩一些空间游戏。

情形一：粘正方体。

我拿出边长为 1cm、2cm、4cm、8cm 的正方体各一个（如图 6-39），把这四个正方体粘在一起，要求暴露在外面的表面积最小，你怎么粘，并把这个表面积计算出来。

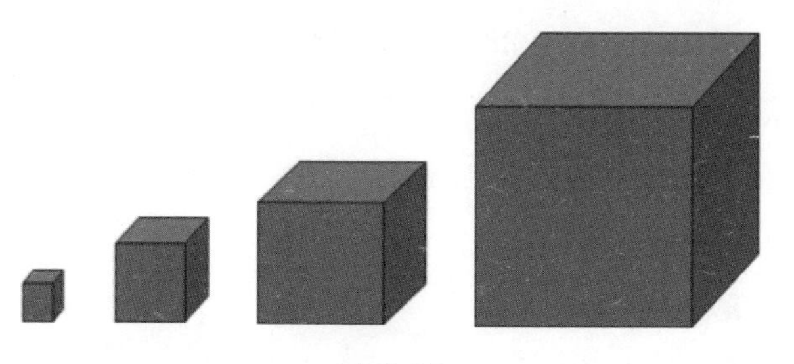

图 6-39

游戏在于培养学生空间想象能力、逆向思维能力和运算能力。

首先，学生要会“粘”，尽可能“最少地”暴露在外；其次，学生还要会算，好多不规则图形，怎么计算？整体思维和逆向思维：先全部算出来，再扣除“粘”在一起的。

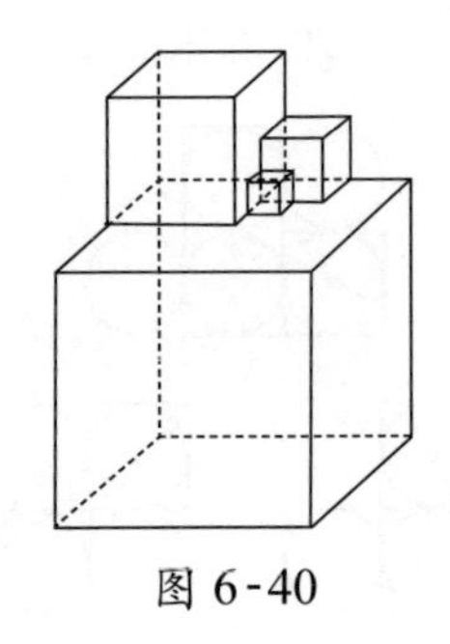

图 6-40

表面积 $S=6(8^2+4^2+2^2+1^2)-2\times4^2-4\times2^2-6\times1^2=456(cm^2)$。

情形二：“空心”长方体。

我拿出带格子线的“空心”的 4×4×5 的长方体（如图 6-41），我发现高中生对这类题，蛮“困惑”的，我和小学生“玩”这类题，感觉小学生挺喜欢的，“无知者无畏”？

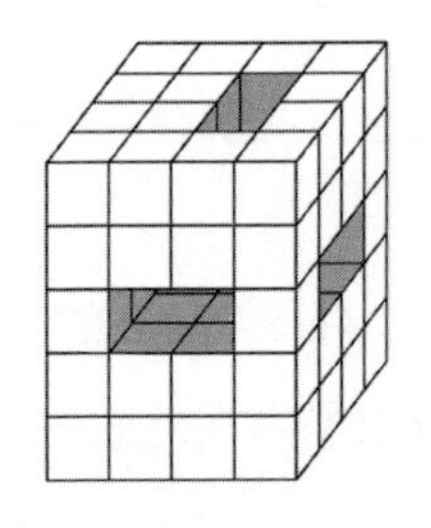

图 6-41

（1）这个长方体由多少个小木块组成？

（2）长方体内部有多少平方单位？

意在培养学生的立体感和空间想象能力。答案是：（1）60 块；（2）52 平方单位。

情形三：滚动的积木。

给出一块正方形的积木（如图 6-42），积木的各个面上分别标着 1 到 6 共 6 个数字。1 的对面是 6，2 的对面是 5，3 的对面是 4；给出一张带格的纸板。不动手，动脑想：沿着箭头的方向翻动，最后朝上的面是几？

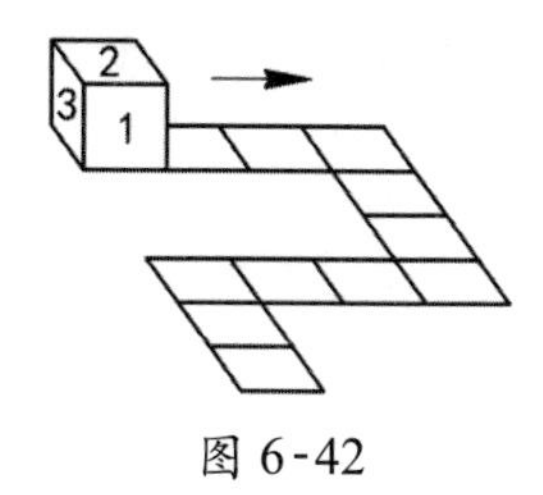

图 6-42

小学生自己动手操作一遍，就知道最后朝上的面是 5。但你能“不动手”就“想”出来吗？

情形四：八减一。

给出一个正方体(如图 6-43)，正方体有 8 个角，削去 1 个角，还剩几个角？

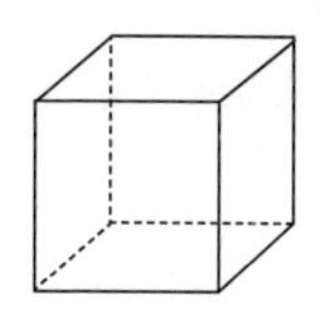

图 6-43

问小学生：8−1=？小学生回答：等于 7。但在这个游戏里，就不一定等于 7 了。

8 个角的正方体，削去 1 个角，可以得到 10 个角、9 个角、8 个角和 7 个角（如图 6-44）。

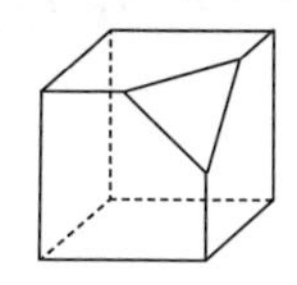
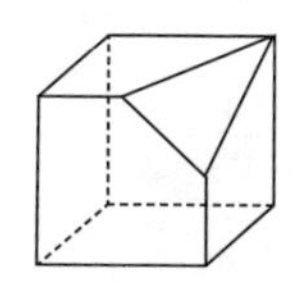
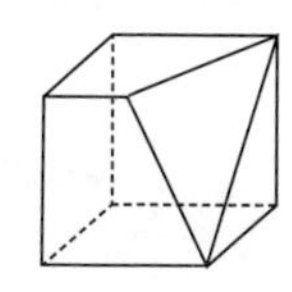
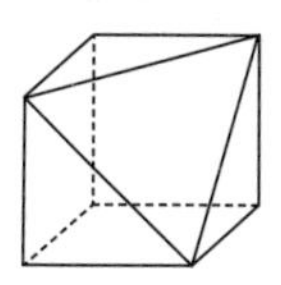

图 6-44

情形五：暴露几个面？

给出一个木制的正三棱锥和一个正四棱锥（如图 6-45），不但它们各自的棱相等，而且正三棱锥的棱与正四棱锥的棱也相等。

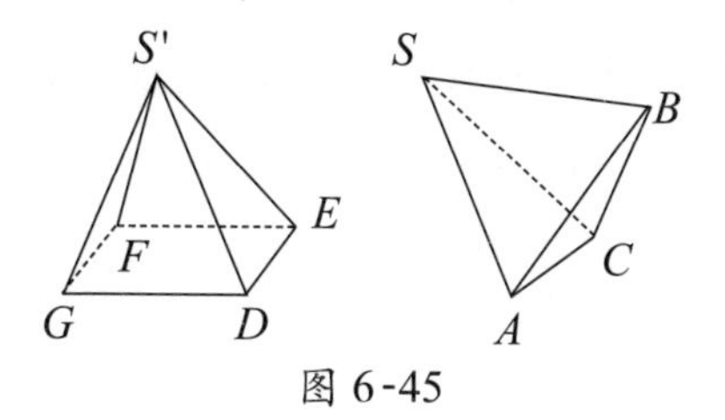

图 6-45

如果把它们的一个侧面粘合在一起，构成一个几何体，这个几何体有几个面？

小学生或初中生粗粗一想，正三棱锥有 4 个面，正四棱锥有 5 个面，粘合一个面之后，还有 7 个暴露面，其实这是不正确的。玩一下吧，会惊奇地发现只有 5 个暴露面（如图 6-46）。

这道题曾是美国的一道统考题，命题者拟订的标准答案是 7 个暴露面。佛罗里达州可可海岸中学学生丹尼尔的回答是 5 个暴露面，被判为错。在他提出申诉之后，命题者才发现标准答案有误。

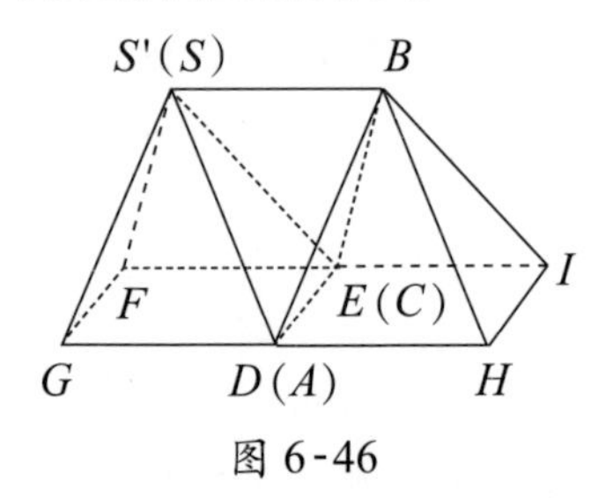

图 6-46

课例 102　最后出现

又见扑克牌！是的，我和小朋友玩的最形象的数学游戏，多为扑克游戏。我从一副 52 张纸牌中取出 7 张，例如红桃 A，2，3，4，5，6，7。

图 6-47

我请小朋友洗牌，然后将 7 张牌取回，我再自己洗牌。暗暗地看清这一叠牌中最下面一张假定它是红桃 A。我请小朋友说出 1 与 6 之间的任何一个数。假定她选取的数是 4。现在叫小朋友从这叠牌的上面起数出 3 张牌，一次一张，放到下面，然后将最上面的牌翻转。预言这张牌不是红桃 A，事实证明它果然不是。请小朋友把这张牌面朝上放到这叠牌的下面，再重复地做，即从上面起数出3张牌，一次一张，放到下面，再翻转第4张。这套动作小朋友共做6次，每次小朋友翻转的牌都不是红桃A。现在只剩一张牌面朝下，我告诉小朋友，你们照例能使所选的牌不到最后时刻不出现。这时你翻转这张牌，显示出它是红桃A。

这个扑克游戏意在让小朋友感受素数，培养具体操作能力和分析思维能力。

这一扑克牌魔术中的唯一要求是这叠牌的张数是素数。在这例子中是7，但这魔术对于3、5或11张牌同样有效（要是数目更大，就开始有些沉闷了）。如果这叠扑克牌数是N，你请助手选取1与$N-1$之间的一个数（纸牌数是11时，助手选取的数在1与10之间）。假定助手选取4，这叠扑克牌数是11，你必须循环多少次才能得到11的倍数？试试看：4，8，12，16，20，24，28，32，36，40，44，共11次。如果助手选取6，情况怎样？ 6，12，18，24，30，36，42，48，54，60，66，又是11次。事实上永远是11次。只要扑克牌数是素数P，到达这叠牌最下面一张所需要的循环数总是P。换言之，最后翻转的牌总是最下面一张。对于任何熟悉素因子原理的人来说，这个结果可能明显得令人目眩，但是它制造的魔术，甚至当着数学家的面表演起来，也是惊人的有效的！

我经常会教给小朋友一些“绝招”，让小朋友回家去玩给大人看，或玩给其他小朋友看，扑克游戏是小朋友“绝招”中最多的一类，因为扑克牌家家都有。

小朋友玩给他人看，玩着玩着，玩得家长都觉得不可思议，“这孩子怎么这么厉害”；玩着玩着，玩得其他小朋友都拜“玩者为师”；玩着玩着，小朋友自己也玩出了对数学的极大兴趣，玩出了自信，玩出了探索新问题的勇气。

第三节　与师共玩

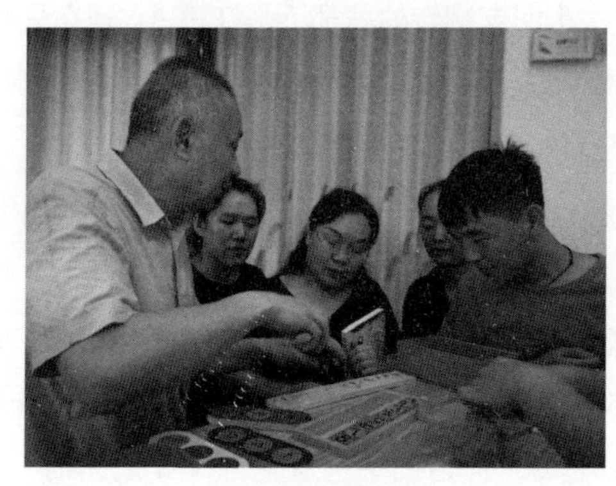

与师同乐

其实，绝大多数数学教师不善于和学生玩——玩数学游戏或数学趣题。我再次强调一下马丁·加德纳的话：“唤醒学生最好的办法是向他们提供有吸引力的数学游戏、智力题、魔术、笑话、悖论、打油诗或那些呆板的教师认为无意义而避开的其他东西。”

我们多数的数学教师，走进教室带的是课本和教案，说不定有这样的数学教师，教了一辈子书，从没和学生玩过扑克游戏；我们的多数数学教师，讲的是“纯数学”，要么讲概念、公式、定理之类，要么就讲题目，不是说不要讲这些，而是激发学生的学习兴趣更重要，“玩中学，趣中悟”更重要，寓“玩”于数学教学之中更重要。

于是，只要有机会，我就设法和数学教师们“玩”，只有教师自己会玩了，才能让更多的孩子玩起来，玩出新境。

课例 103　取走的牌

我曾经到一所初中学校和教师们玩“取走的牌”的游戏：

教师摆出图 6-48 的牌面，教师从中拿出一张牌，告诉了甲这张牌的大小，告诉了乙这张牌的花色 。接着教师问学生，我拿走的是哪张牌？甲说：我不知道这张是什么牌；乙说：我也不知道这张是什么牌。甲这时说：现在我知道拿走的是哪张牌了；乙接着说：我也知道了。请问这张是什么牌？

图 6-48

许多教师看不懂这是什么题？问我："这题考哪个知识点？"我们的教师"刷题"也把自己"刷"傻了。我略带批评地和教师们笑着说："如果连这样的题都不会做，你还敢当数学教师？"现在有一些数学教师，看着答案在做题，久而久之就真"傻"了。

甲第一次说"我不知道这张是什么牌"，则排除单张出现的2，5，9，J，K。乙第一次说"我也不知道这张是什么牌"，则排除方块3。甲第二次说"现在我知道拿走的是哪张牌了"，显然只有单张的梅花3；当甲知道哪张牌时，乙也知道是梅花3那张单张的牌了。

图 6-49

我临走时给教师们说："这是我拟的一道中考题，大家有空想想怎么做？"

三人猜数：

教师在黑板上写下 10 个数：158，236，345，357，536，567，636，626，827，812，教师心里想一个数，告诉 A 百位数，告诉 B 十位数，告诉 C 个位数，让学生轮流公开回答“知”或“不知”。第一轮：A 说不知，B 说不知，C 说不知；第二轮：A 说知，B 说知，C 说知。教师心里想的三位数是 ________。

答案是 536，没有教师回我信息，我也不知道教师们是否“玩”出来了。

课例 104　猫捉老鼠

这是我和幼儿园教师玩的一个小游戏，是希望教师玩之后给孩子们玩一玩，看看孩子们会不会思维定式。

如图 6-50 的棋盘上，给出 4 枚棋子，其中 2 枚画上“猫”的图案，2 枚画上“老鼠”的图案。

图 6-50

猫和老鼠轮流走，猫先走，老鼠后走。每只猫可以横走或竖走一格（不能对角走）。每只猫可以沿 4 个方向的任何一老鼠所在的格子中，就算捉到了老鼠。猫能捉到老鼠吗？

实话实说，实际游戏时，多数老师思维定式了，都去捉临近的老鼠，结果都没能捉到。

事实上，每个猫都跟在一只原先离它最近的老鼠后面追，就捉不到老鼠。如果他们追赶另一只老鼠，他们很快就能捉住它。

为什么？因为捉住一只老鼠的方式是把它赶到一个角落里。如图 6-51 所示，这时轮到老鼠走，它就会被捉住；如果这时轮到猫走，老鼠就能逃之夭夭。

图 6-51

发生哪种情况取决于猫离老鼠的步数是奇数还是偶数。如果老鼠逃走的步数是偶数（若每只猫去抓他原来面对的老鼠就是这种情况），那么老鼠总是能逃走；如果是奇数（若猫转而去抓另一只老鼠的话），那么老鼠会被赶到一个角落里并被捉住。

课例 105 挑战“24 点”

我出差途中，经常和教师们玩“双升”，玩的过程中，不时穿插玩“24 点”。数学中的许多思想方法，都可以在“24 点”游戏中找到例子。数学教师不可不知“24 点”，数学教师应成为玩“24 点”的高手。我作为数学教师，经常一个人“独战”全班学生，至今还没有输过。下面是一些略有挑战的算“24 点”题，教师们在三十分钟内，能玩出几题？

（1）（4，10，10，J）；（2）（6，9，9，10）；（3）（5，7，7，J）；（4）（3，7，9，K）；（5）（2，4，7，Q）；（6）（4，5，7，K）；（7）（4，8，8，J）；（8）（3，5，7，J）；（9）（3，6，6，J）；（10）（6，Q，Q，K）；（11）（4，8，8，K）；（12）（3，6，6，K）；（13）（6，J，Q，Q）；（14）（5，9，10，J）；（15）（7，7，Q，K）；（16）（2，3，K，K）；（17）（2，5，5，10）；（18）（7，8，8，K）；（19）（7，9，10，J）；（20）（2，7，7，10）；（21）（A，5，J，J）；（22）（5，10，10，J）；（23）（1，7，K，K）；（24）（3，5，7，K）；（25）（2，7，8，9）；（26）（A，2，9，J）；（27）（1，5，5，5）；（28）（1，3，4，6）；（29）（2，2，J，J）；（30）（3，8，3，8）；（31）（4，4，10，10）；（32）（2，3，5，Q）。

答案：（1）$4 \times J - 10 - 10 = 24$；（2）$9 \times 10 / 6 + 9 = 24$；（3）$7(5 - J / 7)$

=24；（4）7×9－3×K=24；（5）Q/（4－7/2）=24；（6）（7×K+5）/4=24；（7）（8×J+8）/4=24；（8）（7×J－5）/3=24；（9）（6×J+6）/3=24；（10）（Q×K－Q）/6=24；（11）（8×K－8）/4=24；（12）（6×K－6）/3=24；（13）（J×Q+Q）/6=24；（14）5×9－10－J=24；（15）7×7－Q－K=24；（16）3×K－2－K=24；（17）5（5－2/10）=24；（18）8×（8+K）/7=24；（19）（10－7）×J－9=24；（20）7（2+10/7）=24；（21）（J×J－A）/5=24；（22）（10×J+10）/5=24；（23）（K×K－1）/7=24；（24）（5×K+7）/3=24；（25）2（7+9）－8=24；（26）J（A+2）－9=24；（27）5（5－1/5）=24；（28）6/（1－3/4）=24；（29）J（2+2/J）=24；（30）8/（3－8/3）=24；（31）（10×10－4）/4=24；（32）Q（3－5/2）=24。

课例 106　手机游戏

数学世界，有抽象的“高原”，也有迷人的“风景”。作为数学教师，既要有驰骋抽象“高原”的本领，那是你的“数学”功底；也要带领学生步入迷人的“风景”，那是你作为“教师”的基础。“风景”在哪儿？数学教师就要有寻找的热情，并持续地去寻找。

其实，“风景”无处不在，“风景”无时不有，“风景”重在发掘。我读了谈祥柏先生的《一场动人的速算表演》后，就在数学群里和教师们“玩”了起来。

手机游戏 1：你随意写两个自然数，如 11，15，然后把它们相加，得出第三个数，再将第二个数同第三个数相加，得出第四个数，……依此类推，一直算到第十个数为止。你把这 10 个数发给我，我在 5 秒之内，把这 10 个数之和的答案发给你。你在手机计算器上验证一下，我算得对不对？如上面两个数（11，15），则生成的 10 个数为：11，15，26，41，67，108，175，283，458，741。请放心，我绝对不会用计算器之类的计算工具算。

群里“一石激起千层浪”，纷纷来测试我，我屡试不爽，引来群里一片点赞。有教师发现这是“斐波那契数列”，是的，又见“斐波那契”！可是教师们不知我为什么能如此迅速而准确地算出，要我揭秘。

大家拿起笔来算一下，也许就能发现秘密，就能设法把这道“风景”让学生欣赏。

设教师们写的两个数是 a、b，那么这 10 个数分别是：

a，b，$a+b$，$a+2b$，$2a+3b$，$3a+5b$，$5a+8b$，$8a+13b$，$13a+21b$，$21a+34b$。

我们把这 10 个数加起来等于 $55a+88b=11(5a+8b)$，发现了什么？这个和竟然是第 7 个数的 11 倍。

我看到教师们发来的 10 个数后，我就瞄一眼第 7 个数，把这个数后面添个 0，然后再加上这个数，就是答案！

以原题中的那 10 个数为例，我瞄一眼第 7 个数 175，在后面添个 0 为 1750，然后再加上 175，不就是 1925 了吗？

手机游戏 2：你心中想一个 1~9 的数，然后拿起手机，将 15873 乘你想的那个数，再乘 7，试一试，我会回你 6 个同样的数。

手机游戏 3：你在手机计算器上用 1 除以 3 会显示 0.33333333（我的手机是这样），你再乘 3，结果等于 1。但如果你在手机计算器上输入 0.33333333，再乘 3，结果等于 0.99999999。有点意思，这背后的数学是什么？

手机游戏 4：每个人的手机号都不同，计算一下手机号中的偶数记为 m，奇数记为 n，总数记为 p，构成一个新的数 mnp。如我的手机号 13606004982 的 mnp 为 8311，再算一下“偶奇总”为 134，再算“偶奇总”为 123。不论哪个手机号，持续计算“偶奇总”必然进入 123 循环。何止是手机号，你任意想一个自然数，持续计算“偶奇总”，也必将进入 123 循环。

手机游戏 5：你心中想一个四位数（不能四个数都相同），如 2035，重新组合成最大数 5320 和最小数 0235，用最大数减去最小数，会出现一个新的四位数（如果是三位数，就在千位上补个 0），连续这样操作，7 次之内，必会出现 6174。

手机游戏 6：你随便想一个自然数，如果是奇数，就乘 3 再加 1；如果是偶数，就除以 2。一直这样做下去，最终都无法逃脱回到谷底 1。如

$3 \to 10 \to 5 \to 16 \to 8 \to 4 \to 2 \to 1$。当然，最好不要找 27，除非你有足够的耐心，需要 111 步。

手机游戏，还有很大的“开发空间”。

课例 107　移动火柴

和高中教师玩，也可以从“简单问题”入手，其实许多“简单问题”不简单。

给出 14 根火柴摆成一排，请将某一根火柴向左或向右越过 2 根火柴，与第 3 根火柴并在一起，组成一双（如图 6-52 上箭头顺序的两次操作都是合法的），你能否经过 7 次操作后，并成 7 双？

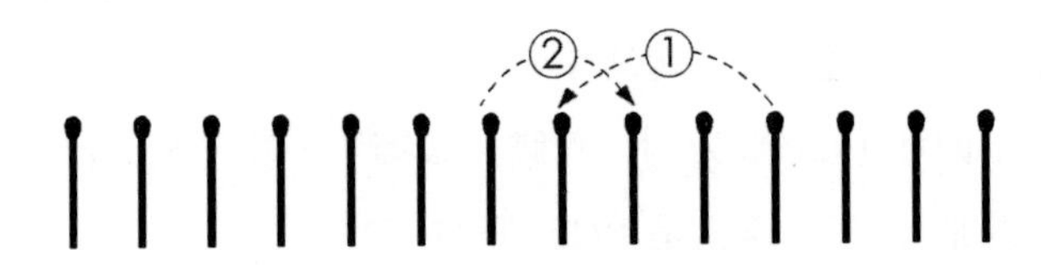

图 6-52

一切研究从最简状态开始，当我们遇到问题时，首先考虑的问题不是如何求解，而是该问题能否化简？大多数人拿到问题后，立即用 14 根火柴进行实地演练。这种实干精神可嘉，从实干中可以获得感性的认识。但是，这是缺乏必要的数学素养的表现。首先应该考虑的是能否将问题化简，即要问一下：按已知的操作规则，最少有几根火柴，问题才会有解？不难看出：2 根、4 根、6 根火柴都是无解的，而 8 根火柴有解。这是这个问题的最简状态解。

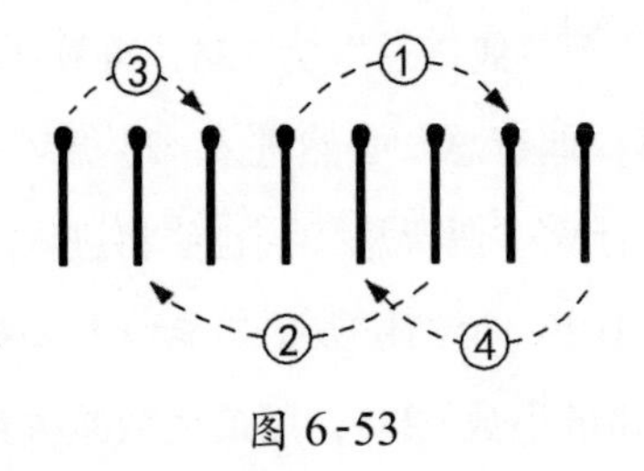

图 6-53

如何回到一般情况呢？这里要用到“化归法”。即将一般问题化归成 8 根火柴问题。具体方法如下：假设有 $2n$（$n>4$）根火柴，做一次“边际操作”，如图 6-54 所示，最右边的一双火柴对今后的操作毫无作用，将它取走，问题递降为 2（$n-1$）根火柴。由此，逐次递降，直到 8 根火柴，即可获得解决。

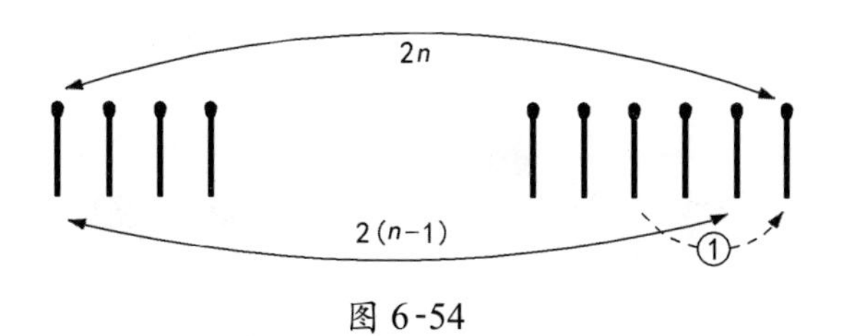

图 6-54

当 $n=7$ 时，14 根火柴的解答如图 6-55：

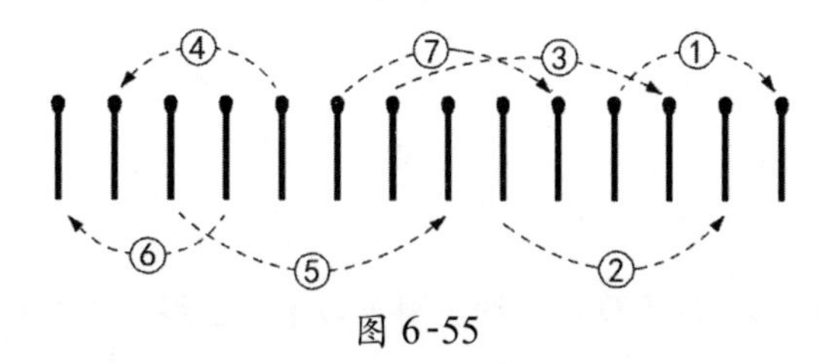

图 6-55

这样，我们不仅解决了 14 根火柴的问题，而且可以解决任意 $2n$（$n \geqslant 4$）根火柴的问题。

课例 108　放两种棋子

多数高中教师认为“玩”是小学生或初中生的事，高中生研究“纯数学”，错也！

高中生也要玩，高中生可以玩得深刻些。其实，随便让高中生玩几个游戏，立马就能让他们产生兴趣，也常常把他们“放倒”。

我们玩两道题：

玩题一：给出五角星图纸和黑白各 5 枚棋子，两人轮流将棋子放到点上，每次放一枚。如果有 3 个同色的棋子构成三角形，那么放这种颜色棋子的人就算赢。这里的三角形指三个点中每两个点都有连线，如图 6-56 中的 A，B，C，而图中的 A，B，D 不算三角形。

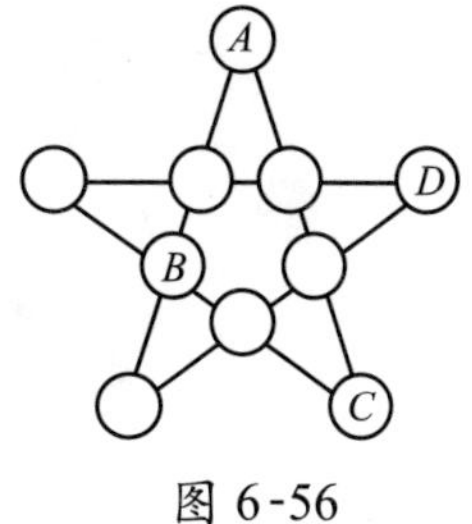

图 6-56

先放者甲能获胜。如图 6-57 左，甲（白子）放 A，若乙（黑子）放 C；甲放 E，乙不得不放 H；甲放 F，则 B、G 两点甲必得一个，甲胜。

如图 6-57 右，甲（白子）放 A，若乙（黑子）放 F；甲放 E，乙放 H；甲放 J，则 D、I 两点甲必得一个，甲胜。

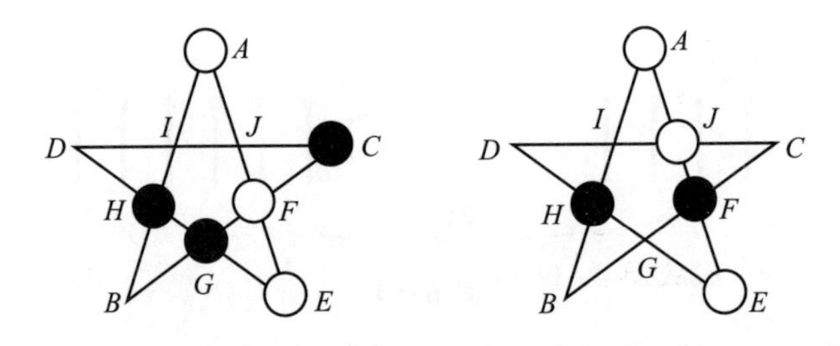

图 6-57

玩题二：给出五角星图纸和黑白各 5 枚棋子，两人轮流将棋子放到点上，每次放一枚。如果有 3 个同色的棋子构成三角形，那么放这种颜色棋子的人就算输。这里的三角形指三个点中每两个点都有连线，如图 6-56 中的 A，B，C，而图中的 A，B，D 不算三角形。甲（白子）已经放了两枚棋子①和③，乙放了一枚棋子②，乙接下去怎么放呢？

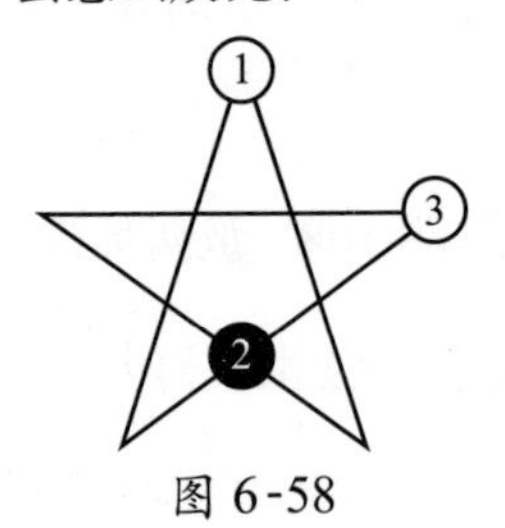

图 6-58

后放者乙能获胜。乙只要按图中那样放上④，就能获胜，这时有 6 种情况（如图 6-59）。

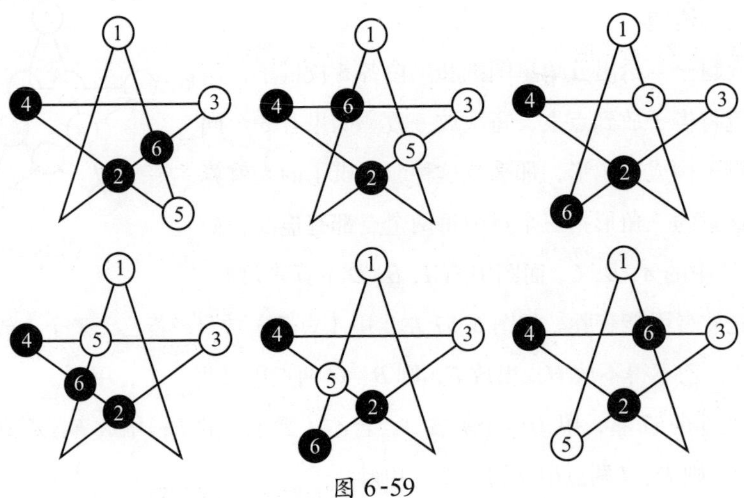

图 6-59

寻找中国好课堂

丛书书目

玩出来的数学思维
——任勇品玩数学108例

文化自信　以诗为魂
——首届中国诗词教学大会实录

情趣·智慧·创新
——支玉恒经典语文课堂180例

向美而生　诗哲一体
——王崧舟诗意语文经典课堂13例

教师生命中最好的时光
——王君青春语文代表课11例

唤醒诗心　传承风雅
——王海兴中小学对联诗词创作30课

绿色语文　诗意课堂
——赵谦翔绿色语文12例

行走的课堂
——张玉新原生态语文经典课堂10例

情思激荡　高潮迭起
——孙双金情智教育语文课堂12例

改变思维习惯　唤醒学习潜能
——王红梅全脑语文课堂15例

如歌的行板
——彭才华古诗文课堂15例

情味习作　至味文言
——罗才军问道课堂12例

和而不同　雅学课堂
——盛新凤和美课堂24例

名篇教学　余味悠长
——余映潮经典课文审美教学16例

推开窗儿望月
——祝禧文化语文经典课堂15例

去其浮华　归其本真
——汪智星本真语文课堂18例

让学生雄踞课堂的中央
——龚雄飞学本教学小学语文12讲

慧读教学
——张学伟统编语文课堂教学16例

切问近思　向真而行
——邱晓云求真语文16例

言语的森林
——王良生长语文课堂12例

人本共文本　花开总有时
——尤立增学情核心语文课堂12例

快乐的意义
——虞大明快乐教育经典语文课堂18例

云在青天水在瓶
——董一菲语文诗意课堂15例

无痕，教育的最高境界
——徐斌无痕教育数学课堂18例

让思维之花精彩绽放
——任勇名师指导初中数学15例

生成，让学生更精彩
——潘小明生成教学数学课堂16例

思维改变课堂
——唐彩斌小学几何图形金课20例

人人为师　个个向学
——贲友林学为中心数学课堂15例

当阳光亲吻乌云
——华应龙化错数学经典课堂16例

奠基学力　为学赋能
——张齐华为学习力而教数学课堂10例

让我先试一试
——邱学华尝试教学数学课堂20例

素养为根　为学而教
——赵艳辉践行学科素养创新课堂15例

度量天下
——俞正强小学数学计量单位教学20例

因材循导　自觉建构
——潘建明自觉教育初中数学课型15例

魅力教育　激活成长动力
——曾军良魅力初中物理教学16例